普通高等教育“十二五”规划教材
高等院校计算机系列教材

软件工程

主　编　李　浪　朱雅莉　熊　江
副主编　赵辉煌　易小波　屈喜龙
　　　　赵　磊　李　翔　陈紫薇
　　　　刘福明　邹　祎　张　佳
　　　　张铁楠

华中科技大学出版社
中国·武汉

内容提要

本书是结合多年教学和实践经验、参考国内外有关著作(文献)而编写的一本软件工程实用教程。全书针对初学者的特点,由浅入深、系统地讲述了软件工程的基本概念、原理、方法、过程和工具,包括软件生存周期、软件分析、软件设计、软件实现与维护、软件管理等。其目的是使学习者学习本书后,能够掌握软件工程的基本原理和过程,应用UML建模,熟悉面向对象方法和结构化分析与设计方法。每个章节均配有习题,书后附有习题参考答案。

本书内容详实、重点难点突出,所选案例具有较强的代表性,有助于读者举一反三。本书注重理论性和实用性的结合,收集的例题与习题大多是计算机技术与软件专业技术资格(水平)考试或研究生入学考试的相关内容,特别适合作为大中专院校、各类职业院校及计算机培训学校相关专业课程的教材,也可作为计算机技术与软件专业技术资格(水平)考试的参考用书。

图书在版编目(CIP)数据

软件工程/李 浪 朱雅莉 熊 江 主编.—武汉:华中科技大学出版社,2013.9(2023.7重印)
ISBN 978-7-5609-9157-3
Ⅰ.软… Ⅱ.①李… ②朱… ③熊… Ⅲ.软件工程-高等学校-教材 Ⅳ.TP311.5

中国版本图书馆CIP数据核字(2013)第132346号

软件工程　　李 浪 朱雅莉 熊 江 主编

策划编辑:朱建丽
责任编辑:王汉江
责任校对:周 娟
责任监印:周治超
出版发行:华中科技大学出版社(中国·武汉)
武昌喻家山 邮编:430074 电话:(027)81321915
录 排:武汉金睿泰广告有限公司
印 刷:武汉市洪林印务有限公司
开 本:787mm×1092mm 1/16
印 张:18
字 数:458千字
版 次:2023年7月第1版第5次印刷
定 价:42.00

本书若有印装质量问题,请向出版社营销中心调换
全国免费服务热线:400-6679-118 竭诚为您服务
版权所有 侵权必究

高等院校计算机系列教材

编　委　会

主　　任：刘　宏

副主任：全惠云　熊　江

编　　委：（以姓氏笔画为序）

王志刚　王　毅　乐小波　刘先锋　刘连浩

刘　琳　羊四清　阳西述　许又全　陈书开

陈倩诒　邱建雄　杨凤年　李勇帆　李　浪

张　文　张小梅　何昭青　肖晓丽　何迎生

周　昱　罗新密　胡玉平　郭广军　徐雨明

徐长梅　高金华　黄同成　符开耀　龚德良

谭敏生　谭　阳　熊　江　戴经国　瞿绍军

前　言

软件作为信息产业的核心产业之一，深受 IT 行业的高度重视。近年来，我国软件产业进入快速发展期，随着软件产业规模的日益扩大，人们不得不采用工程化的方法来开发软件，以求经济有效地解决复杂问题。

本书是软件工程学习的基础教程，主要面向初学者，重点讲述了目前软件工程采用的、比较成熟的过程、方法和工具，突出基本原理和技术。在章节内容的编排上结合了作者多年实践教学的经验，力求做到深入浅出、通俗易懂。同时，依据现有考试大纲，涵盖了计算机技术与软件专业技术资格(水平)考试和研究生入学考试中软件工程的知识点，对重点、难点知识进行举例说明，章节后有相应的习题，并在书后附有参考答案。此外，本书为了加深读者对软件工程理论的深入理解，培养读者的实际应用能力，还结合案例讲述了面向对象的开发过程。

全书共分 9 章，第 1 章介绍了软件、软件危机、软件工程的概念；第 2 章对软件生存周期和常用的软件过程模型进行了剖析；第 3 章介绍了可行性研究、需求分析、结构化分析方法及 Visio 工具；第 4 章介绍了结构化设计方法及其常用的详细设计工具；第 5 章介绍了软件编码和软件测试知识，包括程序复杂性度量、白盒测试、黑盒测试等重要方法的讲解与举例说明；第 6 章介绍了面向对象方法的基本概念和特点，并重点讲述了统一建模语言；第 7 章以一个小型的教务信息管理系统为案例介绍了面向对象的开发过程，并介绍了面向对象分析、面向对象设计、面向对象实现三阶段；第 8 章介绍了软件项目管理的主要知识；第 9 章介绍了软件工程标准化和新趋势。

第 1 章由李浪编写，第 2、5 章由李翔编写，第 3、4 章由赵辉煌编写，第 6 章由朱雅莉编写，第 7 章由赵磊、张佳编写，第 8 章由易小波编写，第 9 章由陈紫薇编写。参加审校与部分章节编写的有熊江、屈喜龙、刘福明、邹祎、张铁楠等。本书的作者都是从事多年计算机软件教学和科研的大学教师，在编写的过程中，参考了国内外大量文献资料，结合了多年教学科研经验和成果。尽管我们再三校对，书中可能还存在错误和不足，恳请专家和广大读者指正和谅解。

本书不仅可以作为大中专院校、各类职业院校及计算机培训学校相关专业课程的教材，还可作为计算机技术与软件专业技术资格(水平)考试的参考用书。同时，本书已开发好相应的 PPT 教学课件，有需要的老师可以在华中科技大学出版社的网站上下载，也可发邮件向我们索取，我们的交流联系方式：zhu-mary@163.com；lilang911@126.com。

作　者

2013 年 5 月

目　　录

第1章 概　　论

软件在当今的信息社会中占有重要的地位，软件产业是信息社会的支柱产业之一，随着软件应用日益广泛，软件规模日益扩大，人们不得不采用工程的方法来开发、使用和维护软件，以求经济有效地解决软件问题。如今，借助计算机科学与技术、数学、管理科学与工程等学科，软件工程已经从最初计算机科学下的一个学科方向发展成一个以计算为基础的新兴交叉学科。

软件工程作为一门独立的指导计算机软件系统开发和维护的工程学科，其发展已逾50年。20世纪60年代，高级语言的流行，使得计算机的运用范围得到了较大扩展，对软件系统的需求急剧上升，从而产生了"软件危机"。20世纪60年代末，如何克服"软件危机"，为软件开发提供高质、高效的技术支持，受到人们的高度关注。多年来，软件工程的研究和实践取得了长足的发展，虽然距离彻底解决"软件危机"尚有较大的差距，但对软件开发的工程化及软件产业的发展起到了积极的推动作用，提供了良好的技术支持。

1.1 软件

1.1.1 软件的定义和特点

1. 软件的定义

软件是计算机系统中与硬件相互依存的另一部分，是程序、数据及其相关文档的完整集合。一种公认的传统的软件定义为

软件 = 程序 + 数据 +文档

其中，程序是按事先设计的功能和性能要求执行的指令序列；数据是使程序能够正确地处理信息的数据结构；文档是与程序开发、维护和使用有关的图文资料。

为了更全面、正确地理解计算机和软件，必须了解软件的特点。软件是整个计算机系统中的一个逻辑部件，而硬件是一个物理部件。因此，软件具有与硬件完全不同的特点。

2. 软件的特点

1)形态特性

软件是一种逻辑实体，不具有具体的物理实体形态特性。软件具有抽象性，可以存储在介质中，但是无法看到软件本身的形态，必须经过观察、分析、思考和判断去了解它的功能、性能及其他的特性。

2)生产特性

软件与硬件的生产方式不同。与硬件或传统的制造产品的生产不同，软件一旦设计开发出来，如果需要提供给多个用户，它的复制十分简单，其成本也极为有限，正因为如此，软件产品的生产成本主要是设计开发的成本，同时也不能采用管理制造业生产的办法来解决

软件开发的管理问题。

3)维护特性

软件与硬件的维护不同。硬件是有耗损的,其产生的磨损和老化会导致故障率增加甚至使得硬件损坏,其失效率曲线大致如图 1-1(a)所示。软件不存在磨损和老化的问题,但是却存在退化的问题。在软件的生存期中,为了使它能够克服以前没有发现故障、适应软件和软件环境的变化及用户新的要求,必须要对其进行多次修改,而每次的修改都有可能引入新的错误,导致软件失效率升高,从而使软件退化,其失效率曲线大致如图 1-1(b)所示。

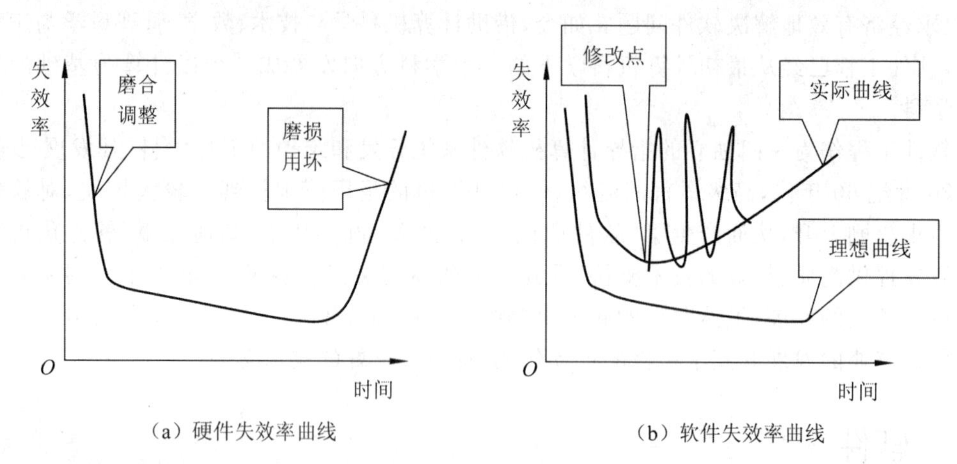

(a) 硬件失效率曲线　　(b) 软件失效率曲线

图 1-1　失效率曲线

4)复杂特性

软件的复杂性一方面来自它所反映的实际问题复杂性,另一方面也来自程序结构的复杂性。软件技术的发展明显落后于复杂的软件需求,这个差距日益加大。软件复杂性与时间曲线如图 1-2 所示。

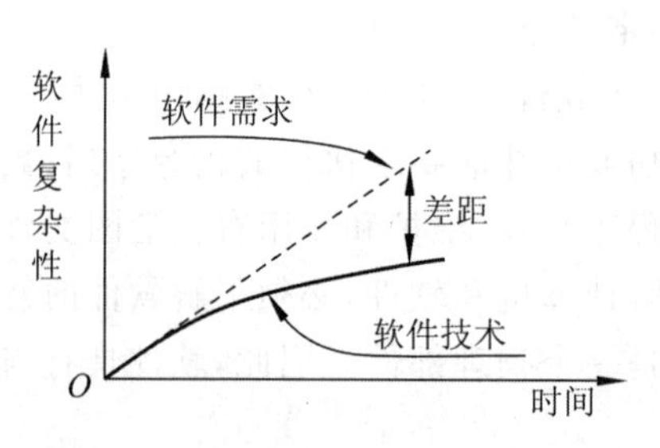

图 1-2　软件技术的发展落后于需求

5)智能特性

软件是复杂的智力产品,它的开发凝聚了人们大量的脑力劳动,它本身也体现了知识、实践经验和人类的智慧,具有一定的智能。它可以帮助我们解决复杂的计算、分析、判断和决策问题。

6)质量特性

软件产品的质量控制存在着一些实际困难,难以克服,表现在以下方面。

(1)软件产品的需求在软件开发之初常常是不确切的,也不容易确切地给出,并且需求还会在开发过程中变更，这就使软件质量控制失去了重要的可参照物。

(2)软件测试技术存在不可克服的局限性。任何测试都只能在极大数量的应用实例数据中选取极为有限的数据，致使我们无法检验大多数实例，也使我们无法得到完全没有缺陷的软件产品。没有在已经长期使用或反复使用的软件中发现问题，并不意味着今后的使用也不会出现问题。

这一特性提醒我们：一定要警惕软件的质量风险，特别是在某些重要的应用场合需要提前准备好应对策略。

7)环境特性

软件的开发和运行都离不开相关的计算机系统环境，包括支持它的开发和运行的相关硬件和软件。软件对计算机系统的环境有着不可摆脱的依赖性。

8)软件的管理特性

上述的几个特点，使得软件的开发管理显得更为重要，也更为独特。这种管理可归结为对大规模知识型工作者的智力劳动管理，其中包括必要的培训、指导、激励、制度化规程的推行、过程的量化分析与监督，以及沟通、协调，甚至是软件文化的建立和实施。

9)软件的废弃特性

等到软件的运行环境变化过大，或是用户提出了更大、更多的需求变更，再对软件实施适应性维护已经不划算，说明该软件已走到它的生存期终点而将废弃(或称为退役)，此时用户应考虑采用新的软件代替。因此，与硬件不同，软件并不是由于"用坏"而被废弃的。

10)应用特性

软件的应用极为广泛，如今它已渗透到国民经济和国防的各个领域，现已成为信息产业、先进制造业和现代服务业的核心，占据了无可取代的地位。

11)软件成本比较高

软件的研制工作需要投入大量、复杂、高强度的脑力劳动，研制成本比较高。在20世纪50年代末，软件的开销大约占总开销的百分之十几，大部分成本花在硬件上。但今天，这个比例完全颠倒过来，软件的开销远远超过硬件的开销。软、硬件成本随时间变化而变化的比例如图1-3所示。

1.1.2　软件的发展

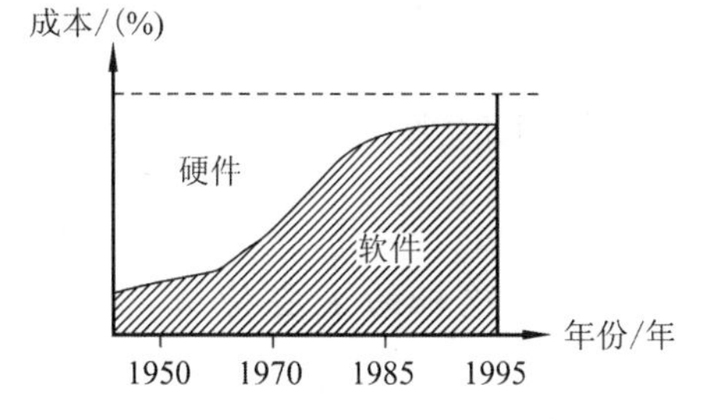

图1-3　软、硬件成本比例的变化

软件工程是在克服20世纪60年代出现的"软件危机"过程中逐渐形成和发展的。在过去的50年时间里，软件工程在理论和实践方面都取得了长足的进步。它的发展已经经历了四个重要阶段。

1. 第一代软件技术

20世纪60年代末，软件生产主要采用"生产作坊"方式。随着软件需求量及规模的迅速扩大，生产作坊方式已不能适应软件生产的需要，出现了所谓的"软件危机"，其主要表现为软件生产效率低下、软件产品质量低劣，在大量劣质的软件涌入市场后不久就在开发过程中夭折。由于"软件危机"的不断扩大，国际软件界面临着巨大的灾难，软件产业濒临崩溃。

为了克服"软件危机"，1968年在北大西洋公约组织(NATO)举行的软件可靠性学术会议上第一次提出了"软件工程"的概念，其核心是将软件开发纳入工程化的轨道，以保证软件开发的效率和质量。

此后，逐渐形成了软件工程的基本概念、框架、技术和方法，以结构化开发方法、Jackson方法等为代表的软件开发方法成为这一阶段的主要开发方法。这一阶段又称为传统的软件工程阶段。

2. 第二代软件技术

从20世纪80年代中期开始，相继推出以Smalltalk为代表的面向对象的程序设计语言，面向对象的方法与技术得到迅速发展；从20世纪90年代起，软件工程研究的重点从程序设计语言逐渐转移到面向对象的分析与设计，演化为一种完整的软件开发方法和系统的技术体系。

20世纪90年代以来，形成了以Booch方法、OOSE、OMT等许多面向对象开发方法的流派，面向对象的方法逐渐成为软件开发的主流。尤其是1997年1月，综合了各种面向对象方法优点的统一建模语言UML1.0的正式推出，使面向对象的方法得到了进一步发展，所以这一阶段又称为对象工程。

3. 第三代软件技术

随着软件工程规模和复杂度的不断增大，开发人员也随之增多，开发周期相应延长，加之软件是知识密集型的逻辑思维产品，这些都增加了软件工程管理的难度。人们在软件开发的实践过程中逐渐认识到：提高软件生产效率、保证软件质量的关键是对"软件过程"的控制和管理，是软件开发和维护的管理和支持能力。因此提出了对软件项目管理的计划、组织、成本估算、质量保证、软件配置管理等技术与策略，逐步形成了软件过程工程。

4. 第四代软件技术

20世纪90年代起，软件复用和基于构件(Component)的开发方法取得重要进展，软件系统的开发可通过使用现成的可复用软件组装完成，而无须从头开始构造，以此达到提高效率和质量、降低成本的目的，软件复用技术及构件技术的发展，为克服软件危机提供了一条有效途径，这已成为当前软件工程的重要研究方向，这一阶段就称为构件阶段。

1.2 软件危机

1.2.1 软件危机的主要特征

软件危机的主要特征体现在以下几个方面。

1)软件开发进度难以预测

软件开发过程中的拖延工期现象并不罕见，这种现象降低了软件开发组织的信誉。

2)软件开发成本难以控制

软件开发中投资一再追加，往往实际成本要比预算成本高出一个数量级。而为了赶进度和节约成本所采取的一些权宜之计往往又损害了软件产品的质量，从而不可避免地引起用户的不满。

3)产品功能难以满足用户需求

开发人员和用户之间很难沟通，矛盾很难统一，往往软件开发人员不能真正了解用户的需求，而用户又不了解计算机求解问题的模式和能力，双方无法用共同熟悉的语言进行交流和描述。在双方不充分了解的情况下，就仓促上阵设计系统，匆忙着手编写程序，这种“闭门造车”的开发方式必然导致最终的产品不符合用户的实际需要。

4)软件产品质量无法保证

系统中的错误很难消除。软件是逻辑产品，质量问题很难以统一的标准来度量，因而造成质量控制困难。软件产品并不是没有错误，而是盲目检测很难发现错误，而隐藏下来的错误往往是造成重大事故的隐患。

5)软件产品难以维护

软件产品本质上是开发人员的代码化的逻辑思维活动的产物，他人难以替代，除非是开发者本人，否则很难及时检测、排除系统故障。为使系统适应新的硬件环境，或根据用户的需要，要在原系统中增加一些新的功能，这又有可能增加系统中的错误。

6)软件缺少适当的文档资料

文档资料是软件必不可少的组成部分。缺乏必要的文档资料或文档资料不合格，将给软件开发和维护带来许多严重的困难和问题。

1.2.2 软件危机的具体体现

20 世纪 60 年代末期所发生的软件危机，反映在软件可靠性没有保障、软件维护工作量大、费用不断上升、进度无法预测、成本增长无法控制、程序设计人员无限度增加等各个方面，以致形成人们难以控制软件开发的局面。

软件危机主要表现在如下两个方面：

(1)软件产品质量低劣，甚至在开发过程中就夭折；

(2)软件生产率低，不能满足要求。

软件危机所造成的严重后果已使世界各国的软件产业危机四伏，面临崩溃，因此克服软件危机刻不容缓。自从 NATO 会议以来，世界各国的软件工作者为克服软件危机进行了许多开创性的工作，在软件工程的理论研究和工程实践两个方面都取得了长足的进步，缓解了软件危机。但距离彻底地克服软件危机这个软件工程的最终目标还任重道远，需要软件工作者付出长期艰苦的努力。

1.2.3 软件危机产生的原因

20 世纪 60 年代，计算机已经应用在很多行业，解决问题的规模及难度逐渐增加，由于软件本身的特点及软件开发方法等多方面问题，软件的发展速度远远滞后于硬件的发展速度，不能满足社会日益增长的软件需求。软件开发周期长、成本高、质量差、维护困难，导致 20 世纪 60 年代末软件危机的爆发。导致软件危机爆发的原因主要可以概括为以下几点。

1)用户需求不明确

在软件被开发出来之前,用户自己也不清楚软件开发的具体需求;用户对软件开发需求的描述不精确,可能有遗漏、有二义性甚至有错误;在软件开发过程中,用户还会提出修改软件开发功能、界面、支撑环境等方面的要求;软件开发人员对用户需求的理解与用户的本来愿望有差异。

2)缺乏正确的理论指导

由于软件开发不同于大多数其他工业产品,其开发过程是复杂的逻辑思维过程,其产品很大程度上依赖于开发人员高度的智力投入。过分地依靠程序设计人员在软件开发过程中的技巧和创造性,加剧了软件开发产品的个性化,这也是发生软件危机的一个重要原因。

3)软件开发规模越来越大

随着软件开发应用范围的扩大,软件开发规模越来越大。大型软件开发项目需要组织一定的人力共同完成,然而多数管理人员缺乏开发大型软件系统的经验,多数软件开发人员又缺乏管理方面的经验。各类人员的信息交流不及时、不准确,有时还会产生误解。软件开发人员不能有效地、独立自主地处理大型软件开发的全部关系和各个分支,因此容易产生疏漏和错误。

4)软件开发复杂度越来越高

软件开发不仅仅是在规模上快速地发展扩大,而且其复杂性也急剧地增加。软件开发产品的特殊性和人类智力的局限性,导致人们无力处理“复杂问题”。所谓“复杂问题”的概念是相对的,一旦人们采用的先进组织形式、开发方法和工具提高了软件开发效率和能力,新的、更大的、更复杂的问题又会摆在人们面前。

1.2.4 软件危机的解决途径

1968年,计算机科学家在德国第一次讨论软件危机问题,并正式提出“软件工程”一词,从此一门新兴的工程学科为研究和克服软件危机应运而生。作为一个新兴的工程学科,软件工程学主要研究软件产生的客观规律性,建立与系统化软件生产有关的概念、原则、方法、技术和工具,指导和支持软件系统的生产活动,以期达到降低软件生产成本、改进软件产品质量、提高软件生产率水平的目标。软件工程学从硬件工程和其他人类工程中吸收了许多成功的经验,明确提出了软件生命周期的模型,发展了许多软件开发与维护阶段适用的技术和方法,并应用于软件工程实践,取得了良好的效果。

在软件开发过程中,人们开始研制和使用软件工具,用于辅助进行软件项目管理与技术生产,人们还将软件生命周期各阶段使用的软件工具有机地集合成一个整体,形成能够连续支持软件开发与维护全过程的集成化软件支撑环境,以期从管理和技术两方面解决软件危机问题。

1.3 软件工程

1.3.1 软件工程的定义

软件工程是一门指导计算机软件开发和维护的工程学科,是一门边缘学科,涉及计算机科学、工程科学、管理科学、数学等多学科，研究的范围广，主要研究如何应用软件开发的科学理论和工程技术来指导大型软件系统的开发。

虽然对软件工程有着众多的定义，但是其基本思想都是强调在软件开发过程中应用工程化的重要性。

例如，1983年，IEEE（电气和电子工程师协会）所下的定义是：软件工程是开发、运行、维护和修复软件的系统方法。1990年，IEEE又将定义更改为：对软件开发、运行、维护的系统化的、有规范的、可定量的方法之应用，即是对软件的工程化应用。

2004年，IEEE/ACM联合发布的CCSE2004报告强调了对软件工程的新定义，即软件工程是“以系统的、科学的、定量的途径，把工程应用于软件的开发、运行和维护；同时，开展对上述过程中各种方法和途径的研究”。这也是目前一种比较广泛认可的定义。

从软件工程的定义可见，软件工程是一门指导软件系统开发的工程学科，它以计算机理论及其他相关学科的理论为指导，采用工程化的概念、原理、技术和方法进行软件的开发和维护，把实践证明的、科学的管理措施与最先进的技术方法结合起来。软件工程研究的目标是“以较少的投资获取高质量的软件”。它包括3个要素：方法、工具和过程。

（1）软件工程方法为软件开发提供了“如何做”的技术，是指导开发软件的某种标准规范。它包括多方面的任务，如项目计划与估算、软件系统需求分析、数据结构、系统总体结构的设计、算法的设计、编码、测试及维护等。软件工程方法常采用某种特殊的语言或图形的表达方法及一套质量保证标准。

（2）软件工具是指软件开发、维护和分析中使用的程序系统，为软件工程方法提供自动的或半自动的软件支撑环境。

（3）软件工程的过程则是将软件工程的方法和工具综合起来，以达到合理、及时地进行计算机软件开发的目的。过程定义了方法使用的顺序、要求交付的文档资料、为保证质量和协调变化所需的管理及软件开发各个阶段完成的“里程碑”。

有关软件工程3个要素的相关知识我们将在后续章节详细介绍。

1.3.2　软件工程的背景和历史

为了克服软件危机，1968年10月，NATO召开的计算机科学会议上，Fritz Bauer首次提出“软件工程”的概念，企图将工程化方法应用于软件开发上。

许多计算机和软件科学家尝试把其他工程领域中行之有效的工程学知识运用到软件开发工作中来。经过不断实践和总结，最后得出一个结论：按工程化的原则和方法组织软件开发工作是有效的，是摆脱软件危机的一条主要道路。

虽然软件工程的概念提出已有40多年，但到目前为止，软件工程概念的定义并没有得到认可。在NATO会议上，Fritz Bauer对软件工程的定义是：“为了经济地获得可靠的和能在实际机器上高效运行的软件，而建立和使用的健全的工作原则。”除了这个定义，还有几种比较有代表性的定义。

B. W. Boehm给出的定义是：“运用现代科学技术知识来设计并构造计算机程序及为开发、运行和维护这些程序所必需的相关文件资料。”此处，“设计”一词广义上应理解为包括软件的需求分析和对软件进行修改时所进行的再设计活动。

1983 年,IEEE 给出的定义是:“软件工程是开发、运行、维护和修复软件的系统方法。”其中,“软件”的定义为计算机程序、方法、规则、相关的文档资料以及在计算机上运行时所必需的数据。

后来尽管又有一些人提出了许多更为完善的定义,但主要思想都是强调在软件开发过程中应用工程化原则的重要性。

我国 2006 年的国家标准 GB/T 11457—2006《软件工程术语》中对软件工程的定义为:“应用计算机科学理论和技术以及工程管理原则和方法,按预算和进度,实现满足用户需求的软件产品的定义、开发、发布和维护的工程或进行研究的学科。”

概括地讲,软件工程是指导软件开发和维护的工程性学科,它以计算机科学理论和其他相关学科的理论为指导,采用工程化的概念、原理、技术和方法进行软件的开发和维护,把经过时间考验而证明是正确的管理技术和当前能够得到的最好的技术方法结合起来,以较少的代价获得高质量的软件并维护它。

1.3.3 软件工程的基本原理

著名软件工程专家 B. W. Boehm 于 1983 年综合了软件工程专家、学者们的意见,并总结了开发软件的经验,提出了软件工程的 7 条基本原理。这 7 条原理被认为是确保软件产品质量和开发效率的原理的最小集合,又是相互独立、缺一不可、相当完备的最小集合。

下面简要介绍软件工程的 7 条基本原理。

1)用分阶段的生命周期计划严格管理

在软件开发与维护的漫长的生命周期中,需要完成许多性质各异的工作。这条基本原理意味着,应该把软件生命周期划分为若干个阶段,并相应地提出切实可行的计划,然后严格按照计划对软件的开发和维护工作进行管理。Boehm 认为,在软件的整个生命周期中,应该制订并严格地执行 6 类计划,它们是项目概要计划、里程碑计划、项目控制计划、产品控制计划、验证计划及运行维护计划。

不同层次的管理人员都必须严格按照计划各尽其责地管理软件开发与维护工作,绝不能受客户和上级人员的影响而擅自背离预定计划。

2)坚持进行阶段评审

软件的质量保证工作不能等到编码工作结束之后再进行。这样说至少有两个理由:第一,大部分错误是在编码之前造成的,有统计表明,设计错误占软件错误的 63%,编码错误仅占 37%;第二,错误发现与改正的时间越晚,所付出的代价就越高。因此,每个阶段都要对软件的质量进行严格的评审,以便尽早地发现在软件开发工作中所犯的错误,这是一条必须遵循的重要准则。

3)实行严格的产品控制

在软件开发过程中不应随意改变需求,因为改变一项需求往往需要付出较高的代价。但是,在软件开发过程中改变需求又是不可避免的,由于外部环境的变化,相应地改变用户需求是一种客观需要,显然不能硬性禁止客户提出改变需求的要求,而只能依靠科学的产品控制技术来顺应这种要求。

4)采用现代程序设计技术

从提出软件的概念开始,人们一直把主要精力用于研究各种新的程序设计技术。20世纪60年代末提出的结构程序设计技术,已经成为公认的、先进的程序设计技术,后来又进一步发展出各种结构分析(SA)与结构设计(SD)技术。实践表明,采用先进的技术既可以提高软件开发的效率,又可以提高软件维护的效率。

5)结果应能清楚地审查

软件产品不同于一般的物理产品,它是看不见摸不着的逻辑产品。软件开发人员(或开发小组)的工作进展情况可见性差,难以准确度量,从而使得软件产品的开发过程比一般产品的开发过程更难以评价和管理。为了提高软件产品开发过程的可见性,更好地进行管理,应该根据软件开发项目的总目标及完成期限,规定开发组织的责任和产品标准,从而使所得到的结果能够清楚地审查。

6)开发小组的人员应该少而精

这条基本原理的含义是,软件开发小组组成人员的素质要好,而人数不宜过多,开发小组素质和数量是影响软件产品质量和开发效率的重要因素。素质高的人员的开发效率比素质低的人员的开发效率可能高几倍至几十倍,而且素质高的人员所开发的软件中的错误数量明显少于素质低的人员所开发的软件中的错误数量。此外,随着开发小组人员数目的增加,交流情况、讨论问题而造成的通信开销也急剧增加。当开发小组人数为N时,可能的通信路径有N(N－1)/2条,可见随着人数N的增大,通信开销将急剧增加。因此,人员少而精的开发小组是软件工程的一项基本原则。

7)承认不断改进软件工程实践的必要性

遵循上述1)～6)条基本原理,就能够按照当代软件工程基本原理实现软件的工程化生产,但是仅有上述1)～6)条原理并不能保证软件开发与维护的过程能赶上时代前进的步伐,也不能保证能跟上技术的不断进步。因此,Boehm提出应把承认不断改进软件工程实践的必要性作为软件工程的第7条基本原理。按照这条原理,不仅要积极主动地采纳新的软件技术,而且要不断地总结经验,例如,收集进度和资源耗费数据,收集出错类型和问题报告数据,等等。这些数据不仅可以用于评价新的软件技术的效果,而且可以用于指明必须着重开发的软件工具和应该优先研究的技术。

1.3.4 软件工程工具

1.需求分析工具

需求分析工具的功能与所采用的系统开发方法密不可分。按所采用的系统开发方法,需求分析工具可分为结构化图形工具箱、面向对象模型化工具及分析工具。

1)结构化图形工具箱

这类工具需要通过数据流图(DFD)进行功能分析、包括DFD图形工具、实体-关系(E-R)图形工具、Jackson图形工具、Warnier/Orr图形工具。

2)面向对象模型化工具及分析工具

这类工具需要通过对象建立构造系统的抽象模型,一般包括图形工具、对象浏览器及类库管理系统。

(1)图形工具。UML已经成为业界标准,支持面向对象的建模。因此,分析工具应该支持UML建模,如建立用例图、类图、顺序图、协作图、状态图、构件图及配置图等。

(2)对象浏览器。对象浏览器是一个允许开发者驾驭类继承的多窗口程序,它通常通过直接存取类的源代码来进行编辑。

(3)类库管理系统。类库管理系统的一个重要作用是增加可重用类的数量。随着类数量的增加,需要一些查找类的方法,类库管理系统就是一种允许选择和编辑类,并按照所需标准对类进行描述的工具。

有代表性的商品化工具如下 。

①Rational Rose,由 Rational Corporation 开发。

②PowerDesigner,由 Sybase 设计。

③Visio,由 Microsoft 开发。

④ArgoUML,开源工具。

⑤Control Center,由 TogetherSoft 开发。

⑥Enterprise Architect,由 Sparx Systems 开发。

⑦Object Technology Workbench(OTW),由 OTW Software 开发。

⑧System Architect,由 Popkin Software 开发。

⑨UML Studio,由 Pragsoft Corporation 开发。

⑩Visual UML,由 Visual Object Modelers 开发。

2. 设计工具

设计阶段分为概要设计和详细设计。概要设计的主要任务是进行系统总体结构设计;详细设计的主要任务是设计软件算法和内部实现细节。

对于概要设计活动和详细设计活动,设计工具通常可分为概要设计工具和详细设计工具等两类。

1)概要设计工具

概要设计工具用于辅佐设计人员设计目标软件的体系结构、控制结构和数据结构。软件的体系结构通常用模块结构图来描述,它指明软件系统的模块组成及其调用关系、模块的接口定义等。模块的数据结构通常用实体-关系图来描述。

有代表性的商品化工具如下。

(1)Rational Rose,由 Rational Corporation 开发,是基于 UML 的设计工具,它支持体系结构设计中的所有方面。

(2)Adalon,由 Synthis 公司开发,是用于设计和构建专门基于 Web 构件体系结构的特定设计工具。

(3)Objectif,由 Micro TOOL GmbH 开发,是一个基于 UML 的设计工具,它用于设计符合基于构建的软件工程的各种体系结构(如 Coldfusion 、J2EE 和 Fusebox 等)。

2)详细设计工具

详细设计工具用于辅佐设计人员设计模块的算法和内部实现细节。详细设计规范的图形描述方法通常有输入-处理-输出(Input-Process-Output,PO)图、问题分析图(Problem Analysis Diagram,PAD)、盒图(也称为 N-S 图)、流程图(Flow Chart,FC)等。详细设计规范的语言描述方法通常有程序设计语言(Program Design Language,PDL)、结构化语言等,其表格描述方法通常有判定表和判定树。

3. 编码工具和排错工具

辅助程序员进行编码活动的工具有编码工具和排错工具。编码工具辅助程序员用某种程序设计语言编写源程序,并对源程序进行翻译,最终转换成可执行的代码。因此,编码工具通常与编码所使用的程序设计语言密切相关。排错工具用于辅助程序员寻找程序中错误的性质和原因,并确定其出错的位置。

由于源程序一般以正文的形式出现,因此必须用编辑器将它输入并进行浏览、编辑和修改。又由于源程序的编写往往不可能一次成功,需要不断寻找其中的错误,并加以纠正。因此,编码工具和排错工具是编程活动中的重要辅助工具,也是最早出现的软件工具。

4. 测试工具

测试工具分为程序单元测试工具、组装测试工具和系统测试工具。

1)程序单元测试工具

早期的程序单元测试工具有静态分析工具、动态分析工具和自动测试支持工具三类。

目前最流行的单元测试工具是 xUnit 系列框架,根据语言不同而分为 JUnit(Java)、CppUnit(C++)、DUnit(Delphi)、NUnit(.NET)、PhpUnit(PHP)等。该测试框架的第一个和最杰出的应用就是有 Erich Gamma(《设计模式》的作者)和 Kent Beck(XP(极限编程)的创始人)提供的开放源代码的 JUnit。

2)组装测试工具

组装测试也称为集成测试或联合测试。在单元测试的基础上,将所有模块按照设计要求组装成子系统或系统,再进行组装测试。实践表明,一些模块虽然能够单独工作,但并不能保证连接起来也能正常工作。程序在某些局部反映不出来的问题,很可能在全局上暴露出来,影响功能的实现。

有代表性的组装测试工具如下。

(1)WinRunner,由 Mercury Interactive 公司开发,是一种企业级的功能测试工具,用于检测应用程序是否能够达到预期的功能及正常运行。

(2)IBM Rational Robot,是业界最顶尖的功能测试工具。它集成在测试人员的桌面 IBM Rational TestManager 上,测试人员可以计划、组织、执行和报告所有测试活动。

(3)Borland SilkTest 2006,属于软件功能测试工具,是 Borland 公司提出的软件质量管理解决方案的套件之一。这个工具采用精灵设定与自动化执行测试,无论是程序设计新手还是资深的专家都能快速建立功能测试,并分析功能错误。

(4)TestDirector,是业界第一个基于 Web 的测试管理系统,它可以在公司内部或外部进行全球范围内的测试管理。通过在一个整体的应用系统中集成测试管理的各个部分,包括需求管理、测试计划、测试执行及错误跟踪等功能,极大地加速了测试过程。

3)系统测试工具

系统测试是对整个基于计算机的系统进行一系列不同的考验,它通常是耗费测试资源最多的测试。除了功能测试之外,负载测试、性能测试、可靠性测试和其他一些测试一般也都是在系统测试期间进行的。

有代表性的系统测试工具如下。

(1)LoadRunner,是一种预测系统行为和性能的负载测试工具。通过模拟上千万用户,实施并发布负载及实时性能监测的方式来确认和查找问题,LoadRunner 能够对整个企业架构进行测试。

(2)OTF(Object Testing Framework),由 MCG 软件公司开发,为 Smalltalk 对象的测试提供管理框架。

(3)QADirector,由 Compuware Corp. 开发,为管理测试过程的各个阶段提供简单的控制。

(4)TestWorks,由 Software Research Inc. 开发,包含一个完整的测试工具集,包括测试管理与测试报告。

习　题　1

一、选择题

1. “软件工程的概念是为解决软件危机而提出的”这句话的意思是(　　)。

   A. 强调软件工程成功解决了软件危机的问题

   B. 说明软件危机的存在总是使软件开发不像传统工程项目那样容易管理

   C. 说明软件工程这门学科的形成是软件发展的需要

   D. 说明软件工程的概念,即工程的原则、思想、方法可解决当时软件开发和维护存在的问题

2. 软件是(　　)。

   A. 处理对象和处理规则的描述　　B. 程序

   C. 程序及其文档　　D. 计算机系统

二、简答题

1. 简述软件的特点。
2. 软件工程是开发、运行、维护和修复软件的系统方法,它包括哪些要素?请加以说明。
3. 软件工程的基本原则有哪些?试加以说明。
4. 有人认为软件开发时,错误发现得越晚,为它所改正所付出的代价就会越大。你认为这种观点是否正确?并对你的观点进行解释。
5. 什么是软件危机?为什么会产生软件危机?怎样消除软件危机?
6. 软件开发与编写程序有什么不同?为什么会有这种不同?

第2章 软件过程

2.1 软件生存周期

软件生存周期(SDLC,又称为软件生命周期)是指软件的产生直到报废的生命周期。目前划分软件生存周期的方法有许多种,软件规模、种类、开发方式、开发环境及开发时使用的方法论等都会影响软件生存周期。

在划分软件生存周期的阶段时应遵循一条基本原则:各阶段的任务彼此间相互独立,同一阶段的各项任务的性质尽可能相同,从而降低每个阶段任务的复杂程度,简化不同阶段之间的联系。

一般来说,软件生存周期由软件定义、软件开发和软件维护三个时期组成,每个时期又划分为若干个阶段。以时间分程可将软件生存周期划分为计划、需求分析、总体设计、详细设计、程序编码、软件测试及运行维护7个阶段,如图2-1所示。每个阶段有明确的任务,这样使规模大、结构复杂和管理复杂的软件开发变得容易控制和管理。

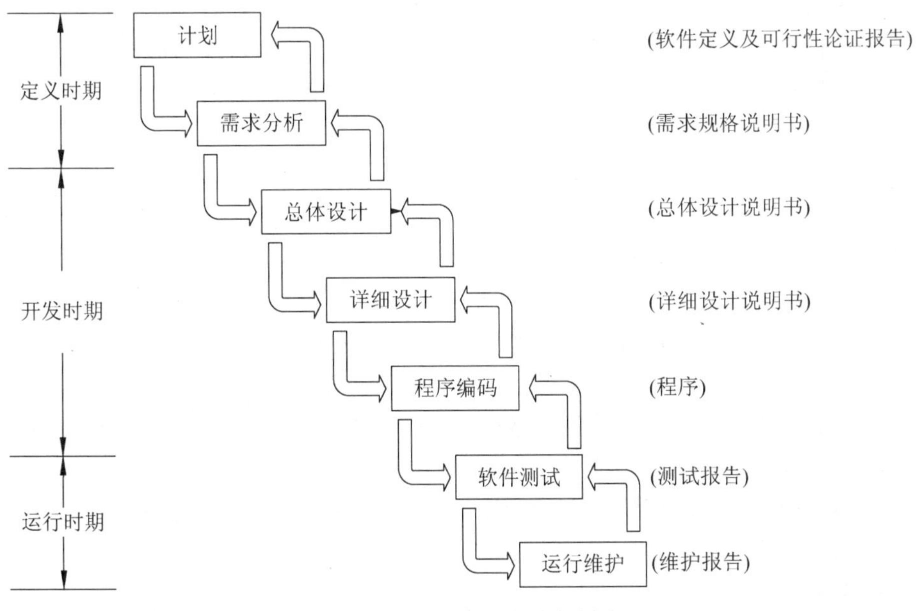

图2-1 软件生存周期阶段划分

1. 计划

此阶段由软件开发方与需求方共同讨论,软件计划包括问题定义和可行性研究,主要任务是确定要开发软件的总目标,给出它的功能、性能、可靠性及接口等方面的设想。此阶段主要研究完成该软件任务的可行性,探讨解决问题的方案,并对可供使用的资源、成本、可取得的效益和开发进度作出估计，制定完成开发任务的实施计划。

2. 需求分析

需求分析的主要任务是确定目标系统必须具备哪些功能。软件设计员在该阶段必须与用户密切配合，充分交流信息，以得出经过用户确认的系统逻辑模型，并写出软件需求说明书或功能说明书及初步的系统用户手册，提交管理机构评审。

3. 总体设计

在总体设计阶段，设计人员要把已确定了的各项需求转换成一个相应的体系结构，结构中每个组成部分都是意义明确的模块，每个模块都和某些需求相对应。另外，设计人员还应该使用系统流程图或其他工具描述实际系统的可能解决方案，并估算每种方案的成本和效益，还应该在充分权衡各种方案利弊的基础上，给用户推荐一个最佳方案。如果用户接受设计人员的推荐方案，则可以开始着手详细设计。

4. 详细设计

在总体设计阶段，设计人员用抽象概括的方式提出系统的体系结构和功能模块。而详细设计阶段的任务就是将实现系统的步骤具体化。这种具体化还不是编写代码，而是对系统的每个模块要完成的工作进行具体的描述，并确定输入、输出，以便在编码之前可以评价软件质量，并为编码打下基础。

通常用 HIPO 图（层次图加输入/处理/输出图）或 PDL 语言（过程设计语言）描述详细设计的结果。

5. 程序编码

这个阶段程序员的关键任务是根据目标系统的性质和实际环境，选取一种高级程序设计语言，将详细设计的结果翻译成用选定的语言书写的程序，并仔细地测试每个模块的功能。

6. 软件测试

软件测试阶段的任务是通过各种类型的测试，使软件符合预定的要求。其主要方式是在设计测试用例的基础上检验软件的各个组成部分。首先进行单元测试以发现模块在功能和结构方面的问题，其次将已测试过的模块组装起来进行集成测试，再次进行验收测试，验收测试时按照需求规格说明的规定，由用户对目标系统进行验收。

必要时还可以通过现场测试或平行运行等方法对目标系统进行进一步的测试。通过对软件测试结果的分析可以预测软件的可靠性；反之，根据对软件可靠性的要求，也可以决定测试和调试过程的结束时间。

用证书的文档资料将测试计划、详细测试方案及实际测试结果保存下来，作为软件配置的一个组成部分。

7. 运行维护

运行维护的主要任务是进行系统的日常运行管理，根据一定的规格对系统进行必要的修改，评价系统的运行效率、工作质量和经济效益，对运行费用和效果进行监理审计。软件交付用户后，便进入运行阶段。在运行阶段中，可能由于多方面的原因，需要对它进行修改。例如，为适应外部环境的变化和用户要求而添加新的功能；或是随着制作工艺的提高，将原来的工作流程做相应的改动；等等。运行维护时在软件生存周期的各个阶段去调整现有系统，而不是开发一个新的项目。

在软件生存周期的各个阶段完成研制任务后，应提交各个阶段的格式文档资料，如表2-1所示。

表2-1　软件生存周期阶段文档资料

阶　　段	文档资料	说　　明
计　划	《可行性报告》、《项目开发计划》	《可行性报告》确定项目的性质、目标和规模，为项目后期工作起一个奠基作用； 《项目开发计划》根据项目的目标、性能、功能、规模确定所需的资源。此外，还对项目的开发费用、开发进度作出估计，可供决策者和用户参考
需求分析	《需求规格说明书》、初步的《用户使用手册》、《确认测试计划》	《需求规格说明书》把双方共同理解和分析得到的结果以规范方式描述出来； 初步的《用户使用手册》根据《需求规格说明书》编写，一来进一步说明问题，二来强制系统分析员站在需求者的角度思考问题； 《确认测试计划》作为软件验收时的依据
总体设计	《概要设计说明书》、《数据库设计说明书》	《概要设计说明书》确定每个模块的接口、调用关系，另外还对文档接口的数量、顺序、作用、属性等进行详细说明； 《数据库设计说明书》确定数据结构设计和数据库设计
详细设计	《详细设计说明书》	《详细设计说明书》确定每个模块的详细算法设计、模块内数据结构设计及数据库物理设计
程序编码		没有特别需要编写的文档，但程序员在设计时要尽可能在重点和难点的地方留下注释
软件测试	《测试计划》、《测试报告》	《测试计划》描述了进行测试活动的范围、方法、资源和进度的文档； 《测试报告》是测试阶段最后的文档，一份详细的测试报告应包含产品质量、测试过程的评价、基于测试中数据采集及对最终测试结果的分析
运行维护	《维护记录》	略

2.2　软件过程概念

软件过程是在软件工程发展到一定阶段时，传统的软件工程难以解决愈发复杂的软件开发问题而提出的新的解决办法，它使软件工程环境进入了过程驱动的时代。软件过程有效地推动了软件开发的高速发展。

软件过程也称为软件生存周期过程或软件过程组，是指软件生存周期中的一系列相关过程。过程是活动的集合，活动是任务的集合，任务则起到把输入加工成输出的作用。活动的执行可以是顺序的、迭代的(重复的)、并行的、嵌套的或是有条件引发的。

软件过程涉及软件生存周期中相关的过程与活动,其中"活动"是构成软件过程的最基本的成分之一。此外,软件开发是由多人分工协作并使用不同的硬件环境和软件环境来完成的,软件过程还包括支持人与人之间进行协调与通信的组织结构、资源及约束等因素。因而,过程活动、活动中所涉及的人员、软件产品、所有资源和各种约束条件是软件过程的基本成分。

软件生存周期的各个过程可以分成3类,即主要生存周期过程、支持生存周期过程和组织的生存周期过程,开发机构可以根据具体的软件项目进行剪裁。

1. 主要生存周期过程

主要生存周期过程包括5个过程,供各当事方在软件生存周期期间使用。相关的当事方有软件的需求方、供应方、开发者、操作者和维护者。主要生存周期过程如下。

(1)获取过程:确定需求方和组织向供应方获取系统、软件或软件服务的活动。

(2)供应过程:确定供应方和组织向需求方提供系统、软件或软件服务的活动。

(3)开发过程:确定开发者和组织定义并开发软件的活动。

(4)操作过程:确定操作者和组织在规定的环境中为其用户提供运行计算机系统服务的活动。

(5)维护过程:确定维护者和组织提供维护软件服务的活动。

2. 支持生存周期过程

支持生存周期过程包括8个过程,其目的是支持其他过程,有助于软件项目的成功和质量的提高。

(1)文档编制过程:确定记录生存周期过程产生的信息所需的活动。

(2)配置管理过程:确定配置管理活动。

(3)质量保证过程:确定客观地保证软件和过程符合规定的要求及已建立的计划所需的活动。

(4)验证过程:根据软件项目要求,按不同深度确定验证软件所需的活动。

(5)确认过程:确定确认软件所需的活动。

(6)联合评审过程:确定评价一项活动的状态和产品所需的活动。

(7)审核过程:确定为判断符合要求(计划)和合同所需的活动。

(8)问题解决过程:确定一个用于分析和解决问题的过程(包括不合格的内容)。

3. 组织的生存周期过程

组织的生存周期过程包括4个过程,它们被一个软件组织用于建立和实现构成相关生存周期的基础结构和人事制度,并不断改进这种结构和过程。

(1)管理过程:确定生存周期过程中的基本管理活动。

(2)建立过程:确定建立生存周期过程中的基础结构的基本活动。

(3)改进过程:确定一个组织为建立、测量、控制和改进其生存周期过程所需开展的基本活动。

(4)培训过程:确定提供经适当培训的人员所需的活动。

每个开发机构都可以定义自己的软件过程,同一个开发机构也可以根据项目的不同采用不同的软件过程。

就一个特定的软件项目而言，软件过程可被视为开展与软件开发相关的一切活动的指导性的纲领和方案，因而软件过程的优劣对软件能否成功开发起决定作用。另外，工程组织是否合理、相互的协作是否紧密也是项目能否成功的关键。

2.3　软件过程模型

所谓软件过程模型就是一种开发策略，这种策略针对软件工程的各个阶段提供了一套规范，使工程的进展能达到预期的目的。对一个软件的开发无论其大小，我们都需要选择一种合适的软件过程模型，这种选择基于项目和应用的性质、采用的方法、需要的控制，以及要交付的产品的特点。

目前，常见的软件开发模型大致可分为如下3类：

(1)以需求完全确定为前提的开发模型，如瀑布模型；

(2)在软件开发初始阶段只能提供基本需求时采用的渐进式开发模型，如原型模型、螺旋模型、协同模型等；

(3)以形式化开发方法为基础的专用过程模型。

2.3.1　瀑布模型

瀑布模型即生存模型，其核心思想是按工序将问题简化，将功能设计与设计分离。瀑布模型将软件生存周期划分为计划、需求分析、设计、编码、测试和运行维护等6个基本活动，并且规定了它们自上而下、相互衔接的固定次序，如同瀑布流水，逐级下落，如图2-2所示。

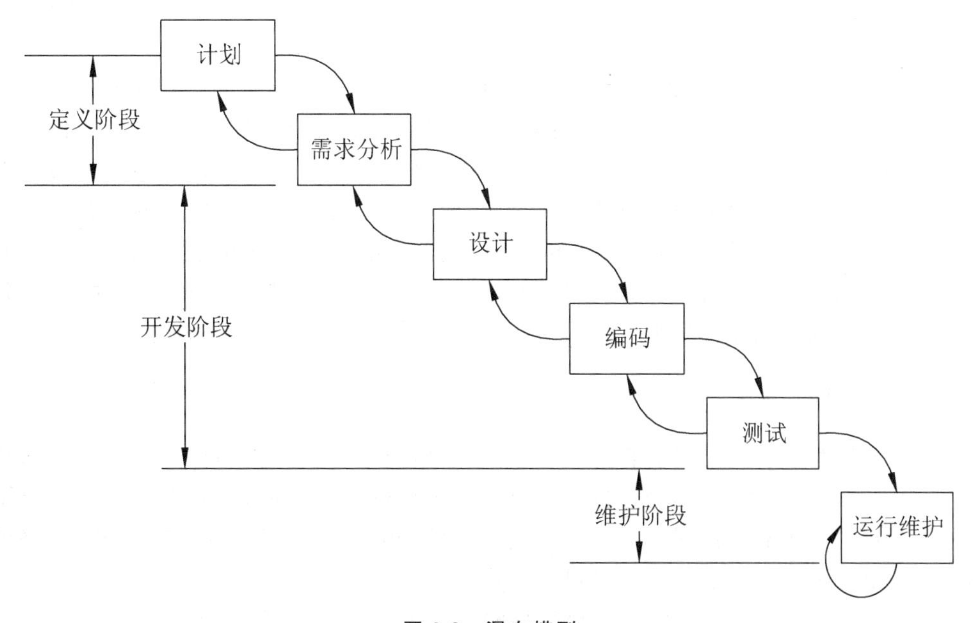

图2-2　瀑布模型

按照传统的瀑布模型来开发软件，有如下几个特点。

1. 阶段间具有顺序性和依赖性

这个特点具有两重含义。

(1)必须等前一个阶段工作完成后，才能开始后一阶段的工作；

(2)前一阶段的输出文档就是后一阶段的输入文档，因此只有前一阶段的输出文档正确，后一阶段的工作才能获得正确结果。

2. 推迟实现的观点

瀑布模型在编码之前设置了计划、需求分析、设计3个阶段。需求分析与设计阶段的基本任务规定，在这两个阶段主要考虑目标系统的逻辑模型，不涉及软件的物理实现。清楚地区分逻辑设计与物理设计，尽可能推迟程序的物理实现，是瀑布模型的一条重要指导思想，可以避免项目中不必要的大量返工。

3. 质量保证的观点

1)瀑布模型的每个阶段都应坚持两个重要做法

(1)每个阶段都必须完成规定的文档，没有完成合格的文档就是没有完成该阶段的任务。

(2)每个阶段结束前都要对所完成的文档进行评审，以便尽早的发现和改正问题。

2)瀑布模型的缺点

以上是隐含在软件生存周期各个阶段后面的指导思想，是比具体任务更重要的内容。但是，这种模型的线性过程太理想化，已不再适合现代的软件开发模式，几乎被业界抛弃，其主要问题在于以下几个方面：

(1)各个阶段的划分完全固定，阶段之间产生大量的文档，极大地增加了工作量；

(2)由于开发模型是线性的，用户只有等到整个过程的末期才能见到开发成果，从而增加了开发的风险；

(3)早期的错误可能要等到开发后期的测试阶段才能发现，进而带来严重的后果。

我们应该认识到，“线性”是人们最容易掌握并能熟练应用的思维方法。当人们碰到一个复杂的“非线性”问题时，总是千方百计地将其分解或转化为一系列简单的线性问题，然后逐个解决。一个软件系统的整体可能是复杂的，而单个子程序总是简单的，可以用线性的方式来实现。线性是一种简洁，简洁就是美。当我们领会了线性的精神，就不要再呆板地套用线性模型的外表，而应该灵活使用它。例如，增量模型实质上就是分段的线性模型，螺旋模型则是连接的弯曲了的线性模型，在其他模型中也能够找到线性模型的影子。

2.3.2 演化过程模型

演化过程模型是一种全局的软件生存周期模型，属于迭代开发的模型。该模型的基本思想为：根据用户的基本需求，通过快速分析构造出该软件的原型，然后根据用户在使用原型过程中提出的意见和建议对原型进行改进，获得原型的新版本。重复这一过程，最终可以得到令用户满意的软件产品。该模型可以表示为

第一次迭代(需求→设计→实现→测试→集成)→反馈→第二次迭代→反馈→……

本小节主要介绍三种演化过程模型：原型模型、螺旋模型与协同开发模型。

1. 原型模型

原型就是可以逐步改进成运行系统的模型。开发者在初步了解用户需求的基础上，凭借自己对用户需求的理解，通过强有力的软件环境支持，利用软件快速开发工具，构成、设计和开发一个实在的软件初始模型(原型，一个可以实现的软件应用模型)。利用原型模型进行软件开发的流程如图2-3所示。相对瀑布模型，原型模型更符合人们开发软件的习惯，是目前较流行的一种实用软件生存模型。

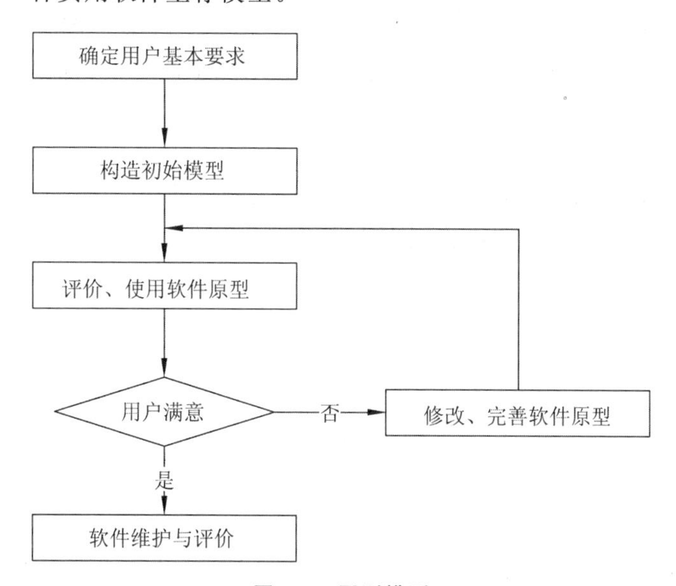

图2-3　原型模型

1)原型模型的优点

(1)开发人员和用户在“原型”上达成一致。这样一来，可以减少设计中的错误和开发中的风险，也减少了对用户培训的时间，从而提高了系统的实用性、正确性及用户满意度。

(2)原型模型采用逐步求精的方法完善原型，使得原型能够快速开发，避免了像瀑布模型一样冗长的开发过程中难以对用户的反馈作出快速响应。

(3)原型模型通过“样品”不断改进，降低了成本。

(4)原型模型的应用使人们对需求有了渐进的认识，从而使软件开发更有针对性。另外，原型模型的应用充分利用了最新的软件工具，使软件开发效率大为提高。

2)原型模型的缺点

虽然用户和开发者都非常喜欢原型模型，因为它使用户能够感受到实际的软件系统，开发人员能很快建造出一些内容。但该模型仍然存在着一些问题，其原因如下。

(1)用户看到的是一个可运行的软件版本，但不知道这个原型是临时搭建起来的，也不知道软件开发者为了使原型尽快运行，并没有考虑软件的整体质量或以后的可维护性问题。当被告知该产品必须重建才能使其达到高质量时，用户往往叫苦连天。

(2)开发人员常常需要在实现上采取折中的办法，以使原型能够尽快工作。开发人员很可能采用一个不合适的操作系统或程序设计语言，仅仅因为它通用或有名，也可能使用一个效率低的算法，仅仅为了实现演示功能。经过一段时间之后，开发人员可能对这些选择已经习以为常了,忘记了它们不合适的原因。于是,这些不理想的选择就成了软件的组成部分。

虽然会出现问题,但原型模型仍是软件工程的一个有效典范。使用原型模型开发系统时,用户和开发者必须达成一致:原型被建造仅仅是用户用于定义需求,不宜利用它来作为最终产品,之后被部分或全部抛弃,最终的软件是要充分考虑了质量和可维护性等方面之后才被开发。

2. 螺旋模型

对于复杂的大型软件,开发一个原型往往达不到要求。螺旋模型将瀑布模型和原型模型结合起来,这不仅体现了两个模型的优点,而且还增加了两个模型都忽略了的风险分析,弥补了两者的不足。

1)螺旋模型的结构

螺旋模型的结构如图 2-4 所示,它由 4 部分组成:制订计划、风险分析、实施开发和客户评估。在笛卡儿坐标的 4 个象限中分别表达了 4 个方面的活动。

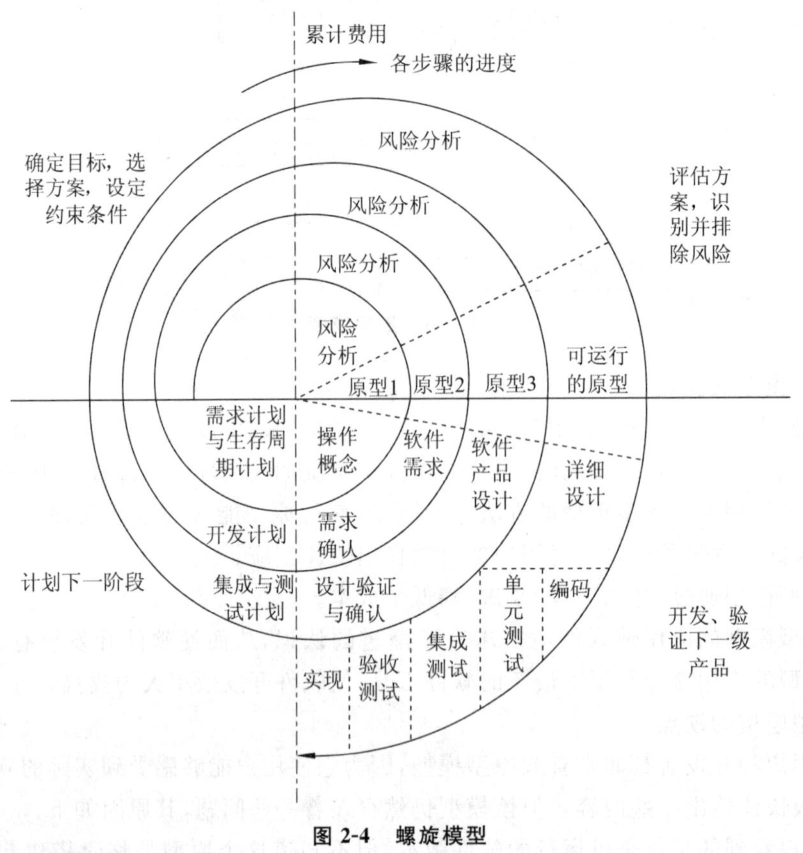

图 2-4 螺旋模型

沿螺旋线自内向外每旋转一圈便开发出一个更为完善的新的软件版本。例如,第一圈时,在制订计划阶段,确定了初步的目标、方案和限制条件以后,转入风险分析阶段,对项目的风险进行识别和分析。如果风险分析表明需求有不确定性,但是可以承受风险,那么在实施开发阶段,所建的原型会帮助开发人员和用户对需求做进一步的修改。软件开发完成后,客户会对工程成果做出评价,给出修正建议。在此基础上进入第二圈螺旋,再次进行制订计划、风险分析、实施开发和客户评估等工作。假如风险过大，开发者和用户无法承受，那么有可能终止项目。多数情况下，软件开发过程是沿螺旋线的路径连续进行的，自内向外，逐步延伸，最终总能得到一个用户满意的软件版本。

2）螺旋模型的优点

螺旋模型的优点在于：设计上的灵活性，可以在项目的各个阶段进行变更；以小的分段来构建大型系统，使成本计算变得简单容易；客户始终参与每个阶段的开发，保证了项目不偏离正确方向及项目的可控性；随着项目推进，客户始终掌握项目的最新信息，从而能够与管理层有效地交互；客户认可这种公司内部的开发方式带来的、良好的沟通和高质量的产品。

3）螺旋模型的缺点

螺旋模型的缺点在于：很难让用户确信这种演化方法的结果是可以控制的；建设周期长，而软件技术发展比较快，所以经常出现软件开发完毕后，与当前的技术水平有较大的差距，无法满足当前用户的需求。

螺旋模型不仅保留了瀑布模型中系统地、按阶段逐步地进行软件开发和“边开发、边评审”的风格，而且还引入了风险分析，并把制作原型作为风险分析的主要措施。用户始终关心、参与软件开发，并对阶段性的软件产品提出评审意见，这对保证软件产品的质量是十分有利的。但是，螺旋模型的使用需要具有相当丰富的风险评估经验和专门知识，而且开发费用昂贵，所以只适合大型软件的开发。

3. 协同模型

从程序设计的角度来说，协同就是通过将一组主动的片断黏合起来的方式来构建程序的过程。因此，可以将程序看成“程序＝协同＋计算”，以倡导在分布式程序设计中将分布的协同与局部的计算分离的思想。

通常意义上提到的软件协同技术包含两个层次的意思：一是其协同模型；二是该协同模型的软件实现。协同模型作为绑定一组分离的活动为一整体的黏合剂，为主动独立的协同实体之间交互的表达提供一个框架。它通常涉及被协同实体的创建与撤销、实体间的通信、实体的空间分布及它们活动的同步和时间安排等。

1）协同模型的描述

在描述协同模型的组成时，主要从以下三个部分进行研究。

（1）协同实体是并发运行的活动实体，它们是协同的直接主体，同时也是协同体系结构中的基本模块。这些被协同的实体（实际是指其类型），如对象、进程、线程、Web 服务等，甚至可以包括一个软件和用户。

（2）协同媒介是将协同实体连接起来的媒介。它是协同发生的实际空间，支持协同实体间的通信，如信号量、通道，以及元组空间、消息、事件等。

（3）协同法则具体描述了模型框架的语义，即描述协同实体如何利用一组协同原语通过协同媒介进行协同的法则。

2）协同模型的分类

通常将协同模型分为如下三类。

（1）数据驱动的协同模型。该类模型关注的主要是协同实体之间的数据交换。这类协同模型大多要用到共享的数据空间。协同实体除了需要完成自身的计算任务之外，还需要通过调用协同原语从外界(数据空间)获取数据或向外界提供数据,以此来与其他实体协同。

(2)控制驱动协同模型。该类模型关注的是协同实体间的控制流程。通常协同实体被视为一个具有良好接口定义的黑盒。协同实体只需从自己的接口(常称为端口)获得输入数据,计算处理后放到自己的端口上,而(至少在形式上)无须考虑与其他实体的协同。

(3)混合驱动协同模型。该类模型不仅关注协同实体之间的数据交换,同时也关注协同实体之间的控制流程。协同模型的实现方式不局限于某种协同语言,利用可编程的软件协同技术,也可以实现这种体系结构。

2.3.3 增量过程模型

1. 增量模型

增量模型融合了线性顺序模型的基本成分和原型模型的迭代特征。这种模型采用随着日程时间的进展而交错的线性序列。每一个线性序列产生软件的一个可发布的"增量"。当使用增量模型时,第一个增量往往是核心的产品,也就是说第一个增量实现了基本的需求,但很多补充的特征还没有发布。客户对每一个增量的使用和评估,都作为下一个增量发布的新特征和功能。在每一个增量发布后不断重复这个过程,直到产生了最终完善的产品为止。增量模型强调每一个增量均发布一个可操作的产品。采用增量模型的软件过程如图 2-5 所示。

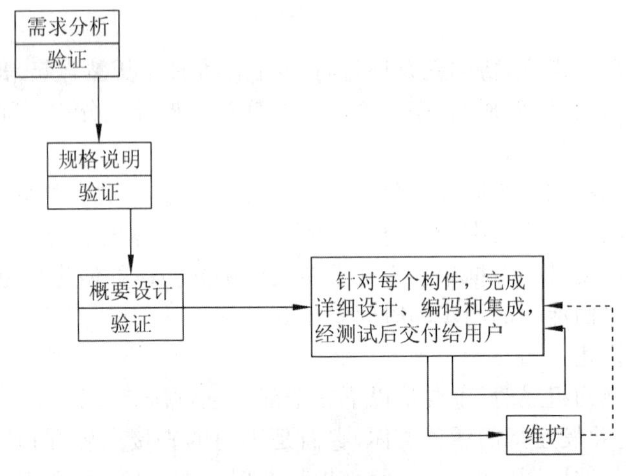

图 2-5　增量模型

增量模型像原型模型一样具有迭代的特征。但与原型模型不一样,增量模型强调每一个增量均发布一个可操作产品。早期的增量是最终产品的"可拆卸"版本,但它们确实给用户提供了服务的功能,并且给用户提供了评估的平台。

增量开发是很有用的,尤其是当配备的人员不能在为该项目设定的市场期限之前实现一个完全的版本时,早期的增量可以由较少的人员实现。如果核心产品很受欢迎,那么可以增加新的人手实现下一个增量。此外,增量能够有计划地管理技术风险,例如,系统的一个重要部分需要使用正在开发的并且发布时间尚未确定的新硬件,有可能计划在早期的增量中避免使用该硬件,这样就可以首先发布部分功能给用户,以免过分地拖延系统的问世时间。

2. RAD模型

RAD(快速应用开发)模型是一个增量型的软件开发过程模型,其具有极短的开发周期。该模型是瀑布模型的一个“高速”变种,通过大量使用可复用构件,采用基于构件的建造方法赢得了快速开发。如果正确地理解了需求,而且约束了项目的范围,利用这种模型可以很快地创建功能完善的信息系统。其流程从业务建模开始,随后是数据建模、过程建模、应用生成、测试及反复,其实现过程如图2-6所示。

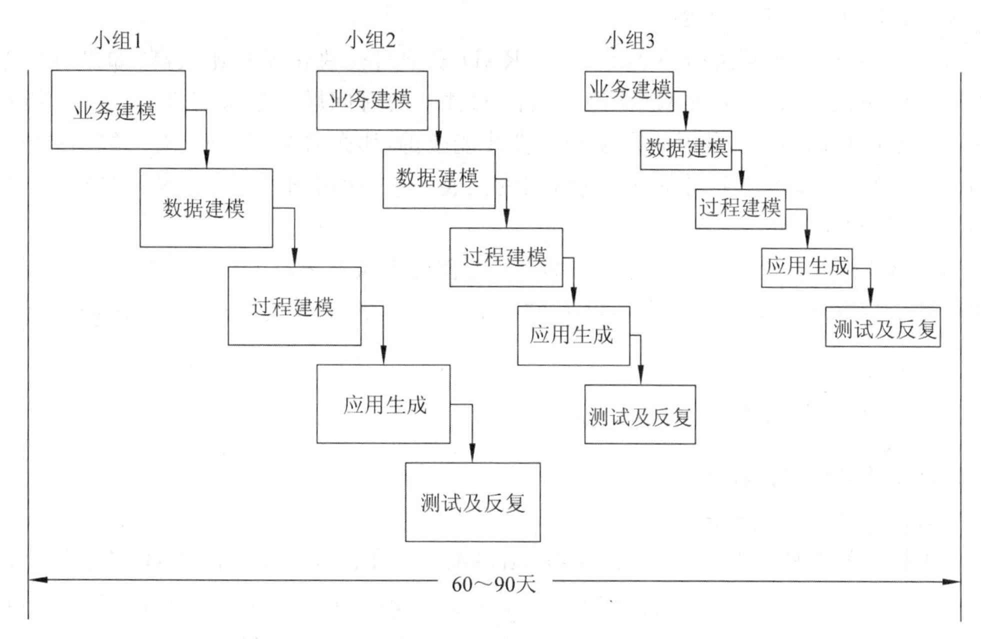

图2-6 RAD模型

1)业务建模

确定驱动业务过程运作的信息、要生成的信息、如何生成、信息流的去向及其处理等,可以辅之以数据流图。

2)数据建模

为支持业务过程的数据流,查找数据对象集合、定义数据对象属性,并与其他数据对象的关系构成数据模型,可辅之以E-R图。

3)过程建模

使数据对象在信息流中完成各业务功能,创建过程以描述数据对象的增加、修改、删除、查找,即细化数据流图中的处理框。

4)应用生成

利用第4代语言(4GL)写出处理程序,重用已有构件或创建新的可重用构件,利用环境提供的工具自动生成以构造出整个应用系统。

5)测试及反复

RAD过程强调复用,许多程序构件已经是测试过的,这样减少了测试时间,但必须测试新构件，而且必须测试到所有接口。

与瀑布模型相比，RAD模型不采用传统的第3代程序设计语言来创建软件，而是采用基于构件的开发方法复用已有的程序结构(如果可能)，或使用可复用构件，或创建可复用的构件(如果需要)。在所有情况下，构件均使用自动化工具辅助软件创造。很显然，加在一个RAD模型项目上的时间约束需要“一个可伸缩的范围”。如果一个业务能够被模块化使得其中每个主要功能均可以在不到3个月的时间内完成，则它是RAD模型的一个候选者。每一个主要功能可由一个单独的RAD组来实现，最后集成起来形成一个整体。RAD模型的不足之处在于以下几个方面。

(1)并非所有应用都适合RAD模型。RAD模型对模块化要求比较高，如果有一个功能不能被模块化，那么建造RAD模型所需的构件就会有问题。如果高性能是一个指标且该指标必须通过调整接口使其适应系统构件才能获得，那么RAD模型也有可能不能奏效。

(2)开发人员和客户必须在很短的时间内完成一系列的需求分析，任何一方配合不当都会导致RAD模型失败。

(3)RAD模型只能用于信息系统开发，不适合技术风险很高的情况。当一个新应用要采用很多新技术或当新软件要求与已有的计算机程序的高交互性操作时，这种情况就会发生。

2.3.4 专用过程模型

1. 基于构件的开发模型

1)软件构件的功能及要素

基于构件的软件开发(Component-Based Software Development，CBSD)是指使用可复用构件来开发应用软件。基于构件的软件工程(Component-Based Software Engineering，CBSE)是以面向对象的方法为基础，实现软件重用，构造新系统的过程。

软件构件是软件系统中具有相对独立功能，可以明确标识，接口由规约指定，与语境有明显依赖关系，可独立部署，且多由第三方提供的可组装软件实体。软件构件须承载有用的功能，并遵循某种构件模型。可复用构件是指具有可复用价值的构件。Commercial off-the-shelf(COTS)是指由第三方开发的、满足一定构件标准的、可组装的软件构件。构件的要素如下：

①规格说明，建立在接口概念之上，作为服务提供方与客户方之间的契约；

②一个或多个实现；

③受约束的构件标准；

④包装方法；

⑤部署方法。

2)开发过程

基于构件的软件工程不是针对某个特定的软件系统，而是针对一类软件系统的共同特征、知识和需求而构建的。基于构件的软件开发过程包括两个并发的子过程，一个是领域工程，一个是应用系统工程。领域工程完成一组可复用构件的标识、构造、分类和传播；应用系统工程使用可复用构件构造新的软件系统。基于构件的开发过程如图2-7所示。

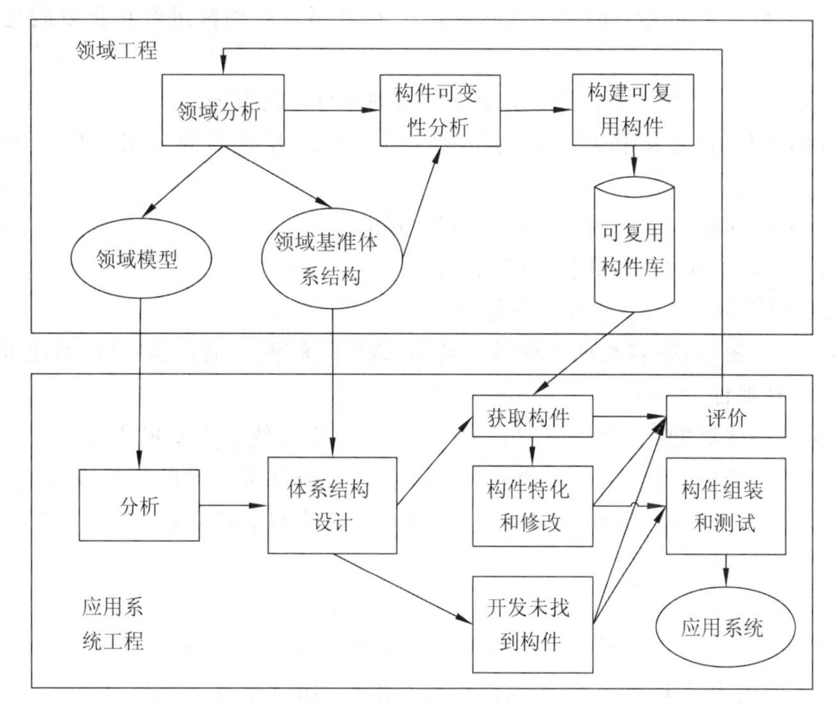

图 2-7 基于构件的开发过程

(1)领域工程的步骤。

①领域分析:首先要进行领域分析,收集领域中有代表性的应用样本,分析应用中的公共部分或相似部分,抽取该领域的应用体系结构。

②建立领域特定的基准体系结构模型:在领域分析的基础上,构造领域基准体系结构,这个领域基准体系结构应是可以裁剪和扩充的,并可供该领域的应用复用。

③标识候选构件:在领域分析和领域基准体系结构模型的基础上标识该领域的候选构件。

④泛化(Generalization)和可变性(Variability)分析:提高其通用性,同时寻找候选构件在不同应用中的变化点(Variation Point),设置参数、继承或其他手段,使可变部分局部化。

⑤重建构件:在泛化和可变性分析的基础上,重建构件,使它成为可复用构件。

⑥构件的测试:对于重建的可复用的构件,要严格测试,以提高其可靠性。

⑦构件的包装:经测试的构件应根据构件库的要求,对它进行包装,以便构件库对它分类储存和检索。

⑧构件入库:包装后的构件即可存入构件库。

(2)应用系统工程的步骤。

①建立应用系统的体系结构模型:可以使用构件生产者提供的领域特定的基准体系结构经裁剪或扩充而获得。

②寻找候选构件:根据应用系统的体系结构模型,从构件库或其他可利用的构件源中寻找候选构件。

③评价和选择合适的构件:评价候选构件以判断是否适合于待开发的软件。

④构件的修改(Modify)和特化(Specialize):在复用时对构件进行特化以满足特定应用的需要。

⑤开发未被复用的部分:对新系统中未复用的部分进行开发。

⑥构件的组装:将特化和修改后的可复用构件和新开发的部分组装成一个新的软件系统。

⑦集成测试:对组装后的软件系统进行集成测试。

⑧评价被复用的构件,并推荐可能的新构件。

3)CBSD对质量、生产率和成本的影响

(1)对质量的影响:随着长期的测试和使用,构件能够保证很高的质量,因此可以使系统开发的质量得到保证。

(2)对生产率的影响:一般来说,30%～50%的复用可使生产率提高25%～40%。

(3)对成本的影响:与复用相关的成本应由多个采用复用技术的项目来分担;通常要经过2～3个采用复用的生产周期(3年左右)复用才能带来显著的效益。

2. 形式化方法模型

1)形式化方法定义

形式化方法(Formal Methods)在逻辑科学中是指分析、研究思维形式结构的方法。它把各种具有不同内容的思维形式(主要是命题和推理)加以比较,找出其中各个部分相互联结的方式,如命题中包含概念彼此间的联结,推理中则是各个命题之间的联结,抽取出它们共同的形式结构;再引入表达形式结构的符号语言,用符号与符号之间的联系表达命题或推理的形式结构。

用于开发计算机系统的形式化方法是描述系统性质的基于数学的方法,这样的形式化方法提供了一个框架,可以在框架中以系统的而不是特别的方式刻画、开发和验证系统。如果一种方法有良好的数学基础,那么它就是形式化的,典型地以形式化规约语言给出。这个基础提供一系列精确定义的概念,如一致性和完整性,以及定义规范的实现和正确性。形式化方法的本质是基于数学的方法来描述目标软件系统属性的一种技术。

根据说明目标软件系统的方式,形式化方法可以分为如下两类。

(1)面向模型的形式化方法通过构造一个数学模型来说明系统的行为。

(2)面向属性的形式化方法通过描述目标软件系统的各种属性来间接定义系统行为。

2)非形式化的缺点和形式化的优点

(1)非形式化的缺点。

用自然语言书写的系统规格说明书,可能存在矛盾、二义性、含糊性、不完整性及抽象层次混乱等问题。

①矛盾:指一组相互冲突的陈述。

②二义性:指用户可以用不同方式理解的陈述。

③含糊性:系统规格说明书庞大,易出现含糊性。

④不完整性:遗漏了用户的一些需求。

⑤抽象层次混乱:指在非常抽象的陈述中混进了一些关于细节的低层次陈述。

(2)形式化的优点。

形式化的方法更像是一种规则，描述了系统的性质。正因为它像是一种规则，所以具有严密、统一和简洁的特性。

①简洁、准确地描述物理现象、对象或动作的结果。

②适合于表示状态，表示“做什么”。

③数学规格说明，可以用数学方法验证。

3)形式化方法语言

不同的形式化方法的数学基础是不同的，有的以集合论和一阶谓词演算为基础(如Z语言和VDM语言)，有的则以时态逻辑为基础。形式化方法语言需要形式化规约说明语言的支持。

(1)将事物的状态和行为用数学符号形式化表达的语言，为编写计算机程序和验证计算机程序的正确性提供依据，是软件工程编码之前的规格说明语言。

Z语言是一种以一阶谓词演算为主要理论基础的规约语言，是一种功能性语言。Z语言是著名数学家Zermelo提出的，它是目前使用最广泛的一种形式化描述语言，在软件产业的一些大型项目中已经获得成功的应用，Z语言以一阶谓词逻辑ZF(Zermelo-Fraenkel)公理集合论为主要数学基础。

在Z语言中有两种语言:数学语言和模式语言。数学语言用于描述系统的各种特征:对象及其之间的关系。模式语言是一种半图形化的语言，它用于构造、组织形式化说明的描述、整理、封装信息块并对其命名以便可以重用这些信息块。通常，形式化说明的可读性都不太好，但由于Z语言是采用半图形化的模式语言，能用一种比较直观、有条理的方式来表达形式化说明，这就改善了可读性。

(2)VDM语言，是1973年由IBM公司维也纳实验室提出的。通过一阶谓词逻辑和已建立的抽象数据类型来严格描述每个运算和函数的功能，体现了用形式语言来刻画语言功能的思想。

3. 面向方面的软件开发模型

早在20世纪90年代初，人们就已经注意到面向对象软件开发方法的局限性。这种软件设计技术可以很好地解决软件系统中角色划分的问题。然而，它却没有彻底解决软件开发中的维护和复用问题。类与类之间的关系通常是错综复杂的，面向对象的思想只表达了类的纵向关系——继承，而类与类的横向关系往往会被忽略，或是将这种多维的关系转化为一维来解决，结果导致软件系统类之间的一些共同属性散乱地分布在各个类中，出现了逻辑业务代码和横切关注点(Crosscutting Concerns)的“纠缠”现象，这样的设计必然会给软件的维护和复用带来沉重的负担。

1)面向方面的程序设计技术的定义

面向方面的程序设计(Aspect-Oriented Programming, AOP)技术是一种将类之间的横切关注点分离出来，并将其模块化的技术。关注点是指一个特定的目的、一个感兴趣的区域或一组逻辑行为，也可以理解为满足用户或系统需求、有关软件实现的多种事项。一个关注点就是软件要解决的一个问题。例如，电子商务系统要实现的订单管理、商品管理、权限检查等功能，都是它的关注点。

软件的关注点主要分为两大类:核心关注点和横切关注点。核心关注点就是该系统要实现的主要的功能部分,如电子商务中的订单管理、商品管理等;而横切关注点要跨越多个业务逻辑类或模块,如密码验证和日志记录。

AOP 的本质就是要将系统的横切关注点和核心关注点分开,将横切关注点再封装成一个模块,即方面(Aspect),从而避免横切关注点散乱分布在系统的多个类中。

AOP 大体要包括三个部分:组件语言(Component Language)、方面语言(Aspect Language)和编织器(Weaver)。组件语言主要负责核心关注点,方面语言主要负责的是横切关注点,而两种语言的并行与合作,即"编织",由编织器来完成。

方面语言中一些元素的概念可归纳如下。

(1)连接点(Joint Point),AOP 中最基本的元素,表示程序控制流中的某些点,如函数调用、类对象初始化、异常处理等,表示了软件系统中的横切关注点。AspectJ 就是在特定的连接点处织入代码调用模块化的横切点。

(2)通知(Advice),和类中的方法比较相似,类似函数的一种结构,定义了在连接点的执行代码,即横切关注点的功能定义。可以说,AOP 的一个关键组成部分就是传达消息,它允许定义多个模块的行为,并且透明地将这些通知应用到现有的对象模型中,一般分为 Before Advice、After Advice 和 Around Advice 三种类型。

(3)切入点(Pointcut),连接点的集合,通过切点指示器明确定义了要收集的连接点和有关参数值,它能够告诉 AOP 框架,哪些通知绑定到哪些类,什么样的元数据将应用到哪些类中或是哪一个导言被传入到哪一个类中。总而言之,它就是连接方面和类的桥梁。

(4)元数据(Metadata),是在静态或是运行的时间绑定到一个类的附加信息,更强大的一方面,是能够动态地绑定元数据到一个给定的对象实例。当我们在编写能够应用任何对象的一般方面,而逻辑需要知道制定类的信息时,元数据就显得非常强大。

(5)导言(Introduction),也称为类型间的声明,允许程序员去修改当前类的显示接口或添加类的属性,引入了一个能够实现新接口和属性的混合类。导言允许将多继承引入到一般的 Java 类。

(6)方面,这是 AOP 中最重要的概念之一,相当 OOP 设计中的类,主要的功能是将类之间的横切关注点封装在一起,形成一个模块单元。通过方面,AOP 允许编程人员使用一种松散耦合的方法,以独立实体的姿态对一个横切关注点进行书写、查看、编辑。

2)AOP 实现方式

AOP 用方面描述系统的横切关注点,用传统程序设计语言描述系统的核心关注点,使用编织器来实现横切关注点与核心关注点的交融。AOP 的编织器实现方式有两种:静态织入和动态织入。

(1)静态织入。静态织入技术是指在程序编译期间,在业务功能代码的适当位置,织入方面代码,从而形成目标软件系统的混合程序代码的技术。这一技术的特点是能在软件系统运行前实现方面代码和业务代码两者的交融。

(2)动态织入。动态织入技术是指在程序运行期间,根据程序运行的上、下文,通过截取对象消息的方式,在业务执行流程的适当位置执行方面的程序代码,从而实现方面代码和业务代码两者交融的技术。

静态织入的效率要高于动态织入的效率，但动态织入的在灵活性方面要比静态织入的要强。AOP过程模型如图2-8所示。

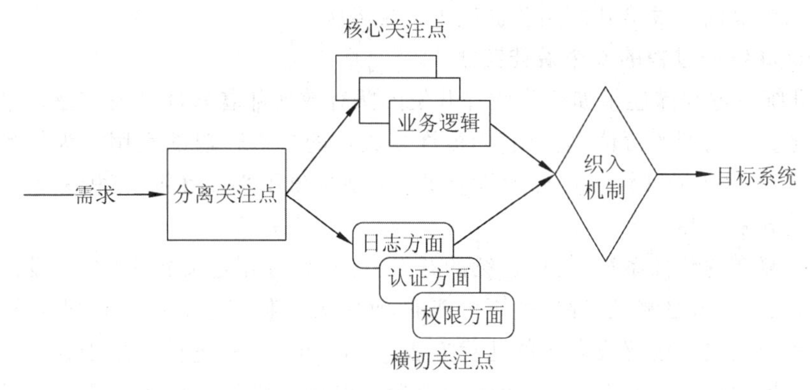

图2-8　AOP过程模型

3)AOP的优点

(1)系统容易扩展。由于方面模块根本不知道横切关注点，所以很容易通过建立新的方面加入新的功能。另外，当往系统加入新的模块时，已有的方面自动横切进来，使系统容易扩展。

(2)更好的代码重用性。AOP把每个方面视为独立的模块，模块之间是松散耦合的。这就意味着拥有更好的代码重用性。

(3)代码集中，易于理解。解决了由于OOP跨模块造成的代码混乱和分散。

(4)模块化横切关注点。AOP会用最小的耦合来处理每个关注点，使得即使是横切关注点也是模块化的。这样的话，系统代码冗余小，系统也容易理解和维护。

2.3.5　Rational统一过程

1. Rational统一过程的定义

Rational统一过程(Rational Unified Process)是Rational公司开发和维护的过程产品。Rational统一过程的开发团队同用户、合作伙伴、Rational产品小组及用户公司共同协作，确保开发过程持续地更新和提高以反映新的经验和不断演化的实践经验。

Rational统一过程是一种可配置的过程，提供了在开发组织中分派任务和责任的纪律化方法。它的目标是在可预见的日程和预算前提下，确保满足最终用户需求的高质量产品。Rational统一过程既适用小的开发团队也适合大型开发组织。Rational统一过程建立简洁和清晰的过程结构，为开发过程家族提供通用性，并且，它可以变更以容纳不同的情况，它还能对大部分开发过程提供自动化的工具支持。这些工具被用于创建和维护软件开发过程(可视化建模、编程、测试等)的各种各样的产物，特别是模型，其中包括著名的Unified Modeling Language (UML)。

Rational统一过程强调开发和维护模型，具有语义丰富的软件系统表达，而非强调大量的文本工作。对于所有的关键开发活动，它为每个团队成员提供了使用准则、模板、工具进行访问的基础知识。而通过对相同基础知识的理解，无论是进行需求分析、设计、测试项目管理或配置管理，均能确保全体成员共享相同的知识、过程和开发软件的视图。

Rational 统一过程以适合于大范围项目和机构的方式捕捉了许多现代软件开发过程的最佳实践。这些最佳实践给开发团队提供了大量经验。

2. Rational 统一过程的 6 个最佳实践

Rational 统一过程描述了如何为软件开发团队有效地部署软件开发方法。最佳实践不仅可以精确地量化它们的价值，而且它们被许多成功的机构普遍的运用。为使整个团队有效利用最佳实践，Rational 统一过程为每个团队成员提供了必要准则、模板和工具指导。

1)迭代的开发产品

面对当今复杂的软件系统，使用连续的开发方法：如首先定义整个问题，设计完整的解决方案，编制软件并最终测试产品，是不可能的，而需要一种能够通过一系列细化，若干个渐进的反复过程而生成有效解决方案的迭代方法。Rational 统一过程专注于处理生存周期中每个阶段最高风险的迭代开发方法，极大地减少了项目的风险。迭代方法通过可验证的方法来减少风险。

2)需求管理

Rational 统一过程描述了如何提取、组织和文档化需求的功能和限制；如何跟踪和文档化折中方案和决策；如何捕获和进行商业需求交流。过程中用例和场景的使用被证明是捕获功能性需求的卓越方法，并确保由它们来驱动设计、实现和软件的测试，使最终系统更能满足最终用户的需要。它们给开发和发布系统提供了连续的和可跟踪的线索。

3)基于构件的体系结构

Rational 统一过程在全力以赴开发之前，关注于早期的开发和健壮可执行体系结构的基线。它描述了如何设计灵活的、可修改的、直观便于理解的且促进有效软件重用的弹性结构。Rational 统一过程支持基于构件的软件开发。构件是实现清晰功能的模块、子系统。Rational 统一过程提供了使用新的及现有构件定义体系结构的系统化方法。它们被组装为良好定义的结构，或是特殊的、底层结构如 Internet、CORBA 和 COM 等工业级的重用构件。

4)可视化软件建模

开发过程显示了对软件进行可视化建模，捕获体系结构和构件的构架和行为。这允许隐藏细节和使用“图形构件块”来书写代码。可视化抽象帮助沟通软件的不同方面，观察各元素如何配合在一起，确保构件模块代码的一致性，保持设计和实现的一致性，促进明确的沟通。Rational 公司创建的工业级标准 Unified Modeling Language(UML)是成功的可视化软件建模的基础。

5)验证软件质量

质量应该基于可靠性、功能性、应用性和系统性，并能根据需求来进行验证。质量评估被内建于过程和所有的活动，包括全体成员使用客观的度量和标准，而不是事后型的或单独小组进行的分离活动。

6)控制软件的变更

控制软件的变更包括确定每个修改是可接受的且是能被跟踪的。开发过程描述了如何控制、跟踪和监控修改以确保成功的迭代开发。它同时指导如何通过隔离修改和控制整个软件产物(如模型、代码、文档等)的修改来为每个开发者建立安全的工作区。另外,它通过描述进行自动化集成和建立管理使小队如同单个单元来工作。

3. Rational 统一过程模型

Rational 统一过程将软件生命周期分解为一个个周期,每一个周期又划分为4个连续的阶段。

1)初始阶段

初始阶段的目标是为系统建立商业案例和确定项目的边界。为了达到该目标必须识别所有与系统交互的外部实体,在较高层次上定义交互的特性。初始阶段的任务还包括识别所有用例和描述一些重要的用例。其中,商业用例包括验收规范、风险评估、所需资源估计、体现主要里程碑日期的阶段计划。

本阶段具有非常重要的意义,本阶段关注的是整个项目工程中的业务和需求方面的主要风险。对于建立在原有系统基础上的开发项目来说,初始阶段的时间可能很短。初始阶段结束是第一个重要的里程碑:生命周期目标里程碑。

2)细化阶段

细化阶段的目标是分析问题领域,建立健全的体系结构基础,编制项目计划,淘汰项目中最高风险的元素。为了达到该目标,必须对系统具有"英里宽和英寸深"的观察。体系结构的决策必须在理解整个系统的基础上作出。

细化阶段是4个阶段中最关键的阶段。该阶段结束时,硬"工程"可以认为已结束,项目则经历最后的审判日,决定是否将项目提交给构建阶段和交付阶段。对于大多数项目,这也相当于从移动的、轻松的、灵巧的、低风险的运作过渡到高成本、高风险并带有较大惯性的运作过程,而该过程必须能容纳变化。细化阶段的活动确保了结构、需求和计划是足够稳定的,风险被充分减轻,所以可以为开发结果预先决定成本和日程安排。

在细化阶段,依靠对项目的范围、规模、风险和先进程度的评估,可执行的结构原形可以在一个或多个迭代过程中建立。其工作必须至少包括处理初始阶段中识别的关键用例,这些关键用例揭示了项目的主要技术风险。细化阶段结束是第二个重要的里程碑:生存周期的结构里程碑。此刻,检验系统目标、范围和结构的选择及主要风险的解决方案已经作出。

3)构建阶段

在构建阶段,所有剩余的构件和应用程序功能被开发并集成为产品,所有的功能被详尽地测试。从某种意义上说,构建阶段是重点在管理资源和控制运作以优化成本、日程、质量的生产过程。就这一点而言,管理的理念已经不是初始阶段和细化阶段的基于智力资产的开发,而过渡到到构建阶段和交付阶段发布产品管理。

许多项目规模大得足够产生许多平行的增量构建过程,这些平行的活动可以极大地促进版本发布的有效性,同时也增加了资源管理和工作流同步的复杂性。健壮的体系结构和易于理解的计划是高度关联的。这也是在细化阶段平衡体系结构和强调计划的原因。创建阶段结束是第三个重要的项目里程碑:初始功能里程碑。创建阶段结束决定了软件是否可以运作,而不会将项目暴露在高度风险下。该版本也常称为"Beta"版。

4)交付阶段

交付阶段的目的是将软件产品交付给用户群体。只要产品发布给最终用户,问题常常就会出现:要求开发新版本,纠正问题或完成被延迟的问题。当基线成熟得足够发布给最终用户时,就进入了交付阶段。在交付阶段的终点是第四个重要的项目里程碑:产品发布里程碑。此时,决定目标系统是否开始另一个周期。

Rational 统一过程的每个阶段可以进一步被分解为迭代过程。迭代过程是导致可执行产品版本(内部和外部)的完整开发循环,是最终产品的一个子集,从一个迭代过程到另一个迭代过程递增式增长形成最终的系统。迭代过程不仅减小了风险、使得对变更控制更加容易,而且还使得项目小组可以在开发中获得高效的开发经验,并使项目获得较佳的总体质量。

4. Rational 统一过程的 9 个核心工作流

工作流是产生具有可观察结果的活动序列。Rational 统一过程有 9 个核心工作流,代表了所有角色和活动的逻辑分组情况。核心工作流分为 6 个核心“工程”工作流和 3 个核心“支持”工作流。

1)6 个核心“工程”工作流

(1)商业建模工作流。在商业建模中,使用商业用例来文档化商业过程,从而确保了组织中所有支持商业过程的人员达成共识。

(2)需求工作流。需求工作流的目标是描述系统应做“什么”,并允许开发人员和用户就该描述达成共识。

(3)分析和设计工作流。分析和设计工作流的目标是显示系统“如何”在实现阶段被“实现”的。分析设计结果是一个设计模型和可选的分析模型。设计模型是源代码的抽象。

(4)实现工作流。系统通过完成构件而实现。构件被构造成实施子系统。子系统被表现为带有附加结构或管理信息的目录形式。

(5)测试工作流。测试类似于三维模型,分别从可靠性、功能性、应用性和系统性来进行测试。流程从每个维度描述了如何经历测试生存周期的几个阶段:计划、设计、实现、执行和审核。

(6)发布工作流。发布工作流的目标是成功地生成版本,将软件发布给最终用户。

2)3 个核心“支持”工作流

(1)项目管理工作流。软件项目管理平衡相互冲突的目标,用于风险管理,克服各种限制来成功地发布满足投资用户和一般用户需要的软件。

(2)配置和变更控制工作流。描述了如何管理并行开发、分布式开发,如何自动化创建工程,这在每天都需要频繁编译链接的重复过程中尤为重要,同时也阐述了对产品修改的原因,保持对时间、人员的审计记录。

(3)环境工作流。环境工作流的目的是给软件开发组织提供软件开发环境、过程和工具。

2.3.6 极限编程与敏捷过程

1. 极限编程

极限编程诞生于一种加强开发者与用户的沟通需求,让客户全面参与软件的开发设计,保证变化的需求及时得到修正。要让用户能方便地与开发人员沟通,一定要用用户理解的语言，先测试再编码就是先让用户了解软件的外部轮廓，用户使用的功能展现，让用户感觉到未来软件的样子；先测试再编码与瀑布模型显然是背道而驰的。同时，极限编程注重用户反馈与让用户加入开发是一致的，让用户参与就是随时反馈软件是否符合用户的要求。有了反馈，开发子过程的时间变短，迭代也就很自然出现了，快速迭代，小版本发布让开发过程变成更多的自反馈过程，有些像更加细化的快速模型法。当然，极限编程还加入了很多激励开发人员的“措施”，如结对编程、40 小时工作等。

1)极限编程关注的重点

极限编程是一种开发管理模式，它强调的重点是角色定位、敏捷开发、追求价值。

(1)角色定位。

极限编程把用户非常明确地加入到开发的团队中，并参与日常开发与沟通会议。用户是软件的最终使用者，使用是否合意以用户的意见为准。不仅让用户参与设计讨论，而且让用户负责编写用户故事(User Story)，也就是功能需求，包括软件要实现的功能及完成功能的业务操作过程。用户在软件开发过程中的责任被提到与开发者同样重要的程度。

(2)敏捷开发。

敏捷开发追求合作与响应变化。迭代就是缩短版本的发布周期的方法，发布周期可缩短到周、日，完成一个小的功能模块，可以快速测试并及时展现给用户，以便及时反馈。小版本加快了用户沟通反馈的频率，功能简单，可使设计文档环节大大得到简化。极限编程中文档不再重要的原因就是因为每个版本功能简单，不需要复杂的设计过程。极限编程追求设计简单、实现用户要求即可，无须为扩展考虑太多，这是因为可以随时添加用户的新需求。

(3)追求价值。

极限编程把软件开发变成自我与管理的挑战，追求沟通、简单、反馈、勇气，体现开发团队的人员价值，激发参与者的情绪，最大限度地调动开发者的积极性，情绪高涨，认真投入，开发的软件质量就大大提高。结对编程就是激发队员才智的一种方式。

极限编程把软件开发过程重新定义为聆听、测试、编码、设计的迭代循环过程，确立了“测试→编码→重构(设计)”的软件开发管理思路。极限编程模型如图 2-9 所示。

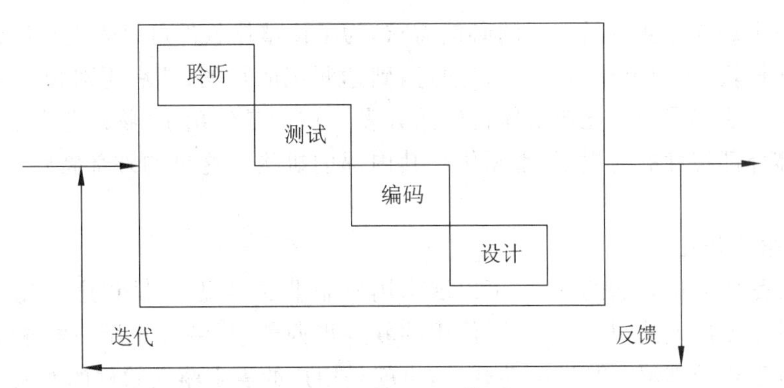

图 2-9 极限编程模型

2)极限编程的应用原则

极限编程的 12 个实践是极限编程者总结的经典实践，是体现极限编程管理的原则，对极限编程具有指导性的意义，但并非一定要完全遵守 12 个实践，主要看它给软件过程管理带来的价值。

(1)小版本。

为了高度迭代,向用户展现开发的进展,小版本发布是一个可交流的好办法,用户可以有针对性提出反馈。但小版本把模块缩得很小,会影响软件的整体思路连续性,所以小版本也需要总体合理的规划。

(2)规划游戏。

用户需求,以用户故事的形式,由用户负责编写。极限编程不追求统一的用户需求收集,也不是由开发人员整理,而是采取让用户编写,开发人员分析,设定优先级别,并进行技术实现。当然游戏规则可进行多次迭代,每次迭代完毕后再行修改。用户故事是开发人员与用户沟通的焦点,也是版本设计的依据,所以其管理一定是有效的,沟通一定是顺畅的。

(3)现场客户。

极限编程要求用户参与开发工作,用户需求就是用户负责编写的,所以要求用户在开发现场一起工作,并为每次迭代提供反馈。

(4)隐喻。

隐喻让项目参与人员都必须对一些抽象的概念理解一致,也就是我们常说的行业术语,因为对业务的专业术语开发人员不熟悉,用户又不理解软件开发的术语,因此首先要明确双方使用的隐喻,避免产生歧义。

(5)简单设计。

极限编程体现跟踪用户的需求变化,既然需求是变化的,所以对目前的需求就不必过多地考虑扩展性的开发,讲求简单设计,实现目前需求即可。简单设计的本身也为短期迭代提供了方便,若开发者考虑“通用”因素较多,势必会增加了软件的复杂度,开发的迭代周期就会加长。简单设计包括 4 个方面含义:通过测试;避免重复代码;明确表达每步编码的目的,代码可读性强;尽可能少的对象类和方法。由于采用简单的设计,所以极限编程没有复杂的设计文档要求。

(6)重构。

重构是极限编程先测试后编码的必然需求,为了使整体软件可以先进行测试,对于一些软件要开发的模块,先简单模拟,让编译通过,到达测试的目的;然后再对模块具体“优化”,所以重构包括模块代码的优化与具体代码的开发。重构是使用了“物理学”的一个概念,是在不影响物体外部特性的前提下,重新优化其内部的机构。这里的外部特性就是保证测试的通过。

(7)测试驱动开发。

极限编程是以测试开始的,为了可以展示用户需求的实现,测试程序优先设计,测试是从用户实用的角度出发的,从用户实际使用的软件界面着想,测试是用户需求的直接表现,是用户对软件过程的理解。测试驱动开发,也就是用户的需求驱动软件的开发。

(8)持续集成。

集成的理解就是提交软件的展现,由于采用测试驱动开发、小版本的方式,所以不断集成(整体测试)是与用户沟通的依据,也是让用户提出反馈意见的参照。持续集成也是完成阶段开发任务的标志。

(9)结对编程。

这是极限编程最有争议的实践。就是两个程序员合用一台计算机编程,一个人编码,一个人检查,增加专人审计是为了提高软件编码的质量。经常变换两个人的角色,保持开发者的工作热情。这种编程方式对培养新人或开发难度较大的软件都有非常好的效果。

(10)代码共有。

在极限编程里没有对文档进行严格管理,代码为开发团队所共有,这样有利于开发者的流动管理,这是因为所有人都熟悉编码。

(11)编码标准。

编码是开发团队中每个人的工作,没有详细的文档,代码的可读性是很重要的,所以规定统一的标准和习惯是必要的,有些像编码人员的隐喻。

(12)每周40小时工作。

极限编程认为编程是一种愉快的事件,不轻易加班,今天的工作今天做,小版本的设计也为了单位时间可以完成的工作安排。

2. 敏捷过程

极限编程的思想体现了适应用户需求的快速变化,激发开发者的热情,也是目前敏捷开发思维的重要支持者。

1)敏捷软件开发宣言

2001年,17名编程大师分别代表极限编程、Scrum("棒球"团队开发模式)、特征驱动开发、动态系统开发方法、自适应软件开发、水晶方法、实用编程等开发流派,发表了"敏捷软件开发"宣言。敏捷软件开发是一个开发软件的管理新模式,用于替代以文件驱动开发的瀑布开发模式。敏捷方式也称为轻量级开发方法。敏捷软件开发宣言的内容如下:

(1)个体和交互胜过过程和工具;

(2)可以工作的软件胜过面面俱到的文档;

(3)用户合作胜过合同谈判;

(4)响应变化胜过遵循计划。

2)敏捷开发的特点

敏捷开发集成了新型开发模式的共同特点,它重点强调以下几点。

(1)以人为本,注重编程中自我特长的发挥。

(2)强调软件开发的产品是软件,而不是文档;文档是为软件开发服务的,而不是开发的主体。

(3)用户与开发者的关系是协作,不是合约;开发者不是用户业务的"专家",要适应用户的需求,是要用户合作来阐述实际的需求细节,而不是为了开发软件,把开发者变成用户业务的专家,这是传统开发模式或行业软件开发企业所面临的最大问题。

(4)设计周密是为了最终软件的质量,但不表明设计比实现更重要,要适应用户需求的不断变化,设计也要不断跟进,所以设计不能是"闭门造车",要不断根据环境的变化,修改自己的设计,指导开发的方向是敏捷开发的目标。

3)敏捷开发的关注点

敏捷开发避免了传统瀑布方式的弊端,主要吸收了各种新型开发模式的"动态"特性,关注点从文档到开发者，管理方式也从工厂的流水线形式变为团队的自我放松式的组织。总结敏捷过程与瀑布模式的不同，主要有以下几个“敏捷”的关注点。

(1)迭代。软件的功能是用户的需求，界面的操作是用户的“感觉”，对迭代的强调则缩短了更新软件版本的周期。

(2)用户参与。以人为本，用户是软件的使用者，是业务理解的专家，没有用户的参与，开发者很难理解用户的真实需求。

(3)小版本。快速功能的展现看似简单，但对于复杂的用户需求，合理地分割与总体上的统一，要很好地兼顾两者是不容易的。

敏捷就是“快”，快才可以适应目前社会的快节奏；要快就要发挥个人的个性思维多一些，个性思维的增多，虽然通过结对编程、代码共有、团队替补等方式减少个人对软件的影响力，但也会造成软件开发继承性的下降，因此敏捷开发是一个新的思路，但不是软件开发的终极选择。对于长时间、人数众多的大型应用软件的开发，文档的管理与衔接作用还是不可替代的。如何把敏捷的开发思路与传统的“流水线工厂式”管理有机地结合，是软件开发组织者面临的新课题。

2.3.7 微软过程

1. 什么是微软过程

作为世界上最成功的软件企业之一，Microsoft(微软)不但拥有独特而开放的企业文化，而且在软件研发过程和研发人员管理方面积累了相当丰富的理论和实践经验。Microsoft 解决方案框架(Microsoft Solution Framework，MSF)是一种成熟的、系统的技术项目方法，它基于一套制定好的原理、模型、准则、概念、指南，以及来自 Microsoft 的经过检验的做法。

MSF 于 1994 年首次引入，当时还是一个来自 Microsoft 的产品开发努力和 Microsoft 咨询服务中心参与的最佳做法的松散集合。从那时起，MSF 已经有了发展，这来自 Microsoft 产品组、Microsoft 服务中心、Microsoft 的内部操作和技术组(OTG)、Microsoft 合作伙伴和用户成功的、真实的最佳做法。MSF 元素基于行业著名的最佳做法，并融合了 Microsoft 在高技术行业超过 25 年的经验。这些元素都被设计用于共同工作，以帮助 Microsoft 的顾问、合作伙伴和用户来解决技术生命周期过程中碰到的重大挑战。

MSF 使用这套经过内部和外部检验的真实最佳做法，并对这些做法进行简化、整理和检查，以便合作伙伴和用户理解和采用。现在已经成为一个可靠和成熟框架的 MSF 是由 Microsoft 公司中一个专门的产品小组管理和开发的，它同时还得到了国际顾问理事会该方面专家的指导和评论。MSF 还在继续吸收 Microsoft 当前的经验。Microsoft 各种业务线里的其他小组也在日常工作中在内部创造、寻找和共享最佳做法和工具。从这些内部项目工作所学到的知识会通过 MSF 被整理和分发到 Microsoft 之外(的组织里)。

1)MSF 的特点

MSF 是一个框架结构的经验知识库，其特点如下。

(1)企业结构设计方案：采用交互的方式，侧重于制订长期规划，同时也能完成短期目标。

(2)项目开发准则：包括组队模型和过程模型，用于建立高效的项目组，管理项目组的生存周期。

(3)应用程序模型：用于支持设计复杂的分布式企业应用。

(4)企业信息基础设施的实施方法：使用组队模型和过程模型支持实现、操作和技术上的方案。

2)微软过程的过程原则

(1)制订计划时兼顾未来的不确定因素。

(2)通过有效的风险管理减少不确定因素的影响。

(3)经常生成过渡版本并进行快速测试来提高产品的稳定性及可预测性。

(4)快速循环、递进的开发过程。

(5)从产品特性和成本控制出发创造性地工作。

(6)创建确定的进度表。

(7)使用小型项目组并发完成工作，并设置多个同步点。

(8)将大型项目分解成多个可管理的单元，以便更快地发布产品。

(9)用户产品的前景目标和概要说明指导项目开发工作—先基线化，后冻结。

(10)避免产品走形。

(11)使用原型验证概念，进行开发前的测试。

(12)零缺陷观念。

(13)非责难式的里程碑评审会。

2. 微软过程的生存周期

微软过程的每个生存周期发布一个递进的软件版本，各生存周期持续、快速地循环。每个生存周期分为5个阶段：构想阶段(Envisioning Phase)、计划阶段(Planning Phase)、开发阶段(Developing Phase)、稳定阶段(Stabilizing Phase)、发布阶段(Deploying Phase)。每个阶段均涉及产品管理、程序管理、开发、测试、发布各角色及其活动，各阶段结束于一个重要里程碑，阶段之间具有缓冲时间。微软过程的生存周期如图2-10所示。

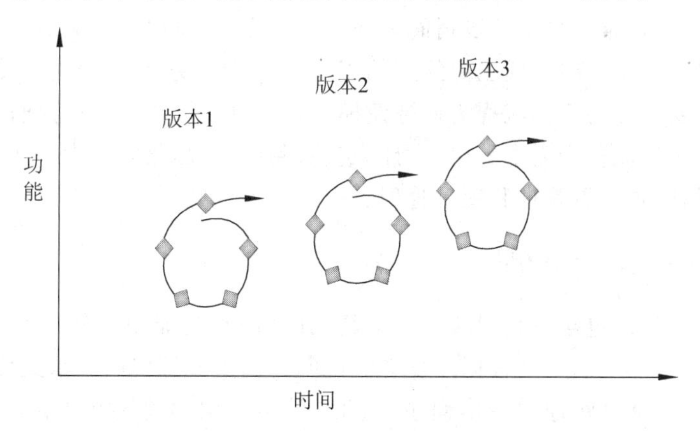

图2-10　微软过程的生存周期

1)构想阶段

该阶段的目标是创建一个关于项目的目标、限定条件和解决方案的架构。团队的工作重点在于:确定业务问题和机会、确定所需的团队技能、收集初始需求、创建解决问题的方法、确定目标、假设和限定条件及建立配置与变更管理。交付成果包括远景/范围文档、项目结构文档和初始风险评估文档。

2)计划阶段

该阶段的目标是创建解决方案的体系结构和设计方案、项目计划和进度表。团队的工作重点在于:尽可能早地发现尽可能多的问题及了解项目何时收集到足够的信息以向前推进。交付成果包括功能规格说明书、主项目计划和主项目进度表。

3)开发阶段

该阶段的目标是完成功能规格说明书中所描述的功能、组件和其他要素。团队的主要工作包括编写代码、开发基础架构、创建培训课程和文档,以及开发市场和销售渠道。交付成果包括解决方案代码、构造版本、培训材料、文档(包括部署过程、运营过程、技术支持、疑难解答等文档)、营销材料及更新的主项目计划、进度表和风险文档。

4)稳定阶段

该阶段的目标是提高解决方案的质量,满足发布到生产环境的质量标准。团队的工作重点在于:提高解决方案的质量、解决准备发布时遇到的突出问题、实现从构造功能到提高质量的转变、使解决方案稳定运行及准备发布。交付成果包括试运行评审、发布版本(包括源代码、可执行文件、脚本、安装文档、最终用户帮助、培训材料、运营文档、发布说明等)、测试和缺陷报告及项目文档。

5)发布阶段

该阶段的目标是把解决方案实施到生产环境之中。团队的工作重点在于:促进解决方案从项目团队到运营团队的顺利过渡,确保用户认可项目的完成。交付成果包括运营及支持信息系统、所有版本的文档、装载设置、配置、脚本和代码及项目收尾报告。

相对于 Rational 统一过程,微软过程可视为 Rational 统一过程的一个精简配置版本。整个过程由若干生命周期持续递进循环,每个生命周期由若干阶段组成,且各阶段之间扩充具有缓冲时间,对应关系为:先启阶段完成构想,精华阶段完成计划,构建阶段完成开发和稳定,产品化阶段完成发布。每个阶段精简为一次迭代完成,每次迭代经历其中若干个工作流程,具体为:先启阶段中一次迭代主要经历的工作流程为业务建模、需求、项目管理;精华阶段中一次迭代主要经历的工作流程为业务建模、需求、分析设计、项目管理;构建阶段中一次迭代主要经历的工作流程为需求、分析设计、实现、测试;产品化阶段中一次迭代主要经历的工作流程为部署、配置变更管理和项目管理。

2.3.8 第四代技术过程模型

第四代技术(4GT)包含一系列的软件工具,其共同点是能使软件工程师在较高级别上说明软件的某些特征,之后工具根据开发者的说明自动生成源代码。毫无疑问,软件在越高的级别上被说明,就能越快地建造出程序。4GT 模型应用的关键在于说明软件的能力,它用一种特定的语言来完成或以一种用户可以理解的描述方法来阐述待解决的问题。

目前,支持 4GT 模型的软件开发环境及工具有数据库查询的非过程语言、报告生成器、数据操纵、屏幕交互及定义,以及代码生成;高级图形功能;电子表格功能。最初,上述的许多工具仅能用于特定应用领域，但目前4GT环境已经扩展，能够满足大多数软件应用领域的需要。

像其他模型一样，4GT也是从需求收集这一步开始的。理想情况下，用户能够描述出需求，而这些需求能被直接转换成可操作原型。但这是不现实的，用户可能不能确定需要什么；在说明已知的事实时，可能出现二义性；可能不能够或是不愿意采用一个4GT工具可以理解的形式来说明信息。因此，其他模型中所描述的用户对话方式在4GT中仍是一个必要的组成部分。

对于较小的应用软件，使用一个非过程的4GT有可能直接从需求收集过渡到实现。但对于较大的应用软件，就有必要制订一个系统的设计策略。对于较大的项目，如果没有很好地设计，即使使用4GT，也会产生与不用任何方法来开发软件所遇到的同样问题（低的质量、差的可维护性、难以被用户接受）。

4GT的生成功能使得软件开发者能够以一种方式表示期望的输出，这种方式可以自动生成符合该输出的代码。很显然，相关信息的数据结构必须存在，且能够被4GT访问。要将一个4GT生成的功能变成最终产品，开发者还必须进行测试，写出有意义的文档，并完成其他软件工程模型中所要求的集成活动。此外，采用4GT开发的软件还必须考虑是否能够迅速实现维护。

像其他所有软件工程模型一样，4GT也有优点和缺点。支持者认为它极大地缩短了软件的开发时间，并显著提高了开发软件的效率；反对者则认为目前的4GT并不比程序设计语言更容易使用，这类工具生成的结果源代码是“低效的”，并且使用4GT开发的大型软件系统的可维护性是令人怀疑的。

综上所述，第四代技术模型的特点可概括如下。

(1) 4GT发展得很快，且目前已成为适用于多个不同应用领域的方法。与计算机辅助软件工程(CASE)工具和代码生成器结合起来，4GT为许多软件问题提供了可靠的解决方案。

(2)从使用4GT的公司收集来的数据表明：在中小型的应用软件开发中，4GT使软件开发周期大大缩短，且使小型应用软件的分析和设计所需的时间也减少了。

(3)在大型软件项目中使用4GT，需要同样的甚至更多的分析、设计和测试才能节省有效的开发时间，这主要是通过减少编码量来赢得的。

2.4 软件过程改进

软件过程改进(SPI)帮助软件企业对其软件过程的改变进行计划、制订及实施。它的实施对象就是软件企业的软件过程，也就是软件产品的生产过程，当然也包括软件维护过程，而并不关注其他的过程。

对于软件企业来说，软件过程是整个企业最复杂、最重要的业务流程，软件产品就是软件企业的生命，要改进整个企业的业务流程，最重要的就是改进它的软件过程。多年以来，人们意识到要想高效率、高质量和低成本地开发软件，必须以改善软件生产过程为中心，全面应用软件工程和质量管理手段。这是世界各国软件产业都要走的路。我国软件产业之所以落后，不是因为技术落后，而是因为对软件生产管理的落后。软件成熟度模型(CMM)就是结合质量管理和软件工程的双重经验而制定的一套针对软件生产过程的规范。由此可见，对软件生产过程的管理在整个软件企业的管理中起到了决定性的作用。

软件过程改进，是指在软件开发过程中对当前过程的执行及其结果的改进的一系列活动。涉及过程至少有3个层次。

(1)组织业务目标和方针，如缩短交付工期，提高技术有效性，减小延期率，降低交付缺陷率，提高用户满意度等。

(2)软件开发过程，如瀑布、迭代等，同时包括支持过程，如配置管理、质量保证等，还有管理过程。

(3)过程活动中使用的模板、方法、检查单等。

过程改进都要以组织业务目标为驱动，因此要针对过程中3个层次的不同，当前过程的目的、过程描述、活动执行的步骤、入口准则、出口准则、使用的方法和工具，当然也包括人员的技能要求等，以及涉及软件开发过程和支持过程等方面是否有存在影响过程目标和业务目标的地方。如果一个组织内其规范性比较弱，那么组织文化要与过程改进同时进行，管理层要营造支持改进的氛围并提供必要的基础设施，组织方针也要随之改变。当然，还要考虑待改进的地方对组织改进需要的优先级。

过程改进是一个系统工程，要讲究方法，有计划、有步骤地进行，这样做才能取得好效果。

习　题　2

一、选择题

1. 瀑布模型本质上是一种(　　)。

A. 线性顺序模型　　B. 顺序迭代模型

C. 线性迭代模型　　D. 及早出软件产品的模型

2. 需求分析是由分析员了解用户的要求，认真细致地调研、分析，最终建立目标系统的逻辑模型并编写(　　)。

A. 模块说明书　　B. 软件规格说明书

C. 项目开发计划　　D. 合同文档

二、填空题

1. 软件生存周期的各个过程可以分成3类，即________、________和________，开发机构可以根据具体的软件项目进行裁剪。

2. 软件生存周期包括计划、________、________、程序编码、________和运行维护等6个阶段。

3. ________帮助软件企业对其软件过程的改变进行计划、制定及实施。

三、判断题

1. 采用瀑布模型进行软件开发时，软件与用户见面的时间间隔较长，开发风险较大。(　　)

2. 软件设计阶段的任务是程序员选取一种适当的高级程序设计语言，编写每个功能。( )

四、简答题

1. 什么是软件过程？它与软件工程是何关系？
2. 什么是软件的生存周期？软件生存周期分哪几个阶段？
3. 试比较瀑布模型、原型模型、螺旋模型和增量模型。

第3章 软件分析

软件分析是软件开发中必要且十分重要的环节，实践证明，软件分析工作的好坏在很大程度上决定着软件开发的成败。软件分析的任务是：通过计划和需求分析，最终完成系统的逻辑方案。逻辑方案不同于物理方案，前者解决"做什么"的问题，是软件分析的任务；后者解决"如何做"的问题，是软件设计的任务。

3.1 可行性研究

3.1.1 可行性研究的任务

我们知道并不是所有问题都有简单明显的解决办法的，事实上，许多问题不可能在预定的系统规模之内解决。如果问题没有可行的解，那么花费在这项开发工程上的时间、资源、人力和费用都是无谓的浪费。

可行性研究的目的就是用最小的代价在尽可能短的时间内确定问题是否能够解决。必须记住，可行性研究的目的不是解决问题，而是确定问题是否值得去解。怎样达到这个目的呢？当然不能靠主观猜想，而只能靠客观分析。必须分析几种主要的可能解法的利弊，从而判断原定的系统目标和规模是否现实，系统完成后所能带来的效益是否大到值得投资开发这个系统的程度。因此，可行性研究实质上是要进行一次大大压缩简化了的系统分析和设计的过程，也就是在较高层次上以较抽象的方式进行系统分析和设计的过程。

首先需要进一步分析和澄清问题定义。在问题定义阶段要初步确定规模和目标，如果是正确的就进一步加以肯定，如果是错误的就应该及时改正；如果对目标系统有任何约束和限制，就必须清楚地把它们列举出来。

在澄清了问题定义之后，分析员应该导出系统的逻辑模型，然后从系统逻辑模型出发，探索若干种可供选择的主要解法(系统实现方案)。对每种解法都应该仔细研究它的可行性，一般说来，至少应该从下述三方面研究每种解法的可行性。

(1)技术可行性，使用现有的技术能实现这个系统吗？

(2)经济可行性，这个系统的经济效益能超过它的开发成本吗？

(3)操作可行性，系统的操作方式在这个用户组织内行得通吗？

分析员应该为每个可行的解法制定一个粗略的实现进度。

当然，可行性研究最根本的任务是对以后的行动方针提出建议。如果问题没有可行的解，分析员应该建议停止这项开发工程，以避免时间、资源、人力和费用的浪费；如果问题值得求解，分析员应该推荐一个较好的解决方案，并且为工程制订一个初步的计划。

可行性研究需要的时间长短取决于工程的规模，一般说来，可行性研究的成本只是预期工程总成本的5%～10%。

3.1.2 可行性研究的步骤

典型的可行性研究过程有下述一些步骤。

1. 复查系统规模和目标

分析员访问关键人员，仔细阅读和分析有关的材料，以便对问题定义阶段书写的关于规模和目标的报告书进一步复查确认，改正含糊或不确切的叙述，清晰地描述对目标系统的一切限制和约束。这个步骤的工作，实质上是为了确保分析员正在解决的问题确实是要求解决的问题。

2. 研究目前正在使用的系统

现有的系统是信息的重要来源。显然，如果目前有一个系统正被人使用，那么这个系统必定能完成某些有用的工作，因此，新的目标系统必须也能完成它的基本功能；另一方面，如果现有的系统是完美无缺的，用户自然不会提出开发新系统的要求，因此，现有的系统必然有某些缺点，新系统必须能解决旧系统中存在的问题。此外，运行使用旧系统所需的费用是一个重要的经济指标，如果新系统不能增加收入或减少使用费用，那么从经济角度来看新系统就不如旧系统。

应该仔细阅读分析现有系统的文档资料和使用手册，也要实地考察现有的系统。应该注意了解这个系统可以做什么，为什么这样做，还要了解使用这个系统的代价。在了解上述这些信息时必须访问有关的人员。在调查访问时分析员和用户之间的关系有点类似于医生和病人的关系，用户叙述的往往是“症状”而不是实际问题，分析员必须分析所得到的信息。

常见的错误做法是花费过多时间去分析现有的系统。这个步骤的目的是了解现有系统能做什么，而不是了解它怎样做这些工作。分析员应该画出现有系统的高层系统流程图，并请有关人员检验他对现有系统的认识是否正确。千万不要花费太多时间去了解和描绘现有系统的实现细节，除非是为了阐明一个特别关键的算法，否则不需要根据程序代码画出程序流程图。

没有一个系统是在“真空”中运行的，绝大多数系统都和其他系统有联系。应该注意了解并记录现有系统和其他系统之间的接口情况，这是设计新系统时的重要约束条件。

3. 导出新系统的高层逻辑模型

优秀的设计过程通常总是从现有的物理系统出发，导出现有系统的逻辑模型，再参考现有系统的逻辑模型，设想目标系统的逻辑模型，最后根据目标系统的逻辑模型建造新的物理系统。

通过前一步的工作，分析员对目标系统应该具有的基本功能和所受的约束已有一定了解，能够使用数据流图，描绘数据在系统中流动和处理的情况，从而概括地表达出其对新系统的设想。通常为了把新系统描绘得更加清晰、准确，还应该有一个初步的数据字典来定义系统中使用的数据。数据流图和数据字典共同定义了新系统的逻辑模型，以后可以从这个逻辑模型出发设计新系统。

4. 重新定义问题

新系统的逻辑模型实质上表达了分析员对新系统必须做什么的看法。用户是否也有同样的看法呢？分析员应该和用户一起再次复查问题定义、工程规模和目标，这次复查应该把数据流图和数据字典作为讨论的基础。如果分析员对问题有误解或用户曾经遗漏了某些要求，那么现在是发现和改正这些错误的时候了。

可行性研究的前四个步骤实质上构成一个循环。分析员定义问题，分析这个问题，导出一个试探性的解；在此基础上再次定义问题，再一次分析这个问题，修改这个解；继续这个循环过程，直到提出的逻辑模型完全符合系统目标为止。

5. 导出和评价供选择的解法

分析员应该从其建议的系统逻辑模型出发，导出若干个较高层次的（较抽象的）物理解法进行比较和选择。导出供选择解法的最简单的途径，是从技术角度出发考虑解决问题的不同方案。分析员可以确定几组不同的自动化边界，然后针对每一组边界考虑如何实现要求的系统；还可以使用组合的方法导出若干种可能的物理系统，例如，在每一类计算机上可能有几种不同类型的系统，如微处理机上的批处理系统、微处理机上的交互式系统、小型机上的批处理系统等，此外还应该把现有系统和人工系统作为两种可能的方案一起考虑。

在从技术角度提出了一些可能的物理系统之后，应该根据技术可行性初步排除一些不现实的系统。例如，如果要求系统的响应时间不超过几秒钟，显然应该排除任何批处理方案。在把技术上行不通的解法去掉之后，就剩下一组技术上可行的方案。

其次可以考虑操作方面的可行性。分析员应该根据使用部门处理事务的原则和习惯检查技术上可行的方案，去掉其中从操作方式或操作过程的角度看用户不能接受的方案。

接下来应该考虑经济方面的可行性。分析员应该估计余下的每种可能的系统开发成本和运行费用，并且估计相对于现有的系统而言该系统可以节省的费用或可以增加的收入。在这些估计数字的基础上，对每个可能的系统进行成本、效益分析。

一般说来，只有投资预计能带来利润的系统才值得进一步考虑。

最后为每个在技术、操作和经济等方面都可行的系统制定实现进度表，这个进度表不需要（也不可能）制定得很详细，通常只需估计生存周期每个阶段的工作量。

6. 推荐行动方针

根据可行性研究结果做出的一个关键性决策是：是否继续进行这项开发工程。分析员必须清楚地表明他对这个关键性决策的建议。如果分析员认为值得继续进行这项开发工程，那么就应该选择一种最好的解法，并且说明选择这个解决方案的理由。通常，使用部门的负责人主要根据经济上是否划算决定是否投资一项开发工程，因此对于所推荐的系统，分析员必须进行比较仔细的成本、效益分析。

7. 草拟开发计划

分析员应该进一步为推荐的系统草拟一份开发计划，除了工程进度表之外还应该估计对各种开发人员（系统分析员、程序员、资料员等）和各种资源（计算机硬件、软件工具等）的需要情况，应该指明使用时间及使用时间的长短。此外，还应该估计系统生存周期中每个阶段的成本。最后，应该给出下一个阶段（需求分析）的详细进度表和成本估计。

8. 书写文档，提交审查

应该把上述可行性研究中各个步骤的结果写成清晰的文档，请用户和使用部门的负责人仔细审查，以决定是否继续这项工程及是否接受分析员推荐的方案。

3.1.3 可行性研究报告

可行性分析的结果要用可行性分析报告的形式编写出来，内容包括引言、系统开发的必要性和意义、现行系统调查与分析、新系统的几种方案介绍、新旧系统方案比较、结论。

可行性分析结论应明确指出以下内容：系统具备立即开发的可行性，可进入软件开发的下一个阶段；若可行性分析结果完全不可行，则软件开发工作必须放弃；不具备某些条件，可以创造条件，增加资源或改变新系统的目标后，再重新进行可行性论证。

以库存管理系统为例子，其可行性报告的结构如下。

(1)摘要。

系统名称：存管理系统。

目标：创建一个高效、准确、操作方便，并且具有查询、更新及统计功能的信息系统。

功能：系统管理、出入库处理、库存报警、库存查询、库存计划。

(2)背景。

系统开发的组织单位：××软件公司。

系统的服务对象：系统管理员、计划员、采购员、库管员、车间、供应商、其他相关人员本系统和其他系统或机构的关系和联系。

(3)参考和引用的资料(略)。

(4)专门术语和缩写词(略)。

(5)系统开发的必要性和意义(略)。

(6)现行系统调查与分析(略)。

(7)组织机构。

供应部：主要负责计划、采购、库存管理和供应。

车间：物资消耗部门。

(8)业务流程。

(9)费用(略)。

(10)计算机应用(略)。

(11)现行系统存在的问题。

(12)新系统的几种方案介绍(略)。

(13)新系统方案比较(略)。

(14)结论。

系统具备立即开发的可行性，可进入软件开发的下一个阶段。

3.2 需求分析

软件需求分析是软件生存周期中重要的一步，是软件定义的最后一个阶段，是关系到软件开发成败的关键步骤。软件需求分析过程就是对可行性研究确定的系统功能进一步具体化，并通过分析员与用户之间的广泛交流，最终形成一个完整、清晰、一致的软件需求规格说明书的过程。通过需求分析把软件功能和性能的总体概念描述为具体的软件，从而奠定软件开发的基础。总的来说，软件需求分析过程实际上是一个调查研究、分析综合的过程。它准确地回答了系统该“做什么”的问题。

3.2.1 需求分析的任务

软件需求分析阶段的研究对象是软件项目的用户需求，如何准确表达用户的需求，怎样与用户共同明确将要开发的是一个什么样的系统，是需求分析要解决的主要问题。也就是说，需求分析阶段的任务并不是确定系统怎样完成工作，而仅仅是确定系统必须完成哪些工作，即对目标系统提出完整、准确、清晰、具体的要求。需求分析阶段所要完成的任务是在可行性研究成果的基础上，通过分析归纳建立模型，编写软件需求规格说明书。

1. 认清问题，分析资料，建立分析模型

通过调查研究，分析员根据软件工作范围，充分理解用户提出的每项功能与要求。同时从软件系统的特征、软件开发的全过程，以及可行性分析报告中给出的资源和时间约束来确定软件开发的总策略。只有用户才知道自己需要什么，但是他们并不知道怎样利用软件来实现自己的需求，所以用户必须把他们对软件的需求尽量准确、具体地描述出来。虽然分析员知道怎样用软件实现人们的需求，但是在需求分析时他们对用户的需求并不十分清楚，必须通过与用户沟通才能获取用户对软件的需求。

一般来说，系统是杂乱无章的，并且用户群体中的各个用户会从不同角度提出对原始问题的理解及对用计算机要实现管理的软件系统的需求，但并非所有的用户提出的要求都是合理的，所以必须全面理解用户的各项要求，不可能接受所有的要求。在需求分析阶段，分析员要对收集到的大量资料和数据进行分析归纳，透过现象看本质，看到事物的内在联系及矛盾所在；同时，对于那些非本质的东西，找出解决矛盾的办法；最后，通过“抽象”建立起描述软件需求的一组模型，即分析模型。分析模型应该包含系统的界面要求、功能要求、性能（如响应时间、吞吐量、处理时间、对内外存的限制等）要求、安全性要求、保密性要求、可靠性要求、运行要求（如对硬件、支撑软件、数据通信接口等的要求）、异常处理等对系统的综合需求，以及对系统信息处理中数据元素的组成、数据的逻辑关系、数据字典和数据模型等系统的数据要求。这些是形成软件需求说明书、进行软件设计与实现的基础。

2. 编写软件需求说明书

分析模型建立后，要编写软件需求说明书来进行描述。该说明书是软件生存周期中一份极为重要的文档，它是连接计划阶段和开发阶段的桥梁，是软件设计的依据。许多事实表明，软件需求说明书的任何一个微小错误都有可能导致系统的错误，在纠正时将会付出巨大的代价。

软件需求说明书是沟通用户与分析员的媒介，双方要用它来表达对需要计算机解决的问题的理解。表述的语言应当易于理解而无二义性，尤其是在描述的过程中最好不使用用户不易理解的专业术语。为了便于用户、尤其是不熟悉计算机的用户理解，软件需求说明书应该直观、易读和易于修改，所以应尽量以图文并茂的方式，采用朴实的语言、标准的图形、表格和简单的符号来表示。

3.2.2 需求分析的步骤

软件需求分析必须采用合理的步骤，才能准确地获取软件的需求，产生符合要求的软件需求规格说明书。软件需求分析可以分为需求获取、分析建模、文档编写、需求验证几个过程。

1. 需求获取

需求获取通常从分析当前系统包含的数据开始。首先分析现实世界，进行现场调查研究，通过与用户的交流，理解当前系统是如何运行的，了解当前系统的机构、输入/输出、资源利用情况和日常数据处理过程，并用一个具体模型反映分析员对当前系统的理解。这就是当前系统物理模型的建立过程。这一模型应客观地反映现实世界的实际情况。

2. 分析建模

分析建模的过程，就是从当前系统的物理模型中，抽象出当前系统的逻辑模型，再利用当前系统的逻辑模型，除去那些非本质的东西，抽象出目标系统的逻辑模型的过程，即对目标系统的综合要求及数据要求的分析归纳过程，是需求分析过程中关键的一步。在理解当前系统"怎么做"的基础上，抽取其"做什么"的本质，从而从物理模型中抽象出当前系统的逻辑模型。在物理模型中有许多物理的因素，随着分析工作的深入，需要对物理模型进行分析，区分出本质和非本质的因素，去掉那些非本质的因素，得出反映系统本质的逻辑模型。分析内容如下。

(1)分析目标系统与当前系统在逻辑上的差别，从当前系统的逻辑模型导出目标系统的逻辑模型。从分析当前系统与目标系统变化范围的不同，决定目标系统与当前系统在逻辑上的差别；将变化的部分看做是新的处理步骤，并对数据流进行调整；由外向里对变化的部分进行分析，推断其结构，获取目标系统的逻辑模型。

(2)补充目标系统的逻辑模型。为了使已经得出的模型能够对目标系统作完整的描述，还需要从目标系统的人机界面、尚未详细考虑的细节，以及其他诸如系统能够满足的性能和限制等方面对其加以补充。

3. 文档编写

已经确定的目标系统的逻辑模型应当得到清晰准确的描述。描述目标系统的逻辑模型的文档称为软件需求说明书。软件需求说明书是软件需求分析阶段最主要的文档。同时，为了准确表达用户对软件的输入/输出要求，还需要制定数据要求说明书及编写初步的手册，以及目标系统对人机界面和用户使用的具体要求。此外，依据在需求分析阶段对目标系统的进一步分析，可以更准确地估计被开发项目的成本与进度，从而修改、完善并确定软件开发实施计划。

4. 需求验证

虽然分析员提供的软件需求说明书的初稿看起来可能是正确的，但在实现的过程中却会出现各种各样的问题，如需求不一致问题、二义性问题等。这些都必须通过需求分析的验证、复审来发现，确保软件需求说明书可作为软件设计和最终系统验收的依据。这个环节的参与者有用户、管理部门、软件设计人员、编码人员和测试人员等。验证的结果可能会引起修改，必要时要修改软件计划来反映环境的变化。需求验证是软件需求分析任务完成的标志。

3.2.3 需求获取的方法

需求获取是软件开发工作中最重要的环节之一，其工作质量的好坏对整个软件系统开发建设的成败具有决定性的作用。需求获取工作量大，所涉及的过程、人员、数据和信息非常多，因此要想获得真实、全面的需求，必须要有正确的方法。常规的需求获取方法有以下几种。

1. 收集资料

收集资料就是将用户日常业务中所用的计划、原始凭据、单据和报表等的格式或样本统统收集起来，以便对它们进行分类研究。

2. 召开调查会

召开调查会是一种集中征询意见的方法，适合于对系统的定性调查。

3. 个别访问

召开调查会有助于大家的见解互相补充，以便形成较为完整的印象。但是由于时间限制等其他因素，不能完全反映出每个与会者的意见，因此，往往需要在会后根据具体需要再进行个别访问。

4. 书面调查

根据系统特点设计调查表，用调查表向有关单位和个人征求意见和收集数据，该方法适用于比较复杂的系统。

5. 参加业务实践

如果条件允许，亲自参加业务实践是了解现行系统的最好方法。通过实践还可加深开发人员和用户的思想交流和友谊，这将有利于下一步的系统开发工作。

6. 发电子邮件

如果企业已经具有网络设施，可通过互联网和局域网发电子邮件进行调查，这可大大节省时间、人力、物力和财力。

7. 电话和电视会议

如果有条件，还可以利用打电话和召开电视会议进行调查，但只能作为补充手段，因为许多资料需要亲自收集和整理。

3.2.4 软件需求说明书

软件需求说明书(Software Requirement Specification，SRS)，又称为软件规格说明书，是分析员在需求分析阶段需要完成的文档，是软件需求分析的最终结果。它的作用主要是：作为软件人员与用户之间事实上的技术合同说明；作为软件人员下一步进行设计和编码的基础；作为测试和验收的依据。SRS必须用统一格式的文档进行描述，为了使需求分析描述具有统一的风格，可以采用已有的且能满足项目需要的模板，也可以根据项目特点和软件开发小组的特点对标准进行适当的改动，形成自己的模板。软件需求说明主要包括引言、任务概述、需求规定、运行环境规定和附录等内容。

本节以库存管理系统软件为例来介绍如何撰写软件需求说明书。

1. 引言

企业管理信息系统建设有利于企业科学化、合理化、制度化和规范化的管理，使企业的管理水平跨上新台阶，为企业持续、健康、稳定的发展打下基础。××公司为了提高库存周转率，加快资金周转速度，决定开发“库存管理系统”。该软件是以 SQL 语言作为实现语言，以 ASP. NET 作为主要技术手段。通过操作手册，用户可以了解本软件的工作过程，考虑到不同层次的用户，一方面可以通过简单的鼠标和键盘操作实现库存管理工作中的相关操作，另一方面也可以使有一定计算机基础的用户根据自己的需求对相关的内容进行相应的修改，以便适应本企业的实际情况。

1)编写目的

本需求说明书的编写目的在于研究库存管理系统软件的开发途径和应用方法。本需求说明书的预期读者是与库存系统开发相联系的决策人、开发组成员、辅助开发者、项目用户的负责人、使用者和软件验证者。

2)项目范围

项目名称：库存管理系统。

项目开发者：库存管理系统开发小组。

项目用户：采购部门、车间、物资管理部门、供应商。

本产品将采购部门、车间、物资管理部门、供应商等联系到一起，便于进行出入库等部分的管理。

3)参考资料

根据需要列举参考资料。

2. 任务概述

1)产品概述

(1)软件开发意图：为了使库存管理系统更加完善，以公司局域网作为基础，利用计算机系统实现库存管理各个相关部门的联系，减轻库存管理相关人员的工作负担，实现对库存管理各种相关事务的统一管理。

(2)软件的应用目标：通过本软件，管理人员可利用计算机快速、方便地进行出入库管理等相关事务，使分散、杂乱的管理变得统一。

(3)软件的作用范围：本软件适应于中小型生产企业，对于出入库管理，库存管理系统是比较完善的库存管理软件。

(4)该软件开发背景：为适应该行业的形势，在外在资源得到充分保障之后，为了使库存管理体系的管理工作，特别是信息管理工作科学化、规范化，以适应日益变化的时代需求，公司领导决定重新设计管理信息系统，以现阶段的管理软件为基础，形成一套完善的库存管理体系。

2)用户特点

本软件的使用对象是库存管理部门的工作人员，掌握一般计算机的基本操作就可以利用该软件进行相关操作。

3)条件与约束

(1)项目的开发经费不超过 2 万元。

(2)项目的开发周期不超过6个月。

(3)主要负责人1名,开发小组成员3名,其他辅助人员2名。

(4)在管理方针、硬件限制、并行操作、安全和保密方面有一定限制。

4)预计不良后果

假设开发经费不到位,管理不完善,数据处理不规范,各部门需求分析调查不细致,本项目的开发会受到很大影响。

3. 需求规定

1)对功能的规定

(1)外部功能:该软件具有输入、输出和查询等功能。

(2)内部功能:该软件集命令、编程和编辑于一体,完成过滤、定位、显示等功能。

2)对性能的规定

(1)精度:在精度需求上,根据使用需要,在各项数据的输入/输出及传输过程中,可以满足各种精度的需求。

(2)时间特性要求:在软件响应时间、更新处理时间方面满足用户要求。

(3)灵活性:当用户需求,如操作方式、运行环境、结果精度、数据结构与其他软件接口等发生变化时,设计的软件可以作适当调整,以满足不同用户的要求。

3)输入/输出要求(略)

4)数据管理能力要求(略)

5)故障处理要求(略)

6)其他专门要求(略)

7)保密性(略)

4. 运行环境规定

1)设备

(1)最低配置:600 MHz Pentium Ⅲ处理器,256MB内存,5GB可用硬盘空间,DVD-ROM驱动器。

(2)开发环境:一台服务器作为数据服务器,一台高性能计算机作为Web服务器和开发用机,硬件防火墙。

2)支持软件(略)

3)接口

(1)用户接口:本产品的用户一般需要通过终端进行操作,进入主界面后单击相应的窗口,分别进入相对应的界面。不同部门人员的操作权限不同。用户对程序的维护要有备份。

(2)软件接口:Windows XP及以上操作系统,IE 6.0及以上浏览器。

4)控制

本软件是以SQL语言来控制软件运行的。

3.3 结构化分析方法

软件分析是软件开发中必要且十分重要的环节。实践证明,软件分析工作的好坏,在很大程度上决定着软件开发的成败。软件分析的任务是，通过计划和需求分析，最终完成系统的逻辑方案。逻辑方案不同于物理方案，前者解决“做什么”的问题，是软件分析的任务；后者解决“如何做”的问题，是软件设计的任务。

3.3.1　结构化分析模型

软件的结构化分析模型通常是由一组模型组成的，其中包括数据模型、功能模型和行为模型。目前有两种主要的建立分析模型的方法：一种方法是结构化分析模型，这是传统的建模方法，将在本节进行描述；另一种方法是面向对象分析模型，将在后面章节进行详细介绍。

结构化分析模型的组成结构如图 3-1 所示，可以看出模型的核心是数据字典(Data Dictionary，DD)，这是系统所涉及的各种数据对象的总和。从数据字典出发主要通过 3 个模型来构建结构化分析模型(见图 3-1)。

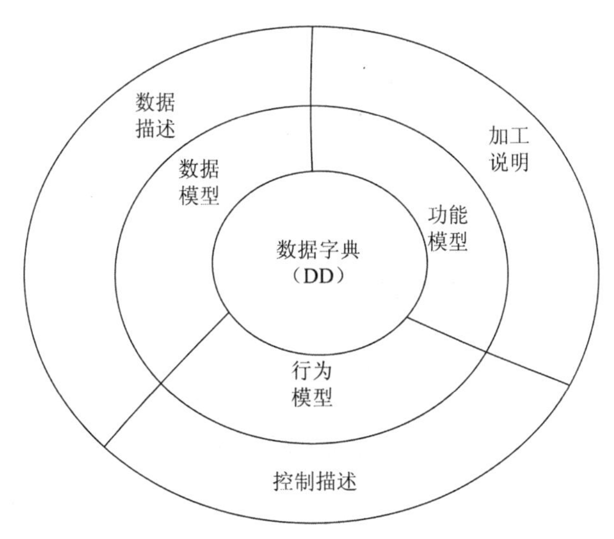

图 3-1　结构化分析模型的组成结构

(1)实体联系图(Entity Relation Diagram，ER 图)：用于描述数据对象间的关系、构建软件的数据模型，在实体关系中出现的每个数据对象的属性均可用数据对象进行说明描述。

(2)数据流图(Data Flow Diagram，DFD)：其主要作用是指明系统中数据是如何流动和变换的，以及描述数据流是如何进行变换的。在 DFD 中出现的每个功能都会写在加工说明(Process Specification，PSPEC)中，它们是构成系统的功能模型。

(3)状态转换图(Status Transfer Diagram，STD)：用于指明系统在外部事件的作用下将如何动作，表明系统的各种状态及各种状态间的变迁。所有软件控制方面的附加信息包含在控制说明(Control Specification，CSPEC)中，它们构成系统的行为模型。

早期的结构化分析模型只包括 DD、DFD 和 PSPEC，主要描述软件的数据模型与功能模型。一方面，随着软件开发技术的不断发展，软件系统要去满足用户更多、更复杂的数据信息要求，在数据建模时，人们将数据库设计方面的 ER 图用于结构化分析，以描述包含较复杂的数据对象和信息模型。另一方面，随着计算机实时系统应用的不断拓展，在分析建模过程中，由实时发生的事件来触发控制的数据加工，无法用传统的 DFD 来表示。因此在功能模型之外还扩充了行为模型，用控制流程图（Control Flow Diagram，CFD）、CSPEC 和 STD 等工具来描述。

3.3.2 数据流图

数据流图是结构化分析最基本的工具，数据流图从数据传递和加工的角度，以图形化的方式刻画数据流从输入到输出的移动和变换过程。在数据流图中具体的物理元素都已去掉，只剩下数据的存储、流动、加工和使用情况。这种抽象性能使人们总结出信息处理的内部规律性。由于数据流图是用图形来表示逻辑系统的，即使不是计算机专业人员也能比较容易地理解数据流图，因此它成为了一种极好的通信工具。

1. 数据流图的基本符号

数据流图由如图 3-2 所示的 4 种基本符号表示。

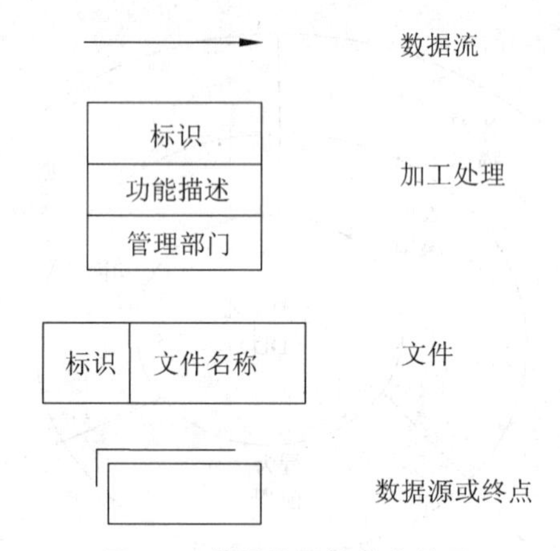

图 3-2 数据流图的基本符号

图 3-3 是一个简单的数据流图，它表示数据 X 从数据源 S 流出，经 P1 加工转换成 Y，接着经 P2 加工转换为 Z，在经过加工过程 P2 时，从 F 中读取数据。

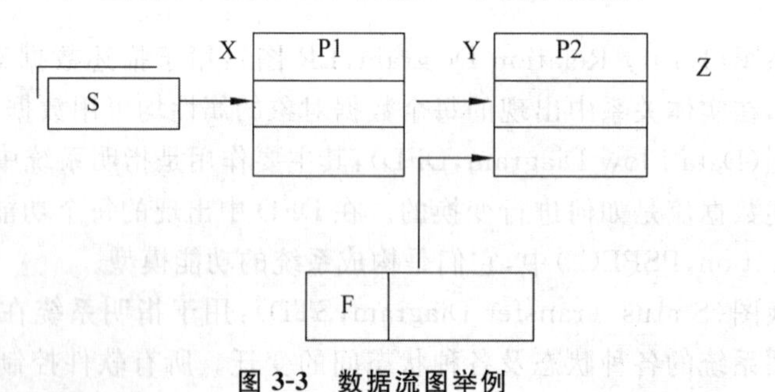

图 3-3 数据流图举例

1）数据流

数据流由一组确定的数据组成，例如“发票”为一个数据流，它由品名规格、单位、单价、数量等数据组成。数据流用带有名字的有箭头的线段表示，名字称为数据流名，表示流经的数据，箭头表示流向。数据流可以从加工流向加工，也可以从加工流进或流出文件，还可以从数据源流向加工或从加工流向终点。

对数据流的表示有以下约定。

(1)对流进或流出文件的数据流不需标注名字,这是因为文件本身就足以说明数据流;而别的数据流则必须标出名字,名字应能反映数据流的含义。

(2)数据流不允许同名。

(3)两个数据流在结构上相同是允许的,但必须体现人们对数据流的不同理解。例如,图3-4(a)中的合理领料单与领料单两个数据流,它们的结构相同,但前者增加了合理性这一信息。

(4)两个加工之间可以有几股不同的数据流,这是由于它们的用途不同,或它们之间没有联系,或它们的流动时间不同,如图3-4(b)所示。

(5)数据流图描述的是数据流而不是控制流。如图3-4(c)所示,"月末"只是为了激发加工"计算工资",是一个控制流而不是数据流,所以应从图中删去。

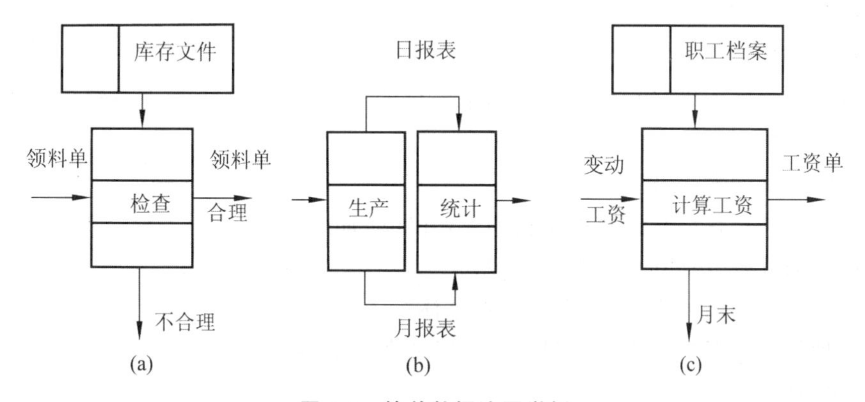

图3-4　简单数据流图举例

2)加工处理

加工处理是对数据流转换进行的操作,它把流入的数据流转换为流出的数据流。每个加工处理都应取一个名字以表示它的含义,并规定用一个编号来标识该加工在层次分解中的位置。名字中必须包含一个动词,例如"计算"、"打印"等。

数据流加工转换的方式有两种:

(1)改变数据流的结构,如将数组中各数据重新排序;

(2)产生新的数据流,如对原来的数据进行汇总、统计和求平均值等。

3)文件

文件是存储数据的工具。文件名应与它的内容一致,写在开口长条内。从文件流入或流出数据流时,数据流方向是很重要的。如果是读文件,则数据流的方向应从文件流出,写文件时则相反;如果是既读又写文件,则数据流是双向的。在修改文件时,虽然必须首先读文件,但其本质是写文件,因此数据流应流向文件,而不是双向的。

例如,在图3-4(a)中,检查合理性加工时,只从库存账目文件中读出库存信息与领料单核对,所以数据流从文件流出,箭头指向加工。

4)数据源或终点

数据源和终点表示数据的外部来源和去处。它通常是系统之外的人员或组织,不受系统控制。

为了避免在数据流图上出现线条交叉，同一个源点、终点或文件均可在不同位置多次出现，这时要在源点或终点符号的右下方画小斜线，或在文件符号左边画竖线，以示重复，如图3-5所示。

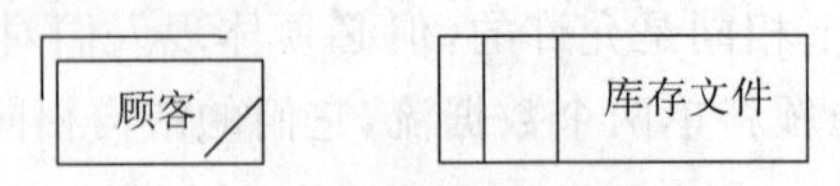

图 3-5　重复的源点、终点或文件

由图3-2可见，数据流图可通过基本符号直观地表示系统的数据流程、加工、存储等过程，但它不能表达每个数据和加工的具体、详细的含义，这些信息需要在“数据字典”和“加工说明”中表达。

2. 数据流图的画法

1)画法原则

一般遵循“由外向里”的原则，即先确定系统的边界或范围，再考虑系统的内部；先画加工的输入和输出，再画加工的内部，具体如下。

(1)识别系统的输入/输出；

(2)从输入端至输出端画数据流和加工，并同时加上文件；

(3)加工的分解“由外向里”进行分解；

(4)数据流的命名要确切，名字能反映整体；

(5)各种符号布置要合理，分布均匀，尽量避免交叉线。

2)画法步骤

对于不同的问题，数据流图可以有不同的画法，具体操作时可按下述步骤进行。

(1)识别系统的输入/输出，画出顶层图，即确定系统的边界。

在需求分析阶段，系统的功能需求等还不很明确，为了防止遗漏，不妨先将范围定得大一些。在确定系统边界后，越过边界的数据流就是系统的输入/输出，将输入/输出用加工符号连接起来，并加上输入数据来源和输出数据去向就形成了顶层图。

库存管理系统的顶层数据流图如图3-6所示。

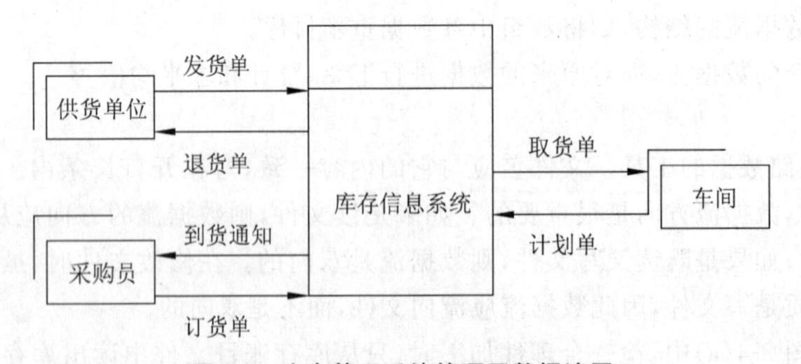

图 3-6　库存管理系统的顶层数据流图

(2)画系统内部的数据流、加工与文件，画出一级细化图。

从系统输入端到输出端(也可反之)，逐步用数据流和加工连接起来，当数据流的组成或值发生变化时，就在该处画一个“加工”符号。

画数据流图时还应同时画上文件，以反映各种数据的存储处，并表明数据流是流入文件还是流出文件。

最后，再回过头来检查系统的边界，补上遗漏但有用的输入/输出数据流，删去那些没被系统使用过的数据流。

库存管理系统的一级细化图如图 3-7 所示。

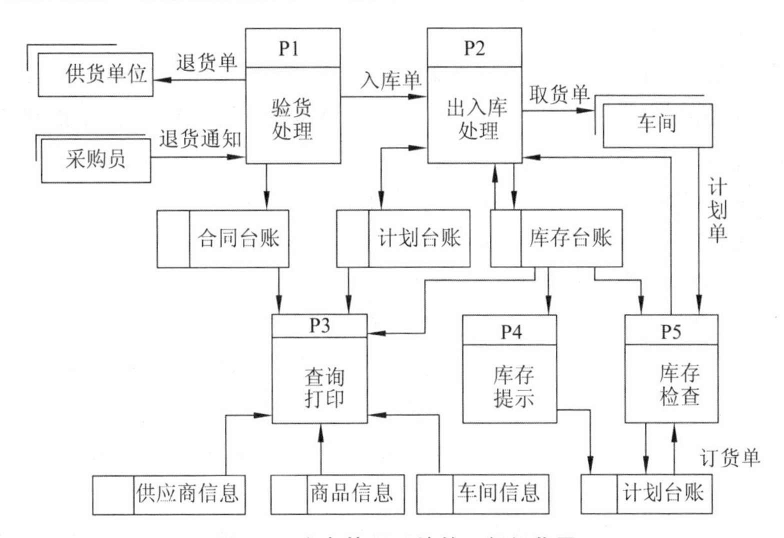

图 3-7 库存管理系统的一级细化图

(3)加工的进一步分解，画出二级细化图。

同样运用“由外向里”的方式对每个加工进行分析，如果在该加工内部还有数据流，则可将该加工分成若干个子加工，并用一些数据流把子加工连接起来，即可画出二级细化图。二级细化图可在一级细化图的基础上画出，也可单独画出该加工的二级细化图，二级细化图也称为该加工的子图。需要注意编号问题，即对上一级加工的分解，应以上一级编号为开始，加一个“.”，并依次编号。例如对 1 号加工的分解，编号为 1.1，1.2，…。

(4)其他注意事项。

一般应先给数据流命名，再根据输入/输出数据流名的含义为加工命名。名字含义要确切，要能反映相应的整体。若碰到难以命名的情况，则很可能是分解不恰当造成的，应考虑重新分解。

从左至右画数据流图。通常左侧、右侧分别是数据源和终点，中间是一系列加工和文件。正式的数据流图应尽量避免线条交叉，必要时可用重复的数据源、终点和文件符号。此外，数据流图中各种符号布置要合理，分布应均匀。

画数据流图是一项艰巨的工作，要做好重画的思想准备，重画是为了消除隐患，有必要不断改进。

因为作为顶层加工处理的改变域是确定的，所以改变域的分解是严格地自顶向下分解的。由于目前还不存在目标系统，因此分解时开发人员还需凭经验进行，这是一项创造性的劳动。同时，在建立目标系统数据流图时，还应充分利用本章讲过的各种方法和技术，例如，分解时尽量减少各加工之间的数据流，数据流图中各个成分的命名要恰当，父图与子图间要注意平衡，等等。

在画出分层数据流图，并为数据流图中各个成分编写词典条目或加工说明后，就获得了目标系统的初步逻辑模型。

3. 绘制数据流图时应注意的问题

下面从4个方面讨论画分层数据流图时应注意的问题。

1）合理编号

分层数据流图的顶层称为0层，它是第1层的父图，而第1层既是0层图的子图，又是第2层图的父图，依此类推。由于父图中有的加工可能就是功能单元，不能再分解，因此父图拥有的子图数不大于父图中的加工个数。

为了便于管理，应按下列规则为数据流图的加工编号：

(1)子图中的编号由父图号和子加工的编号组成；

(2)子图的父图号就是父图中相应加工的编号。

为简单起见，约定第1层图的父图号为0，编号只写加工编号1，2，3，…。下面各层由父图号1，1.1等加上子加工的编号1，2，3组成。按上述规则，图的编号既能反映出它所属的层次及它的父图编号的信息，还能反映子加工的处理信息。例如，1表示第1层图的1号加工处理，1.1，1.2，1.3，…表示父图为1号加工的子加工，1.3.1，1.3.2，1.3.3，…表示父图号为1.3加工的子加工。

为了方便起见，对数据流图中的每个加工，可以只标出局部号，但在加工说明中，必须使用完整的编号。例如，图3-8可表示第1层图的1号加工的子图，其编号可以简化成图中的形式。

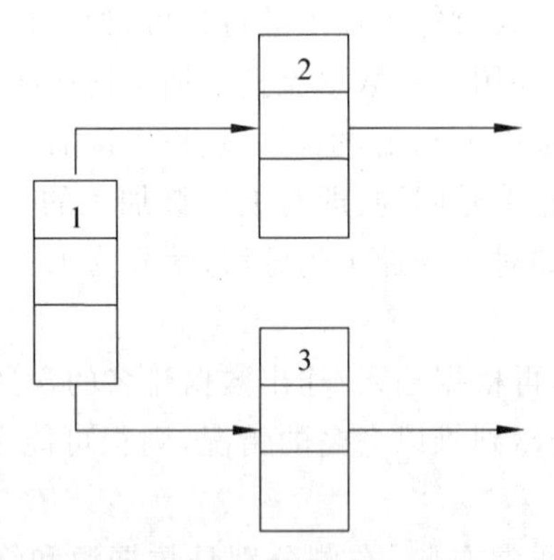

图3-8　简化子图编号示例

2）注意子图与父图的平衡

子图与父图的数据流必须平衡，这是分层数据流的重要性质。这里的平衡指的是子图的输入/输出数据流必须与父图中对应加工的输入/输出数据流相同。

3）局部文件

图3-9中的父图和子图是平衡的，但子图中的文件W并没在父图中出现。这是由于对文件W的读/写完全局限于加工3.3之内，在父图中各个加工之间的界面上不出现，该文件

是子图的局部文件或临时文件。

应当指出的是，如果一个临时文件在某层数据流图中的某些加工之间出现，则在该层数据流图中就必须画出这个文件。一旦文件被单独画出，还需画出这个文件同其他成分之间的联系。

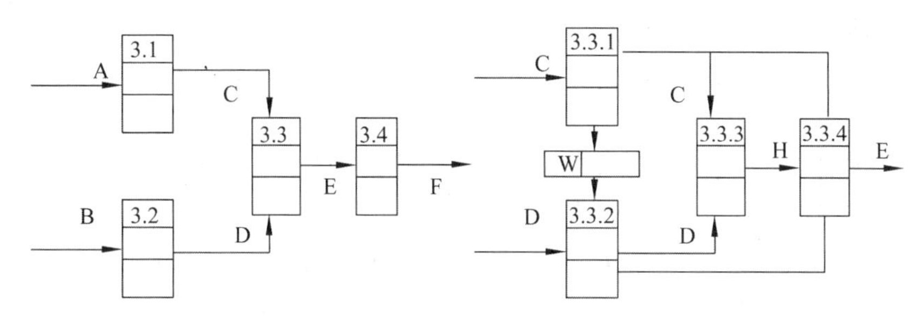

图 3-9 数据流图中的局部文件

4)分解的程度

对于规模较大的系统的分层数据流图，如果一次性把加工直接分解成基本加工单元，一张图上画出过多的加工将使人难以理解，也增加了分解的复杂度。然而，每次分解产生的子加工太少，会使分解层次过多而增加作图的工作量，阅读也不方便。经验表明，一个加工每次的分解量最多不要超过 7 个为宜。同时，分解时应遵循以下原则。

(1)分解应自然，概念上要合理、清晰。

(2)上层可分解得快些(分解成的子加工个数多些)，这是因为上层是综合性描述，对可读性的影响小，而下层应分解得慢些。

(3)在不影响可读性的前提下，应适当地多分解成几部分，以减少分解层数。

一般说来，当加工可用一页纸明确地表述，或加工只有单一输入/输出数据流(出错处理不包括在内)时，就应停止对该加工的分解。另外，对数据流图中不再作分解的加工(功能单元)，必须作出详细的加工说明，并且每个加工说明的编号必须与功能单元的编号一致。

4. 数据流图的修改

前面介绍了画数据流图的基本方法，对于一个大型系统来说，由于在软件设计初期人们对问题理解的深度不够，在数据流图上也不可避免地会存在某些缺陷或错误，因此还需要进行修改，才能得到完善的数据流图。这里介绍如何从正确性和可读性两方面对数据流图进行改进。

1)正确性

数据流图的正确性，可以从以下几个方面来检查。

(1)文件使用。在数据流图中文件与加工之间数据流的方向应按规定认真标注，这样也有利于对文件使用正确性的检查。例如，在图 3-10 中，因为文件 1 和文件 2 是子图的局部文件，所以在子图中应画出对文件的全部引用。但子图中的文件，好像一个“渗井”，数据只流进不流出，显然是一个错误。

(2)父图平衡。造成子图与父图不平衡的一个常见原因是在增加或删除一个加工时，忽视了对相应父图或子图的修改，在检查数据流图时应注意这一点。

(3)加工与数据流的命名。加工和数据流的名字必须体现被命名对象的全部内容，而不是一部分内容。对于加工的名字，应检查它的含义与被加工的输入/输出数据流是否匹配。一个加工的输出数据流仅由它的输入数据流确定，这个规则绝对不能违背。数据不守恒的错误有两种：一是漏掉某些输入数据流；二是某些输入数据流在加工内部没有被使用。虽然有时后者并不一定是一个错误，但也要认真考虑，对于确实无用的数据就应该删去，以简化加工之间的联系。

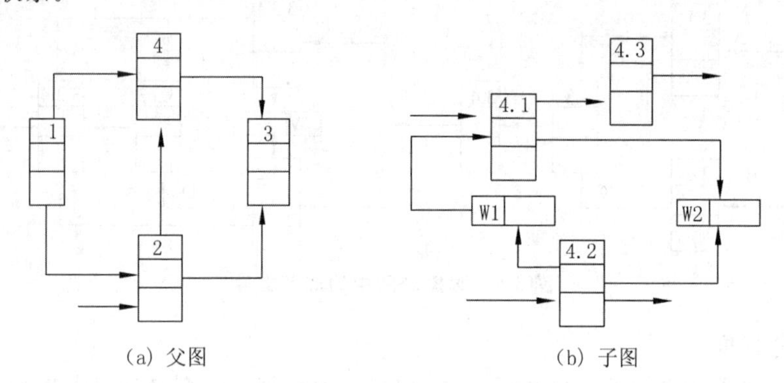

图 3-10　局部文件使用错误

在检查数据流图时，应注意消除控制流。

2)可读性

数据流图的可读性，可以从以下几个方面来提高。

(1)简化加工之间的联系。各加工之间的数据流越少，各加工的独立性就越高。因此应当尽量减少加工之间数据流的数目，必要时可采用后面介绍的步骤对数据流图重新分解。

(2)分解应当均匀。在同一张数据流图上，应避免出现某些加工已是功能单元，而另一些加工却还应继续分解为好几层的情况。否则，应考虑重新分解。

(3)命名应当恰当。理想的加工名由一个具体的动词和一个具体的宾语(名词)组成。数据流和文件的名字也应具体、明确。

3)数据流图重新分解的步骤

有时需要对部分或全部数据流图进行重新分解，可按以下步骤进行：

(1)把需要重新分解的所有子图连成一张图；

(2)根据各部分之间联系最少的原则，把图划分成几部分；

(3)重建父图，即把第(2)步所得的每一部分画成一个圆圈，各部分之间的联系就是加工之间的界面；

(4)重建各张子图，只需把第(2)步所得的图，按各自的边界剪开即可；

(5)为所有加工重新命名、编号。

例如，图 3-11(a)中加工 2 与其他加工的联系太复杂以致很难独立理解，所以其结构不太合理。将它们的父图加工分成两个更为合适，如图 3-11(b)所示。

根据上述规则检查库存管理系统，可以发现如下问题。

(1)一层细化图缺少了一个输入数据流。应在供应商和处理 P1 之间加一个数据流“发货单”，数据从供应商流入处理 P1。

(2)文件使用错误。供应商信息、车间信息和商品信息 3 个文件在一层细化图中只流进

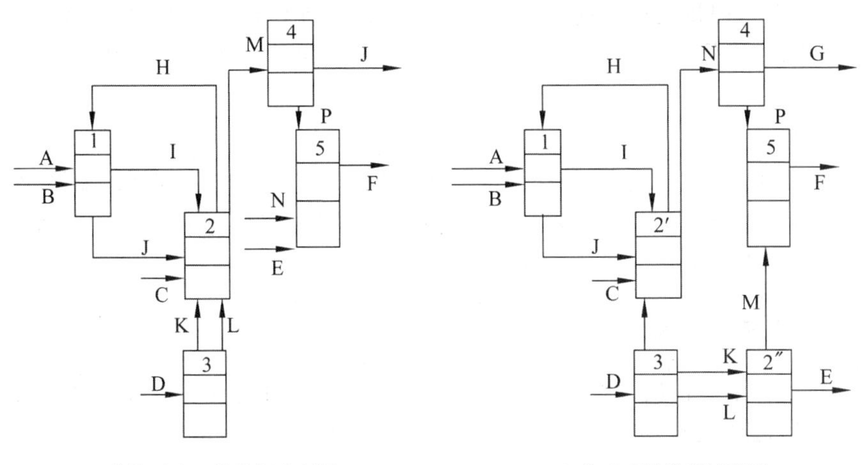

(a) 结构不合理的数据流程图　　(b) 修改后的数据流程图

图 3-11　结构不合理的数据流图及其修改

不流出。应在顶层数据流图中添加“供应商信息”、“车间信息”和“商品信息”3 个数据存储，系统读取 3 个文件，因此数据从文件流入“库存管理系统”并进行处理。

3.3.3　数据字典

在数据流图的基础上，还需对其中的每个数据流、文件和数据项加以定义，把这些定义所组成的集合称为数据字典。数据流图是系统的大框架，而数据字典及加工说明则是对数据流图中每个成分的精确描述。它们有着密切的联系，必须结合使用。

在数据字典中有三种类型的条目：数据项条目、数据流条目和文件条目。下面分别讨论。

1. 数据项条目

数据项条目用于给出数据项的定义。由于数据项是数据的最小单位，是不可分割的，因此数据项条目只包含名称、代码、类型、长度和值的含义等。对于那些足以从名称看出其含义的“自说明”型数据项，则不必在条目中再行解释。

2. 数据流条目

数据流条目对每个数据流进行定义，它通常由数据流名、别名、组成、注释、流入、流出和流通量等部分组成。其中，别名是前面已定义的数据流的同义词；组成是定义的主要部分，通常要列出该数据流的各组成数据项；注释用于记录其他有关信息，如该数据流在单位时间中传输的次数等。

如果数据流的组成很复杂，则可采用“自顶向下，逐步分解”的方式来表示。

在数据字典各条目的定义中，常使用下述符号：

＝表示“等价”；

＋表示“与”；

┌ | ┐表示“或”，即选括号中某一项，括号中各选择项用 | 隔开；

(　)表示“可选”，即从括号中任选一项，也可一项都不选；

{}表示"重复",即重复括号内的项,重复次数的上、下界在括号两边,例如1{X}5,表示把X加工重复1～5次。若在重复括号上没有附加重复次数的上、下界,则表示0次或多次重复。

3. 文件条目

文件条目用于对文件(或数据库)进行定义,它由5部分组成:文件名、编号、组成、结构和注释。其中,组成的定义方法与前面的数据流条目的相同;结构用于说明重复部分的相互关系,如指出是顺序或索引存取。

3.3.4 加工说明的描述工具

由于自然语言不够精确、简练,不适合编写加工说明。目前有许多适用加工说明的描述工具。下面介绍几种最常用的工具:结构化语言(Structured Language)、判定表(Decision Table)和判定树(Decision Tree)。

1. 结构化语言

自然语言的优点是容易理解,但是不精确,可能有多义性。程序设计语言的优点是严格精确,但其语法规定太死板,使用不方便。结构化语言则是介于自然语言和程序设计语言之间的一种语言,是带有一定结构的自然语言。在我国,通常采用较易为用户和开发人员接受的结构化汉语。

在用结构化语言描述问题时只允许使用3种基本逻辑结构:顺序结构、选择结构和循环结构。配合这3种结构所使用的词汇主要有3类:陈述句中的动词;在数据字典中定义的名词;某些逻辑表达式中的保留字、运算符、关系符等。后面我们还会具体说明这3种语句的使用方式。

为了减少复杂性,便于人们理解,编写加工说明需要注意以下几点:

(1)避免结构复杂的长句;

(2)所用名词必须在数据字典中有定义;

(3)不要用意义相同的多种动词,用词应始终如一(例如,"修正"、"修改"、"更改"含义相同,一旦确定使用其中一个以后,就不要再用其余两个);

(4)为提高可读性,书写时可采用阶梯形格式;

(5)嵌套使用各种结构时,应避免嵌套层次过多而影响可读性。

2. 判定表

对于具有多个互相联系的条件和可能产生多种结果的问题,用结构化语言描述显得不够直观和紧凑,这时可以用以清晰、简明为特征的判定表来描述。

判定表采用表格形式来表达逻辑判断问题,表格分成4部分:左上角为条件说明;左下角为行动说明;右上角为各种条件的组合说明;右下角为各条件组合下相应的行动。

下面举例说明如何使用判定表。

表3-1为使用判定表描述订货折扣政策问题。其中,C1～C3为条件,A1～A4为行动,1～8为不同条件的组合,Y表示条件满足,N表示条件不满足,X为该条件组合下的行动。例如,条件组合4表示:若交易额在5万元以上或最近3个月中有欠款且与本公司交易在20年以下,则可享受5%的折扣率。

判定表是根据条件组合进行判断的，上面表格中每个条件只存在“Y”和“N”两种情况，所以3个条件共有8种可能性。在实际使用中，有的条件组合可能是矛盾的，需要剔除，有的则可以合并。因此需在原始判定表的基础上进行整理和综合，才能得到简单明了且实用的判定表。同时，在整理过程中，还可能对用户的原有业务过程进行改进和提高。表3-2所示的是由表3-1合并得到的，其中“—”表示“Y”或“N”均可。

表3-1 判定有描述的折扣政策

条件与行动		不同条件组合							
		1	2	3	4	5	6	7	8
条件	C1:交易额在5万元以上	Y	Y	Y	Y	N	N	N	N
	C2:最近3个月无欠款单据	Y	Y	N	N	Y	Y	N	N
	C3:与本公司交易20年以上	Y	N	Y	N	Y	N	Y	N
行动	A1:折扣率15%	√	√						
	A2:折扣率10%			√					
	A3:折扣率5%				√				
	A4:无折扣率					√	√	√	√

表3-2 合并整理后的判定表

条件与行动		不同条件组合			
		1(1,2)	2(3)	3(4)	4(5,6,7,8)
条件	C1:交易额在5万元以上	Y	Y	Y	N
	C2:最近3个月无欠款单据	Y	N	N	N
	C3:与本公司交易20年以上	—	Y	N	—
行动	A1:折扣率15%	√			
	A2:折扣率10%		√		
	A3:折扣率5%			√	
	A4:无折扣率				√

判定表的内容十分丰富，除了以上介绍的有限判定表(Limited Entry Table)外，根据表中条件取值的状态不同，还有扩展判定表(Extended Entry Table)和混合判定表(Mixed Entry Table)等，它们各有特色，若能合理选择和灵活运用，则可描述、处理更广泛、复杂的判断过程。详细的内容可参阅有关的书籍。

3. 判定树

判定树是用于表示逻辑判断问题的一种图形工具。它用“树”来表达不同条件下的不同处理,比语言、表格的方式更为直观。判定树的左侧(称为树根)为加工名,中间是各种条件,所有的行动都列于最右侧。

表 3-1 所描述的折扣政策可以用如图 3-12 所示的判定树来进行描述。

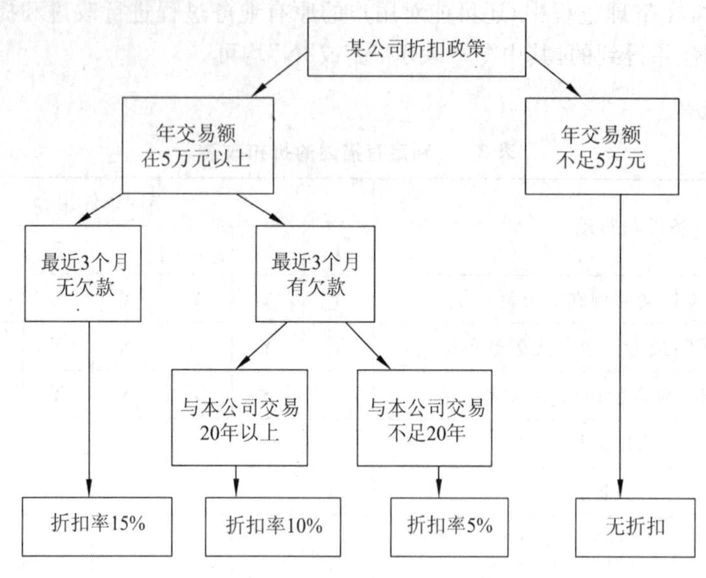

图 3-12 判定树描述的折扣政策

4. 几种表达工具的比较

以上介绍的 3 种用于描述加工说明的工具各自具有不同的优点和不足,它们之间的比较如表 3-3 所示。通过比较可以看出它们的适用范围。

(1)结构化语言最适用于具有判断或循环动作组合顺序的问题。

(2)判定表较适用于含有 5～6 个条件的复杂组合,条件组合过于庞大则将造成不便。

(3)判定树适用于行动在 10～15 之间的一般复杂程度的决策,必要时可将判定表上的规则转换成判定树,以便用户使用。

(4)判定表和判定树也可用于软件开发的其他阶段,并被广泛地应用于其他学科。

表 3-3 几种表达工具的比较

比较指标	结构化语言	判定表	判定树
逻辑检查	好	很好	一般
表示逻辑结构	好(所有方面)	一般(仅是决策方面)	很好(仅是决策方面)
使用方便性	一般	一般	很好
用户检查	不好	不好(除非用户受过训练)	好
程序说明	很好	很好	一般
机器可读性	很好	很好	不好
机器可编辑性	一般(要求句法)	很好	不好
可变性	好	不好(除非是简单的组合变化)	一般

3.4 Visio的功能及使用方法

3.4.1 Visio 2007 简介

Visio是一款专业的办公绘图软件，具有简单性与便捷性等关键特性。它能够帮助用户将自己的思想、设计与最终产品演变成形象化的图像进行传播，同时还可以帮助用户制作富含信息和富有吸引力的图标、绘图及模型。

Visio公司位于美国西雅图，1992年该公司发布了用于制作商业图标的专业绘图软件Visio 1.0。该软件一经面世立即取得了巨大的成功，Visio公司研发人员在此基础上开发了Visio 2.0～Visio 5.0等版本。Visio 2007已成为目前市场中最优秀的绘图软件之一，其强大的功能与简单的操作特性受广大用户所青睐，已被广泛应用于软件设计、项目管理、企业管理等领域。

Visio 2007可以帮助用户轻松地进行可视化分析与交流复杂的信息，并可以通过创建与数据相关的Visio图表来显示复杂的数据与文本，这些图表易于刷新，并可以轻松地了解、操作和共享企业内的组织系统、资源及流程等相关信息。Visio 2007利用强大的模板（Template）、模具（Stencil）与形状（Shape）等元素，来实现各种图表与模具的绘制功能。

Visio 2007不仅在易用性、实用性与协同性等方面，实现了实质性的提升，而且其新增功能和增强功能使得创建Visio图表更为简单、快捷。下面简单介绍Visio 2007的新增功能。

1. 创建专业图表

在Visio 2007中，用户单击“格式”工具栏的“主题”按钮，在弹出的“主题”任务窗口中选择主题样式即可。这样用户不必单独设置颜色和效果，只需应用一种主题颜色或主题效果样式，即可为图表赋予专业的外观。

2. 自动连接形状

通过Visio 2007新增的“自动连接”功能，用户只需单击鼠标，即可自动连接、均匀分布并准确地对齐形状。其中，自动连接形状主要包括下列几种类型：

(1)拖放形状时同时连接形状；

(2)单击模具上的形状后连接形状；

(3)连接绘图页上已存在的形状。

3. 集成数据

Visio 2007实现了更深层的数据连接，可以通过“数据选取器”对话框，更轻松、快捷地将Excel、Access、SQL Server或其他常用数据源中的数据，集成到Visio图表中，并将数据与Visio图表中的形状进行连接。

4. 展现于可视化数据

Visio 2007为用户提供了一种新的图表类型——数据透视关系图。数据透视关系图将数据显示为按树状结构排列的形状集合，以可视化、易于理解的格式分析和汇总数据，数据透视关系图，不仅可以帮助用户以可视化的方式浏览、分析与研究数据，而且还可以通过创建数据的多个视图来发掘更深层次的信息。

5.协同工作

在 Office 2007 中，Visio 与其他组件之间的联系更为密切。用户不仅可以在 Word 中直接编辑插入到文档中的 Visio 图表，而且还可以直接从 Microsoft Windows SharePoint Services 网站和 Microsoft Office Project 2007 中生成数据透视关系图形式的可视报表，从而以新的方式与同事协作，使不具备 Visio 软件的同事也能共享与查看 Visio 图表。

3.4.2 利用 Visio 绘制数据流图

下面简单介绍 Visio 绘制数据流图的基本过程。

(1)打开 Visio 2007，选择“文件”→“形状”→“软件和数据库”模板，然后再选择“数据流模型图”，如图 3-13 所示。

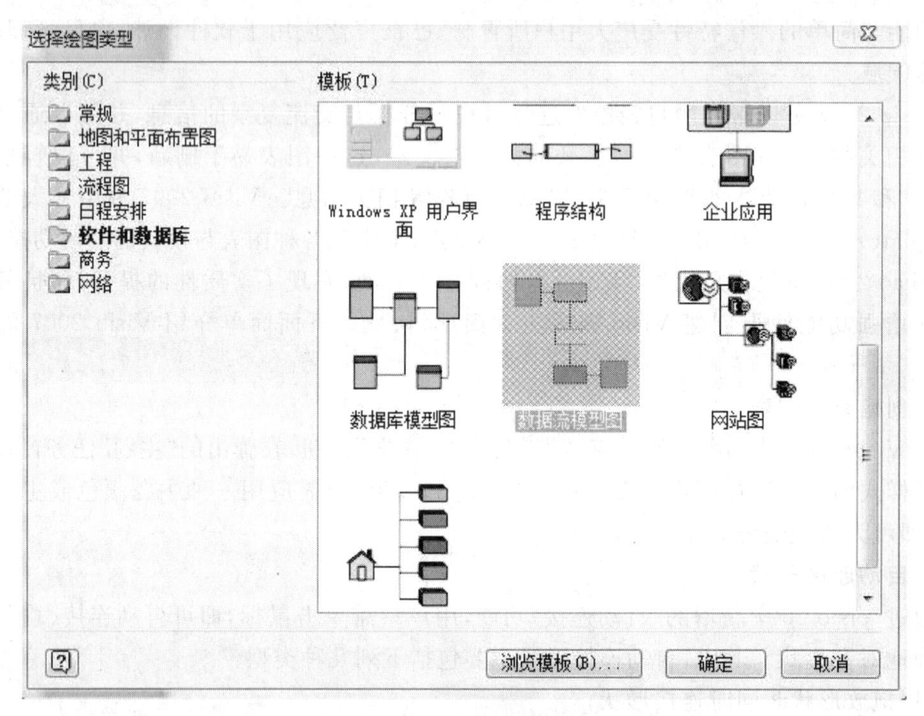

图 3-13 选择绘图类型

单击“确定”按钮，即进入了画图界面。下面根据项目要求开始画图。

(2)绘制图元。Visio 2007 支持拖曳式绘图，即将所需的图元拖曳到绘图窗口上。

(3)编辑图元。双击每个图元，进入文本编辑状态后，输入相应的文字信息。这里要注意：在 Visio 2007 中，不能对“数据存储”图元进行文字编辑。

(4)连接图元。依据数据在各图元之间的流动关系，将相关图元用数据流连线连接起来。在连接图元时，可以用 Visio 2007 的自动连线功能，也可以将“数据流”连线拖曳到待连线的图元之间。双击“数据流”图元，可以输入数据流所表示的详细信息。

(5)布局。先选中多个图元，然后利用菜单栏中的“形状”→“对齐形状”和“形状”→“分布形状”对图形进行布局，最后便可得到完整的数据流图。

习 题 3

一、选择题

1. 需求分析阶段的任务是确定(　　)。

A. 软件开发方法　　B. 软件开发工具

C. 软件开发费　　D. 软件系统的功能

2. 在数据流图中，矩形代表(　　)。

A. 源点　　B. 终点

C. 加工　　D. 模块

3. 需求分析中开发人员要从用户那里了解(　　)。

A. 软件做什么　　B. 用户使用界面

C. 输入的信息　　D. 软件的规模

4. 需求分析阶段，分析人员要确定对问题的综合需求，其中最主要的是(　　)需求。

A. 功能　　B. 性能

C. 数据　　D. 环境

5. 需求分析阶段产生的最重要的文档之一是(　　)。

A. 系统规格说明书　　B. 需求说明书

C. 概要设计说明书　　D. 详细设计说明书

6. 结构化开发方法中，数据流图是(　　)阶段产生的成果。

A. 需求分析　　B. 总体设计

C. 详细设计　　D. 程序编程

7. 下述任务中，不属于软件工程需求分析阶段的是(　　)。

A. 分析软件系统的数据要求　　B. 确定软件系统的功能需求

C. 确定软件系统的性能要求　　D. 确定软件系统的运行平台

二、填空题

1. 在结构化方法的软件需求定义中，可采用分析工具来辅助完成，____________和____________是常用的工具。

2. 结构化方法由结构化分析、结构化设计、结构化程序设计构成，它是一种面向____________的开发方法。

3. 在结构化分析中，用于描述加工逻辑的主要工具有三种，即结构化语言、判定表、____________。

4. 数据流图中的箭头表示____________；系统结构图中的箭头表示____________。

三、简答题

1. 需求分析的任务是什么？怎样理解分析阶段的任务是决定“做什么”，而不是“怎么做”？

2. 需求分析要经过哪些步骤？

四、综合题

某单位住房分配方案如下：

所有住户 50 m^2 以内每平方米 1000 元，超过 50 m^2 后，在本人住房标准面积以内每平方米 1500 元，其中住房标准为：教授 105 m^2，副教授 90 m^2，讲师 75 m^2。标准面积以外每平方米 4000 元。请用判定树或判定表表示各条件组合与费用之间的关系。

第4章 软件设计

4.1 软件设计的概念

结构化设计(Structured Design,SD)方法是一种面向数据流的设计方法,它是以结构化分析阶段所产生的文档(包括数据流图、数据字典和软件需求说明书)为基础,自顶向下、逐步求精和模块化的过程。结构化设计通常可分为总体设计和详细设计等两部分。总体设计的任务是确定软件系统的结构,进行模块划分,确定每个模块的功能、接口及模块间的调用关系。详细设计的任务是为每个模块设计其实现的细节。为了开发出高质量、低成本的软件,在软件开发过程中必须遵循如下软件工程原则。

1. 抽象

抽象即抽取事物最基本的特性和行为,忽略非基本的细节。采用分层次抽象的办法可以控制软件开发过程的复杂性,有利于软件的可理解性和开发过程的管理。

2. 模块化

模块化使程序由许多个逻辑上相对独立的模块组成。模块(Module)是程序中逻辑上相对独立的单元;模块的大小要适中,高内聚、低耦合。

3. 信息隐藏

采用封装技术,将程序模块的实现细节(过程或数据)隐藏起来,对于不需要这些信息的其他模块来说是不能访问的,模块接口应尽量简单。按照信息隐藏的原则,系统中的模块应设计成"黑箱"模块,外部只能使用模块接口说明中给出的信息,如操作、数据类型等。

4. 模块独立性

每个模块只能完成系统要求的独立子功能,与其他模块的联系较少且接口简单。模块独立的概念是模块化、抽象、信息隐蔽概念的直接结果。

4.1.1 抽象

人类在认识复杂现象的过程中使用的最强有力的思维工具是抽象。人们在实践中认识到,现实世界中一定事物、状态或过程之间总存在着某些相似的方面(共性)。把这些相似的方面集中和概括起来,暂时忽略它们之间的差异,这就是抽象。或者说抽象就是抽取事物的本质特性而暂时不考虑它们的细节。

由于人类思维能力的限制,如果每次面临的因素太多,是不可能产生精确思维的。处理复杂系统的唯一有效的方法是用层次的方式构造和分析它。一个复杂的动态系统首先可以用一些高层次的抽象概念构造和理解,这些高级概念又可以用一些较低层次的概念构造和理解,如此进行下去,直至最低层次的具体元素为止。

这种层次的思维和解题方式必须反映在定义动态系统的程序结构中,每级的一个概念将以某种方式对应于程序的一组成分。

当考虑对任何问题的模块化解法时，可以提出许多抽象的层次：在抽象的最高层次采用问题环境的语言，以概括的方式叙述问题的解法；在较低层次采用过程化的方法，把面向问题的术语和面向实现的术语结合起来叙述问题的解法；在最低层次采用直接实现的方式叙述问题的解法。

软件工程过程的每一层都是对软件解法的抽象层次的一次精化。在可行性研究阶段，软件作为系统的一个完整部件；在需求分析期间，软件解法是使用在问题环境内熟悉的方式描述的；当总体设计向详细设计过渡时，抽象的程度也就随之减小了；最后，在源程序写出来以后，也就达到了抽象的最低层次。

逐步求精和模块化的概念，与抽象是紧密相关的。随着软件开发工程的进展，在软件结构每一层中的模块，表示了对软件抽象层次的一次精化。事实上，软件结构顶层的模块，控制了系统的主要功能并且影响全局；在软件结构最底层次的模块，完成对数据的一个具体处理。用自顶向下由抽象到具体的方式分配控制，简化了软件的设计和实现，提高了软件的可理解性和可测试性，并且使软件更容易维护。

4.1.2 模块化

模块是由边界元素限定的相邻程序元素（如数据说明、可执行的语句）的序列，而且有一个总体标识符代表它。像 Pascal 或 Ada 这样的块结构语言中的 Begin…End 对，或者 C、C++和 Java 语言中的{…}对，都是边界元素的例子。按照模块的定义，过程、函数、子程序和宏等，都可作为模块。面向对象方法学中的对象是模块，对象内的方法（也称为服务）也是模块。模块是构成程序的基本构件。

模块化就是把程序划分成独立命名且可独立访问的模块的过程，每个模块完成一个子功能，把这些模块集成起来构成一个整体，可以完成指定的功能并满足用户的需求。

有人说，模块化的目的是使一个复杂的大型程序能被人类的智力所管理，模块化是软件应该具备的唯一属性。如果一个大型程序仅由一个模块组成，它将很难被人类所理解。下面根据人类解决问题的一般规律，论证上面的结论。

设函数 C(x)定义问题 x 的复杂程度，函数 E(x)确定解决问题 x 需要的工作量或时间。对于两个问题 P1 和 P2，如果

$$C(P1)>C(P2)$$

显然

$$E(P1)>E(P2)$$

根据人类解决一般问题的经验，另一个有趣的规律是

$$C(P1+P2)>C(P1)+C(P2)$$

也就是说，如果一个问题由 P1 和 P2 两个问题组合而成，即 P_1+P_2，那么它的复杂程度大于 P_1、P_2 的复杂程度之和。

综上所述，得到下面的不等式：

$$E(P1+P2)>E(P1)+E(P2)$$

由上述不等式可以得出，“各个击破”的结论——把复杂的问题分解成许多容易解决的小问题，原来的问题也就容易解决了。这就是模块化的根据。

由上面的不等式似乎还能得出下述结论:如果无限地分割软件,最后为了开发软件而需要的工作量也就小得可以忽略了。事实上,还有另一个因素在起作用。当模块数目增加时,每个模块的规模将减小,开发单个模块需要的成本(工作量)确实减小了;但是,随着模块数目增加,设计模块之间的接口所需的工作量则将增加。每个程序都相应地有一个最适当的模块数目,使得系统的开发成本最小。

模块化原理可以使软件结构清晰,不仅容易设计,也容易阅读和理解。因为程序错误通常局限在有关的模块及它们之间的接口中,所以模块化使软件容易测试和调试,因而有助于提高软件的可靠性。因为变动往往只涉及少数几个模块,所以模块化能够提高软件的可修改性。模块化也有助于软件开发工程的组织管理,一个复杂的大型程序可以由许多程序员分工编写不同的模块,并且可以进一步把复杂的模块分配给技术熟练的程序员来编写。

4.1.3　信息隐藏与局部化

应用模块化原理时,自然会产生的一个问题是:“为了得到最好的一组模块,应该怎样分解软件呢?”信息隐藏原理指出:对于不需要这些信息的模块来说,应该这样设计和确定模块,使得一个模块内包含的信息(过程和数据)是不能访问的。

局部化的概念和信息隐藏的概念是密切相关的。所谓局部化是指把一些关系密切的软件元素物理地放得彼此靠近的过程。在模块中使用局部数据元素是局部化的一个例子。显然,局部化有助于实现信息隐藏。

实际上,应该隐藏的不是有关模块的一切信息,而是模块的实现细节。因此,有人主张把这条原理称为细节隐藏。

“隐藏”意味着有效的模块化可以通过定义一组独立的模块来实现,这些独立的模块彼此间仅仅交换那些为了完成系统功能而必须交换的信息。

如果在测试期间和以后的软件维护期间需要修改软件,那么使用信息隐藏原理作为模块化系统设计的标准就会带来极大好处。因为对于软件的其他部分而言,绝大多数数据和过程是隐藏的(也就是“看”不见的),在修改期间由于疏忽而引入的错误就很少可能传播到软件的其他部分。

4.1.4　模块独立性

模块独立的概念是模块化、抽象、信息隐藏和局部化概念的直接结果。开发具有独立功能而且与其他模块之间没有过多的相互作用的模块,就可以做到模块独立。换句话说,这样设计的软件结构,使得每个模块完成一个相对独立的特定子功能,并且与其他模块之间的关系很简单。

为什么模块独立性很重要呢?主要有两条理由:第一,有效的模块化(具有独立的模块)软件比较容易开发出来,当许多人分工合作开发同一个软件时,这个优点尤其重要;第二,独立的模块比较容易测试和维护。相对来说,修改、设计程序需要的工作量比较小,错误传播范围小,需要扩充功能时能够“插入”模块。总之,模块独立是好的设计的关键,而设计又是决定软件质量的关键环节。

模块的独立程度有两个定性标准度量,即耦合和内聚。耦合衡量不同模块彼此间互相依赖(连接)的紧密程度;内聚衡量一个模块内部各个元素彼此结合的紧密程度。以下分别详细阐述。

1. 耦合

耦合是对一个软件结构内不同模块之间互连程度的度量。耦合强弱取决于模块间接口的复杂程度、进入或访问一个模块的点,以及通过接口的数据。

在软件设计中应该追求尽可能松散耦合的系统。在这样的系统中可以研究、测试或维护任何一个模块,而不需要对系统的其他模块有很多了解。此外,由于模块间联系简单,所以发生在一处的错误传播到整个系统的可能性就很小。因此,模块间耦合程度强烈影响着系统的可理解性、可测试性、可靠性和可维护性。

怎样具体区分模块间耦合程度的强弱呢?

如果两个模块中的每一个模块都能独立地工作而不需要另一个模块的存在,那么它们彼此完全独立,这意味着模块间无任何连接,耦合程度最低。但是,在一个软件系统中不可能所有模块之间都没有任何连接。

如果两个模块彼此间通过参数交换信息,而且交换的信息仅仅是数据,那么这种耦合称为数据耦合。如果传递的信息中有控制信息(尽管有时这种控制信息以数据的形式出现),那么这种耦合称为控制耦合。

数据耦合是低耦合。系统中至少必须存在这种耦合,因为只有当某些模块的输出数据作为另一些模块的输入数据时,系统才能完成有价值的功能。一般说来,一个系统内可以只包含数据耦合。控制耦合是中等程度的耦合,它增加了系统的复杂程度。控制耦合往往是多余的,在把模块适当分解之后通常可以用数据耦合代替它。

如果被调用的模块需要使用作为参数传递进来的数据结构中的所有元素,那么,把整个数据结构作为参数传递就是完全正确的。但是,当把整个数据结构作为参数传递而被调用的模块只需使用其中一部分数据元素时,就出现了特征耦合。在这种情况下,被调用的模块可以使用的数据多于它确实需要的数据,这将导致对数据的访问失去控制,从而给计算机犯罪提供了机会。

当两个或多个模块通过一个公共数据环境相互作用时,它们之间的耦合称为公共环境耦合。公共环境可以是全程变量、共享的通信区、内存的公共覆盖区、任何存储介质上的文件、物理设备等。

公共环境耦合的复杂程度随耦合的模块个数的变化而变化,当耦合的模块个数增加时,其复杂程度显著增加。如果只有两个模块有公共环境耦合,那么这种耦合有下面两种可能。

(1)一个模块向公共环境传送数据,另一个模块从公共环境读取数据。这是数据耦合的一种形式,是比较松散的耦合。

(2)两个模块都向公共环境传送数据和读取数据,这种耦合比较紧密,介于数据耦合和控制耦合之间。

如果两个模块共享的数据很多,都通过参数传递可能很不方便,这时可以利用公共环境耦合。

最高程度的耦合是内容耦合。如果出现下列情况之一,两个模块间就发生了内容耦合。

(1)一个模块访问另一个模块的内部数据。

(2)一个模块不通过正常入口而转到另一个模块的内部。

(3)两个模块有一部分程序代码重叠(只可能出现在汇编程序中)。

(4)一个模块有多个入口(这意味着一个模块有几种功能)。

应该坚决避免使用内容耦合。事实上,许多高级程序设计语言已经设计成不允许在程序中出现任何形式的内容耦合。

总之,耦合是影响软件复杂程度的一个重要因素。应该采取下述设计原则:尽量使用数据耦合,少用控制耦合和特征耦合,限制公共环境耦合的范围,完全不用内容耦合。

2. 内聚

内聚标志着一个模块内各个元素彼此结合的紧密程度,它是信息隐藏和局部化概念的自然扩展。简单地说,理想内聚的模块只做一件事情。

设计时应该力求做到高内聚,通常中等程度的内聚也是可以采用的,而且效果和高内聚相差不多。

内聚和耦合是密切相关的,模块内的高内聚往往意味着模块间的松耦合。内聚和耦合都是进行模块化设计的有力工具,但是实践表明,应该把更多注意力集中到提高模块的内聚程度上。

1)低内聚的类别

(1)如果一个模块完成一组任务,这些任务彼此间即使有关系,其关系也是很松散的,这称为偶然内聚。有时在写完一个程序之后,发现一组语句在两处或多处出现,于是把这些语句作为一个模块以节省内存,这样就出现了偶然内聚的模块。在偶然内聚的模块中,各种元素之间没有实质性联系,很可能在一种应用场合需要修改这个模块,而在另一种应用场合又不允许这种修改,从而陷入困境。事实上,偶然内聚的模块出现修改错误的概率比其他类型模块的高得多。

(2)如果一个模块完成的任务在逻辑上属于相同或相似的一类(如一个模块产生各种类型的全部输出),则称为逻辑内聚。在逻辑内聚的模块中,不同功能的任务混在一起,合用部分程序代码,即使是局部功能的修改有时也会影响全局。因此,这类模块的修改也比较困难。

(3)如果一个模块包含的任务必须在同一段时间内执行(例如,模块完成各种初始化工作),就称为时间内聚。

时间关系在一定程度上反映了程序的某些实质,所以时间内聚比逻辑内聚好一些。

2)中内聚的类别

(1)如果一个模块内的处理元素是相关的,而且必须以特定次序执行,则称为过程内聚。使用程序流程图作为工具设计软件时,常常通过研究流程图确定模块的划分,这样得到的往往是过程内聚的模块。

(2)如果模块中所有元素都使用同一个输入数据和(或)产生同一个输出数据,则称为通信内聚。

3)高内聚的类别

高内聚包含顺序内聚和功能内聚。

(1)如果一个模块内的处理元素和同一个功能密切相关,而且这些处理必须顺序执行(通常一个处理元素的输出数据作为下一个处理元素的输入数据),则称为顺序内聚。根据数据流图划分模块时，通常得到顺序内聚的模块，这种模块彼此间的连接往往比较简单。

(2)如果模块内所有处理元素属于一个整体，完成一个单一的功能，则称为功能内聚。功能内聚是最高程度的内聚。

耦合和内聚的概念是由Constantine、Yourdon、Myers和Stevens等人提出来的。按照他们的观点，如果给上述7种内聚的优劣评分，将得到如下结果：

功能内聚10分　　时间内聚3分

顺序内聚9分　　逻辑内聚1分

通信内聚7分　　偶然内聚0分

过程内聚5分

事实上，没有必要精确确定内聚的级别。重要的是设计时力争做到高内聚，并且能够辨认出低内聚的模块，有能力通过修改设计提高模块的内聚程度并且降低模块间的耦合程度，就可获得较高的模块独立性。

4.2 软件体系结构

4.2.1 软件体系结构概述

1.软件体系结构的定义

虽然软件体系结构已经在软件工程领域中有着广泛的应用，但迄今为止还没有一个被大家所公认的定义。许多专家、学者从不同角度对软件体系结构进行了刻画，较为典型的定义有以下几种。

(1)Dewayne Perry和Alex Wolf认为，软件体系结构是具有一定形式的结构化元素，即构件的集合，包括处理构件、数据构件和连接构件。处理构件负责对数据进行加工，数据构件是被加工的信息，连接构件把体系结构的不同部分组合、连接起来。这一定义注重区分处理构件、数据构件和连接构件，这一方法在其他的定义和方法中基本上得到保持。

(2)Mary Shaw和David Garlan认为，软件体系结构是软件设计过程中的一个层次，这一层次超越计算过程中的算法设计和数据结构设计。软件体系结构问题包括总体组织和全局控制、通信协议、同步、数据存取，给设计元素分配特定功能，设计元素的组织，规模和性能，在各设计方案间进行选择等。软件体系结构处理算法与数据结构之上关于整体系统结构设计和描述方面的一些问题，如总体组织和全局控制、通信协议、同步与数据存取，给设计元素分配待定功能，设计元素的组织、规模和性能，在各设计方案间进行选择等。

(3)Kruchten认为，软件体系结构有4个角度，它们从不同方面对系统进行描述：概念角度描述了系统的主要构件及它们之间的关系；模块角度包含了功能分解与层次结构；运行角度描述了一个系统的动态结构；代码角度描述了各种代码和库函数在开发环境中的组织。

(4)Hayes Roth认为，软件体系结构是一个抽象的系统规范，主要包括用其行为来描述的功能构件和构件之间的相互连接、接口和关系。

(5)David Garlan和Dewne Perry于1995年在《IEEE软件工程学报》上采用了如下的定义：软件体系结构是一个程序/系统各构件的结构、它们之间的相互关系及进行设计的原则和随时间进化的指导方针。

(6)Barry Boehm 和他的学生提出，一个软件体系结构包括一个软件和系统构件、互联及约束的集合；一个系统需求说明的集合；一个基本原理用于说明这一构件，互联和约束能够满足系统需求。

(7)1997 年，Bass、Ctements 和 Kazman 在《使用软件体系结构》一书中给出如下的定义：一个程序或计算机系统的软件体系结构包括一个或一组软件构件、软件构件的外部的可见特性及其相互关系。其中，"软件外部的可见特性"是指软件构件提供的服务、性能、特性、错误处理、共享资源使用等。

总之，软件体系结构的研究正在发展，软件体系结构的定义也必然随之完善。在以后的表述中，如果不特别指出，我们将使用软件体系结构的下列定义：

软件体系结构为软件系统提供了一个结构、行为和属性的高级抽象，由构成系统的元素的描述、这些元素的相互作用、指导元素集成的模式及这些模式的约束组成。软件体系结构不仅指定了系统的组织结构和拓扑结构，并且显示了系统需求和构成系统的元素之间的对应关系，提供了一些设计决策的基本原理。

2. 主要的和经典的体系结构风格

1)C2 风格

C2 风格可以概括为：通过连接件绑定在一起的按照一组规则运作的并行构件网络。

C2 风格是最常用的一种软件体系结构风格。从 C2 风格的组织规则和结构图可以得出，C2 风格具有以下特点：

(1)系统中的构件可实现应用需求，并能将任意复杂度的功能封装在一起；

(2)所有构件之间的通信是通过以连接件为中介的异步消息交换机制来实现的；

(3)构件相对独立，构件之间依赖性较小。系统中不存在某些构件将在同一地址空间内执行，或某些构件共享特定控制线程之类的相关性假设。

2)管道/过滤器风格

在管道/过滤器风格的软件体系结构中，每个构件都有一组输入/输出，构件读取输入的数据流，经过内部处理，然后产生输出数据流。这个过程通常通过对输入流的变换及增量计算来完成，所以在输入被完全消费之前，输出便产生了。因此，这里的构件称为过滤器，这种风格的连接件就像是数据流传输的管道，将一个过滤器的输出传到另一过滤器的输入。此风格特别重要的过滤器必须是独立的实体，它不能与其他的过滤器共享数据，而且不知道它上游和下游的标识。一个管道/过滤器网络输出的正确性并不依赖于过滤器进行增量计算过程的顺序。

3)数据抽象和面向对象风格

抽象数据类型概念对软件系统有着重要作用，目前软件界已普遍转向使用面向对象系统。这种风格建立在数据抽象和面向对象的基础上，数据的表示方法及其相应操作封装在一个抽象数据类型或对象中。这种风格的构件是对象，或者说是抽象数据类型的实例。对象是一种称为管理者的构件，因为它负责保持资源的完整性。对象是通过函数和过程的调用来交互的。

4)基于事件的隐式调用风格

基于事件的隐式调用风格的思想是构件不直接调用一个过程,而是触发或广播一个或多个事件。系统中的其他构件中的过程在一个或多个事件中注册,当一个事件被触发时,系统自动调用在这个事件中注册的所有过程,这样,一个事件的触发就导致了另一模块中的过程调用。

5)层次系统风格

层次系统组织成一个层次结构,每一层为上层服务,并作为下层客户。在一些层次系统中,除了一些精心挑选的输出函数外,内部的层只对相邻的层可见。这样的系统中,构件在一些层上实现了虚拟机(在另一些层次系统中层是部分不透明的)。

6)仓库风格

在仓库风格中,有两种不同的构件:中央数据结构说明当前状态,独立构件在中央数据存储器上执行,仓库与外构件间的相互作用在系统中会有大的变化。

4.2.2 新型软件体系结构

随着计算机网络技术和软件技术的发展,软件体系结构和模式也在不断地发生变化,下面介绍几种新型的软件体系结构。

1.正交软件体系结构

正交软件体系结构由组织层和线索的构件构成。层由一组具有相同抽象级别的构件构成。线索是子系统的特例,它是由完成不同层次功能的构件组成(通过相互调用来关联)的,每一条线索完成整个系统中相对独立的一部分功能。每一条线索的实现与其他线索的实现无关或关联很少,在同一层中的构件之间是不存在相互调用的。

1)正交软件体系结构的特征

如果线索是相互独立的,即不同线索中的构件之间没有相互调用,那么这个结构就是完全正交的。从以上定义可以看出,正交软件体系结构是一种以垂直线索构件族为基础的层次化结构,其基本思想是把应用系统的结构按功能的正交相关性,垂直分割为若干条线索(子系统),线索又分为几个层次,每个线索由多个具有不同层次功能和不同抽象级别的构件构成。各线索的相同层次的构件具有相同的抽象级别。因此,我们可以归纳正交软件体系结构的主要特征如下:

(1)正交软件体系结构由完成不同功能的 $n(n>1)$ 条线索(子系统)组成;

(2)系统具有 $m(m>1)$ 个不同抽象级别的层次;

(3)线索之间是相互独立的(正交的);

(4)系统有一个公共驱动层(一般为最高层)和公共数据结构(一般为最低层)。

对于大型的和复杂的软件系统,其子线索(一级子线索)还可以划分为更低一级的子线索(二级子线索),形成多级正交结构。正交软件体系结构的框架如图 4-1 所示。

图 4-1 是一个三级线索(高层和最低层之间,有三级线索)、五层结构的正交软件体系结构框架图,在该图中,ABDFK 组成了一条线索,ACEJK 也是一条线索。因为 B、C 处于同一层次中,所以不允许互相调用;H、J 处于同一层次中,也不允许互相调用。一般来讲,第五层的是一个物理数据库连接构件或设备构件,供整个系统公用。

在软件进化过程中,系统需求会不断发生变化。在正交软件体系结构中,因线索的正交

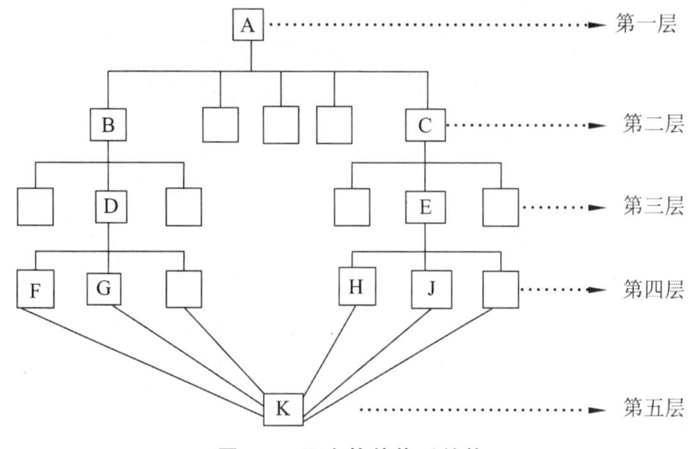

图 4-1 正交软件体系结构

性，每一个需求变动仅影响某一条线索，而不会涉及其他线索。这样，就把软件需求的变动局部化了，产生的影响也被限制在一定范围内，因此容易实现。

2)正交软件体系结构的优点

(1)结构清晰，易于理解。正交软件体系结构的形式有利于理解。由于线索功能相互独立，不允许互相调用，结构简单、清晰，构件在结构图中的位置已经说明它所实现的是哪一级抽象，担负的是什么功能。

(2)易修改，可维护性强。由于线索之间是相互独立的，所以一条线索的修改不会影响到其他线索。因此，当软件需求发生变化时，可以将新需求分解为独立的子需求，然后以线索和其中的构件为主要对象分别对各个子需求进行处理，这样软件修改就很容易实现。系统功能的增加或减少，只需相应地增删线索构件族，而不影响整个正交体系结构，因此能方便地实现结构调整。

(3)可移植性强，重用粒度大。因为正交结构可以为一个领域内的所有应用程序所共享，这些软件有着相同或类似的层次和线索，可以实现体系结构级的重用。

2. 三层 C/S 软件体系结构

C/S 软件体系结构，即 Client/Server (客户机/服务器)软件体系结构，是基于资源不对等，且为实现共享而提出来的，是 20 世纪 90 年代成熟起来的技术，C/S 软件体系结构将应用一分为二，服务器(后台)负责数据管理，客户机(前台)完成与用户的交互任务。

C/S 软件体系结构具有强大的数据操作和事务处理能力，模型简单，易于人们理解和接受。但随着企业规模的日益扩大，软件的复杂程度也在不断提高。

1)传统的二层 C/S 软件体系结构存在的局限性

(1)二层 C/S 软件体系结构是单一服务器且以局域网为中心的，所以难以扩展至大型企业广域网或 Internet。

(2)软、硬件的组合及集成能力有限。

(3)客户机的负荷太重，难以管理大量的客户机，系统的性能容易变坏。

(4)数据安全性不好。因为客户端程序可以直接访问数据库服务器，那么，在客户端计算机上的其他程序也可想办法访问数据库服务器，从而使数据库的安全性受到威胁。

2)三层 C/S 软件体系结构

正是因为二层 C/S 软件体系结构有这么多缺点,因此三层 C/S 软件体系结构应运而生。三层 C/S 软件体系结构将应用功能分成表示层、功能层和数据层三个部分,如图 4-2 所示。

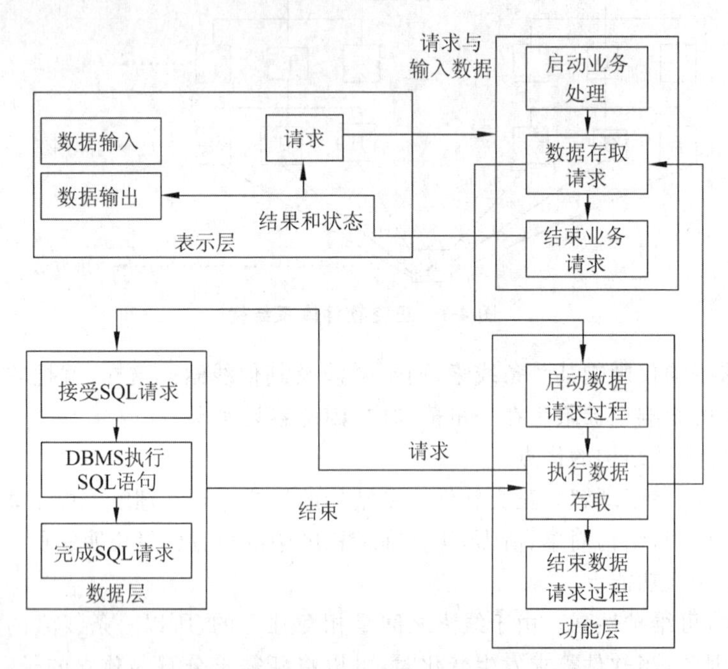

图 4-2　三层 C/S 软件体系结构示意图

表示层是应用用户的接口部分。它担负着用户与应用层间的对话功能,用于检查用户从键盘等输入的数据,显示应用输出的数据。为使用户能直观地进行操作,一般要使用图形用户接口,操作简单、易学易用。在变更用户接口时,只需改写显示控制和数据检查程序,而不影响其他两层。检查的内容也只限于数据的形式和取值的范围,不包括有关业务本身的处理逻辑。

功能层相当于应用的本体,它将具体的业务处理逻辑编入程序中。例如,在制作订购合同时要计算合同金额,按照定好的格式配置数据、打印订购合同,而处理所需的数据则要从表示层或数据层取得。表示层和功能层之间的数据交换要尽可能简洁。例如,用户检索数据时,要设法将有关检索要求的信息一次性地传送给功能层,而由功能层处理过的检索结果数据也一次性地传送给表示层。

通常,在功能层中包含有确认用户对应用和数据库存取权限的功能及记录系统处理日志的功能。功能层的程序多半是用可视化编程工具开发的,也有使用 COBOL 和 C 语言的。

数据层的构件就是数据库管理系统,负责管理对数据库数据的读/写。数据库管理系统必须能迅速执行大量数据的更新和检索。因此,一般从功能层传送到数据层的要求大都使用 SQL 语言编写。

3）三层 C/S 软件体系结构的解决方案

对这三层进行明确分割，并在逻辑上使其独立。原来的数据层作为数据库管理系统已经独立出来，所以关键是要将表示层和功能层分离成各自独立的程序，并且还要使这两层间的接口简洁明了。

一般情况是只将表示层配置在客户机中，如果连功能层也放在客户机中，与二层 C/S 软件体系结构相比，其程序的可维护性要好得多，但是其他问题并未得到解决。客户机的负荷太重，其业务处理所需的数据要从服务器传送给客户机，所以系统的性能容易变坏。

如果将功能层和数据层分别放在不同的服务器中，则服务器和服务器之间也要进行数据传送。但是，由于在这种形态中三层 C/S 软件体系是分别放在各自不同的硬件系统上的，所以灵活性很高，能够适应客户机数目的增加和处理负荷的变动。例如，在追加新业务处理时，可以相应增加装载功能层的服务器。因此，系统规模越大这种形态的优点就越显著。

4）三层 C/S 软件体系结构具有的优点

（1）允许合理地划分三层 C/S 软件体系结构的功能，使之在逻辑上保持相对独立性，从而使整个系统的逻辑结构更为清晰，能提高系统和软件的可维护性和可扩展性。

（2）允许更灵活、有效地选用相应的平台和硬件系统，使之在处理负荷能力上与处理特性上分别适应于结构清晰的三层 C/S 软件体系结构；并且这些平台和各个组成部分可以具有良好的可升级性和开放性。例如，最初用一台 Unix 工作站作为服务器，将数据层和功能层都配置在这台服务器上。随着业务的发展，用户数和数据量逐渐增加，这时就可以将 Unix 工作站作为功能层的专用服务器，另外追加一台专用于数据层的服务器。若业务进一步扩大，用户数进一步增加，则可以继续增加功能层的服务器数目，用于分割数据库。清晰、合理地分割三层 C/S 软件体系结构并使其独立，可以使系统构成的变更非常简单。因此，被分成三层 C/S 软件体系结构的应用基本上不需要修正。

（3）在三层 C/S 软件体系结构中，应用的各层可以并行开发，各层也可以选择各自最适合的开发语言，使之能并行而且高效地进行开发，以达到较高的性价比，对每一层的处理逻辑的开发和维护也会更容易些。

（4）允许充分利用功能层有效地隔离表示层与数据层，未授权的用户难以绕过功能层而利用数据库工具或黑客手段去非法地访问数据层，这就为严格的安全管理奠定了坚实的基础；整个系统的管理层次也更加合理和可控制。

3. C/S 与 B/S 混合软件体系结构

C/S 与 B/S 混合软件体系结构是一种典型的异构体系结构。

B/S 软件体系结构，即 Browser/Server（浏览器/服务器）软件体系结构，是随着 Internet 技术的兴起，对 C/S 软件体系结构的一种变化或者改进的结构。在 B/S 软件体系结构下，用户界面完全通过 WWW 浏览器来实现，一部分事务逻辑在前端实现，但是主要事务逻辑在服务器端实现。

B/S 软件体系结构主要是利用不断成熟的 WWW 浏览器技术，结合浏览器的多种脚本语言，用通用浏览器就实现了原来需要复杂的专用软件才能实现的强大功能，并节约了开发成本，这是一种全新的软件体系结构。基于 B/S 软件体系结构的软件，其系统安装、修改和维护全在服务器端解决。用户在使用系统时,仅仅需要一个浏览器就可运行全部的模块,真正达到了"零客户端"的功能,很容易在运行时自动升级。B/S软件体系结构还提供了异种机、异种网、异种应用服务的联机、联网、统一服务的最现实的开放性基础。

但是,与C/S软件体系结构相比,B/S软件体系结构也有许多不足之处,具体如下:

(1)B/S软件体系结构缺乏对动态页面的支持能力,没有集成有效的数据库处理功能;

(2)B/S软件体系结构的系统扩展能力差,安全性难以控制;

(3)采用B/S软件体系结构的应用系统,在数据查询等响应速度上,要远远地低于C/S软件体系结构;

(4)B/S软件体系结构的数据提交一般以页面为单位,数据的动态交互性不强,不利于在线事务处理(OLTP)的应用。

从上面的对比分析中,我们可以看出,传统的C/S软件体系结构并非一无是处,而新兴的B/S软件体系结构也并非十全十美。由于C/S软件体系结构根深蒂固,技术成熟,原来的很多软件系统都是建立在C/S软件体系结构基础上的,因此B/S软件体系结构要想在软件开发中起主导作用,要走的路还很长。我们认为,C/S软件体系结构与B/S软件体系结构还将长期共存。

例如,在实现变电站信息管理系统解决方案中,就使用了C/S与B/S混合软件体系结构的方式,其结构如图4-3所示。

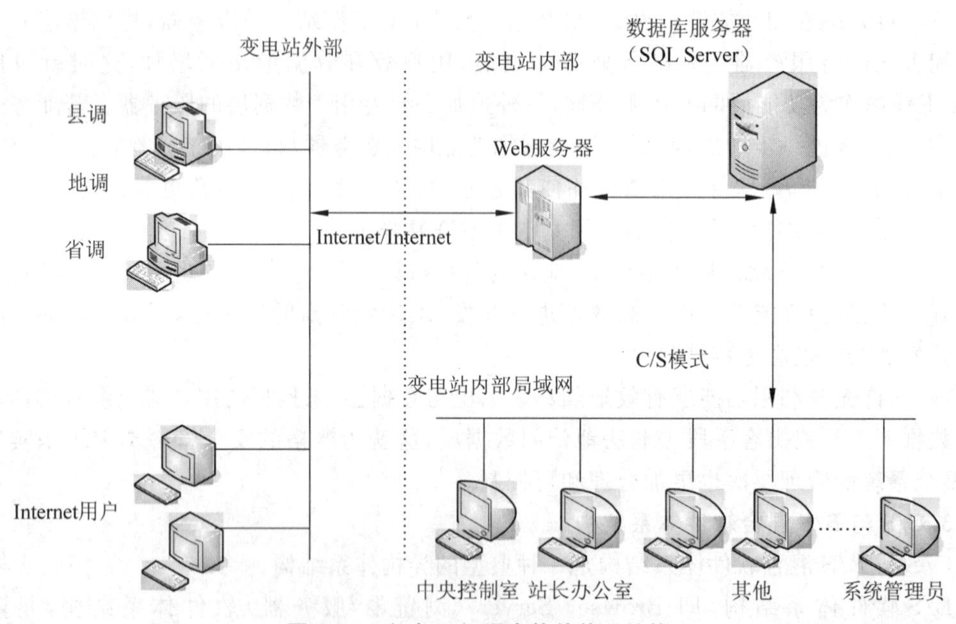

图4-3 C/S与B/S混合软件体系结构

变电站内部用户通过局域网直接访问数据库服务器,外部用户(包括县调、地调和省调的用户及普通Internet用户)通过Internet访问Web服务器,再通过Web服务器访问数据库服务器。该解决方案把B/S软件体系结构和C/S软件体系结构进行了有机的结合,扬长避短,有效地发挥了各自的优势。同时,因外部用户只需一台接入Internet的计算机,就可以通过Internet查询运行、生产、管理情况,无须做太大的投入和复杂的设置。这样也方便所属电力局及时了解各变电站的运行、生产、管理情况，对各变电站的运行、生产、管理进行宏观调控。

C/S与B/S混合软件体系结构的优点是外部用户不直接访问数据库服务器，能保证企业数据库的相对安全。企业内部用户的交互性较强，数据查询和修改的响应速度较快。

C/S与B/S混合软件体系结构的缺点是企业外部用户修改和维护数据时，速度较慢，较烦琐，数据的动态交互性不强。

4.3　总体设计

4.3.1　总体设计过程

总体设计过程包括设计供选择的方案、推荐最佳方案、设计软件结构、制订测试计划、编写总体设计文档、审查与复查总体设计文档。

1. 设计供选择的方案

软件分析员根据系统要求，提出并分析各种可能的方案，并且从中选出最佳的方案，为以后的工作做好准备。

需求分析阶段得出的数据流图是总体设计的根本出发点。数据流图中的处理可以进行逻辑分组，每一组都代表不同的实现策略。然后对这些分组得出的方案进行分析，产生一系列可供选择的方案。最后结合实际因素，如工程的目标、规模和用户的意见等，从可能的实现方案中选取若干个合理的方案。通常，选取的这些方案中应包括低成本、中成本和高成本几种方案。为每个方案需提供系统流程图、数据字典、成本效益分析、实现系统的进度计划。

2. 推荐最佳方案

分析员从合理方案中选择一个最佳方案向用户推荐，并为推荐的方案制订详细的实现计划。

对于分析员推荐的最佳方案，用户和有关专家应该认真审查。如果确认该方案确实符合用户的需要，并且在现有条件下完全能够实现，则应该提请使用部门负责人进一步审批。在使用部门负责人也接受了分析员所推荐的方案之后，方可进入总体设计过程的下一步工作，即结构设计阶段。

3. 设计软件结构

软件结构的设计，首先要把复杂的系统功能分解成简单的功能，即功能分解，同时进一步细化数据流图。分解后，分析员使用层次图或结构图来描述模块组织层的层次结构，实现由上层向下层的调用，最下层的模块完成具体的功能。

4. 制订测试计划

在软件设计的早期阶段，考虑软件测试问题是非常必要的，有利于提高软件的可测试性。本书将在后面的章节中详细地介绍软件测试的有关内容。

5. 编写总体设计文档

总体设计阶段结束时，应该提供以下相应的文档：

(1)总体设计说明书，包括系统实现方案和软件模块结构；

(2)测试计划,包括测试方案、策略、步骤和结果等;

(3)用户手册,根据总体设计阶段的结果对需求分析阶段的用户手册进行进一步的修改;

(4)详细的实现计划,包括系统目标、总体设计、数据设计、处理方式设计、运行设计和出错设计等。

6. 审查与复审总体设计文档

对总体设计的结果要进行严格的技术审查,并在技术审查通过之后,使用部门负责人还要从管理的角度进行复审。

4.3.2 总体设计方法

结构化设计方法是在模块化、自顶向下细化、结构化程序设计等程序设计技术的基础上发展起来的。它属于面向数据流的设计方法,可以很方便地将数据流图表示的信息转换成程序结构的设计描述。

1. 数据流图的类型

结构化设计方法把数据流图映射成软件结构,信息流的类型决定了映射的方法。信息流分为变换流和事物流两种类型,因此组成的数据流图也分为变换型数据流图和事物型数据流图等两类。

1)变换型数据流图

系统从输入设备获取信息,同时由外部形式变换成内部形式,进入系统的信息通过变换中心,经加工处理后沿输出通路变换成外部形式,最后由输出设备离开软件系统,具有这些特性的数据流图称为变换型数据流图。

变换型数据流图是一个线性结构,由输入、变换中心和输出 3 部分组成,如图 4-4 所示。

2)事务型数据流图

如果在一个数据流图中明显地存在着一个"事务中心",即接受一项事务,并根据事务处理的特点和性质,选择分派一个适当的处理单元,给出结果,这种数据流图称为事务型数据流图。它由至少一条接受路径、一个事务中心与若干条动作路径组成,如图 4-5 所示。

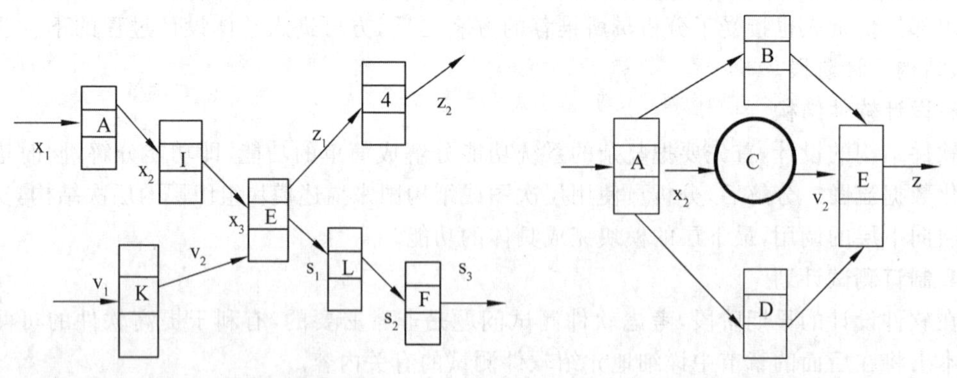

图 4-4　变换型数据流图　　　　图 4-5　事务型数据流图

2. 设计过程

面向数据流设计方法的设计过程如图 4-6 所示。

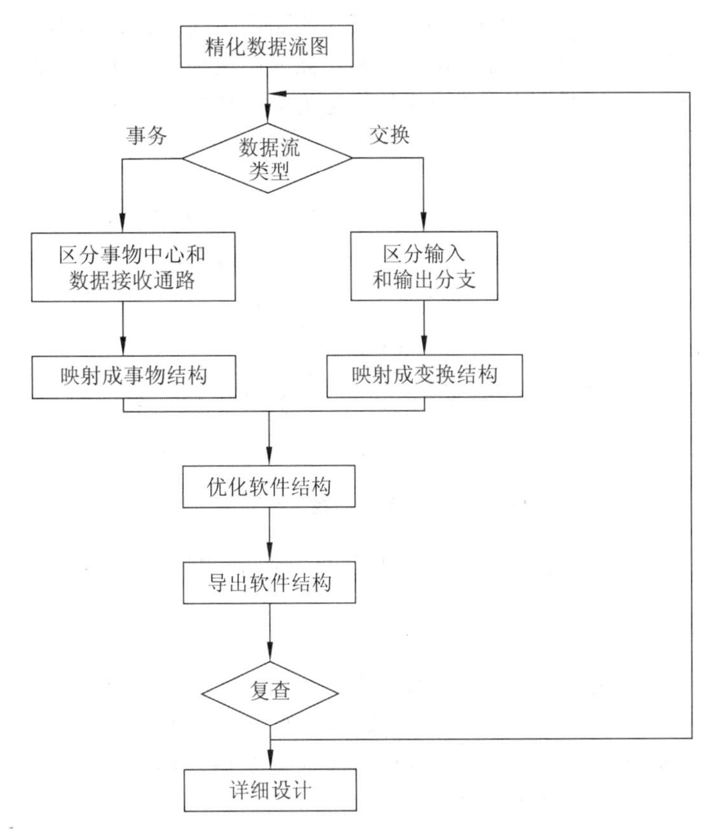

图 4-6 面向数据流的设计方法的设计过程

3. 变换分析

因为变换型结构由输入、处理和输出部分组成，所以从变换型数据流图导出变换型模块的结构图，可分三步进行。

1)找出系统的主加工

为了处理方便，先不考虑数据流图的一些支流，如出错处理等。

通常，数据流图中多股数据流的汇合处是系统的主加工。若没有明显的汇合处，则可先确定哪些数据流是逻辑输入和逻辑输出，从而获得主加工。

从物理输入端一步步向系统中间移动，直至到达这样一个数据流，它再不能被作为系统的输入，则其前一个数据流就是系统的逻辑输入，即离物理输入端最远的，但仍可视为是系统输入的那个数据流就是逻辑输入。

用类似的方法，从物理输出端一步步向系统中间移动，则离物理输出端最远的，但仍可视为系统输出的那个数据流就是逻辑输出。

逻辑输入和逻辑输出之间的加工就是要找的主加工，如图 4-7 所示。

2)设计顶层模块和第一层模块

首先在与主加工对应的位置上画出主模块，主模块的功能就是整个系统要做的工作，主模块称为主控制模块。主模块是模块结构图的“顶”，接着按“自顶向下，逐步细化”的思想来画模块结构图的各层。每一层均需按输入、变换、输出等分支来处理。模块结构图第一层的画法如下：

(1)为每一个逻辑输入画一个输入模块,其功能是向主模块提供数据;

(2)为每一个逻辑输出画一个输出模块,其功能是把主模块提供的数据输出;

(3)为主处理画一个变换模块,其功能是把逻辑输入变换成逻辑输出。

至此,结构图第一层就完成了。

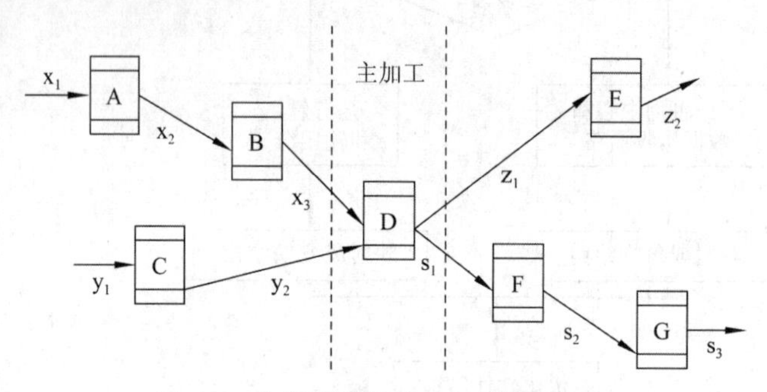

图 4-7 在数据流图中找系统的主加工

在作图时应注意,主模块与第一层模块之间传送的数据要与数据流图(见图 4-7)相对应。

3)设计中、下层模块

因为输入模块的功能是向调用它的模块提供数据,所以它本身也需要一个数据来源。此外,输入模块必须向调用模块提供所需的数据,因此它应具有变换功能,能够将输入数据按模块的要求进行变换,再提交该调用模块,从而为每个输入模块设计两个下层模块,其中一个是输入模块,另一个是变换模块。

同理,也应为每个输出模块设计两个下层模块:一个是变换模块,将调用模块所提供的数据变换成输出的形式;另一个是输出模块,将变换后的数据输出。

该过程由顶向下递归进行,直到系统的物理输入端或物理输出端为止,如图 4-8 所示。每设计出一个新模块,应同时给它起一个能反映模块功能的名字。

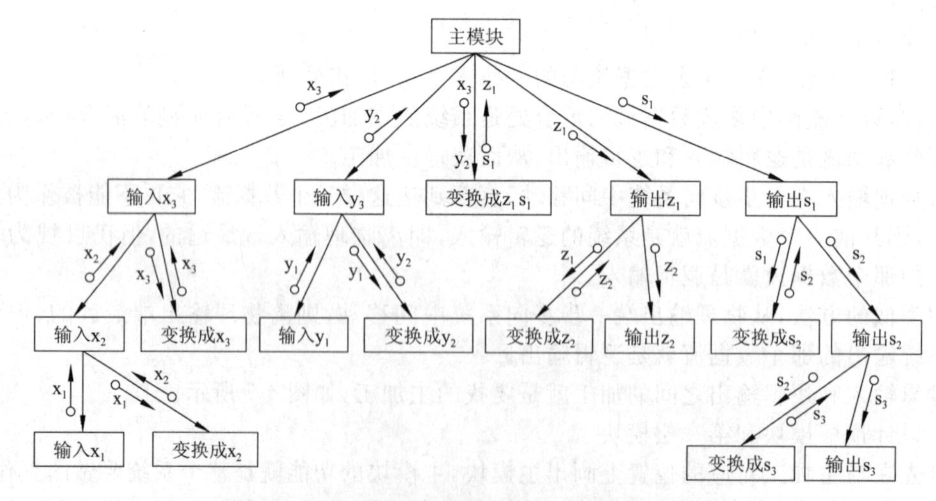

图 4-8 由变换型数据流图导出的初始模块结构图

运用上述方法,就可获得与数据流图相对应的初始结构图。

4. 事务分析

当数据流图(见图 4-9)呈现“束状”结构时,应采用事务分析的设计方法。就步骤而言,该方法与变换分析方法大部分类似,其主要差别在于由数据流图到模块结构的映射方式不同。

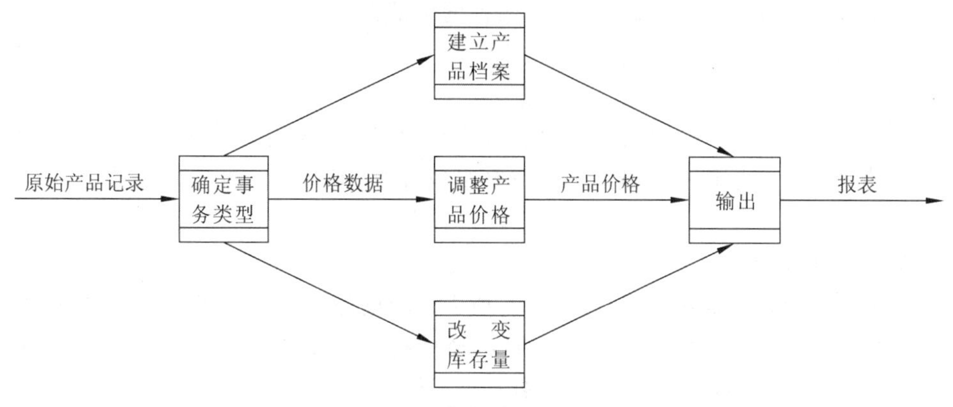

图 4-9　事务型数据流图

进行事务分析时,通常采用以下 4 步。

(1)确定以事务为中心的结构,包括找出事务中心和事务来源。以图 4-9 所示的典型事务型数据流结构为例进行说明。

(2)按功能划分事务,将具备相同功能的事务分为同一类,建立事务模块。

(3)为每个事务处理模块建立全部的操作层模块。其建立方法与变换分析方法类似,但事务处理模块可以共享某些操作模块。

(4)若有必要,则为操作层模块定义相应的细节模块,并尽可能使细节模块被多个操作模块共享。

例如,图 4-9 是一个以事务为中心的数据流图,显然,加工“确定事务类型”是它的事务中心。

4.3.3　总体设计说明书

在总体设计阶段,设计人员完成的主要文档是总体设计说明书,它主要规定软件的结构。总体设计说明书的主要内容包括引言、任务概述、总体设计、接口设计、数据结构设计、运行设计、出错处理设计和安全保密设计。

4.4　详细设计

4.4.1　详细设计的任务和原则

1. 详细设计的任务

详细设计的目的是为软件结构图(SC 图或 HC 图)中的每一个模块确定使用的算法和块内数据结构,并用某种选定的表达工具给出清晰的描述。这一阶段的主要任务如下:

(1)为每个模块确定所采用的算法,选择某种适当的工具表达算法的过程,写出模块的详细过程性描述；

(2)确定每一个模块使用的数据结构；

(3)确定模块接口的细节，包括对系统外部的接口和人-机界面，对系统内部其他模块的接口，以及模块输入数据、输出数据及局部数据的全部细节；

(4)在详细设计结束时，应该把上述结果写入详细设计说明书，并且通过复审形成正式文档，作为下一阶段(编码阶段)的工作依据。

要为每一个模块设计出一组测试用例，以便在编码阶段对模块代码(程序)进行预定的测试，模块的测试用例是软件测试计划的重要组成部分，通常应包括输入数据、期望输出等内容。

2. 详细设计的原则

(1)由于详细设计的蓝图是供人阅读的，所以模块的逻辑描述要清晰易读、准确可靠。

(2)采用结构化设计方法，改善控制结构，降低程序的复杂程度，从而提高程序的可读性、可测试性和可维护性，其基本内容归纳为如下几点。

①程序语言中应尽量少用GOTO语句，以确保程序结构的独立性。

②使用单入口单出口的控制结构，确保程序的静态结构与动态执行情况相一致，保证程序易理解。

③程序的控制结构一般采用顺序、选择、循环等3种结构来构成，确保结构简单。

④用自顶向下逐步求精的方法完成程序设计。

⑤结构化程序设计虽然在存储容量和运行时间上增加了10%～20%，但易读、易维护性好。

⑥经典的控制结构为顺序，IF... THEN... ELSE分支，DO... WHILE循环。扩展的还有多分支CASE，DO... UNTIL循环结构。

(3)选择恰当描述工具来描述各模块的算法。

4.4.2 详细设计工具

在理想情况下，算法过程描述应采用自然语言来表达，这样可以使不熟悉软件的人理解起来比较容易，但自然语言在方法和语义上往往具有多义性，常常要依赖上、下文才能把问题交代清楚。因此，要使用一些详细设计的工具来进行算法描述。

常见的详细设计工具有图形工具(程序流程图、N-S图、PAD、HIPO)，表格工具(判定表)，语言工具(PDL)。

下面讨论其中几种主要的工具。

1. 程序流程图

程序流程图又称为程序框图，是软件开发者最熟悉的一种算法表达工具。它独立于任何一种程序设计语言，比较直观和清晰地描述过程的控制流程，易于学习掌握。因此，至今仍是软件开发者较普遍采用的一种工具。

程序流程图的基本控制结构如图4-10所示。

从20世纪40年代到70年代中期，程序流程图一直是软件设计的主要工具。随着结构化程序设计的出现，逐步暴露出程序流程图的许多缺点，许多人建议停止使用它。目前虽然

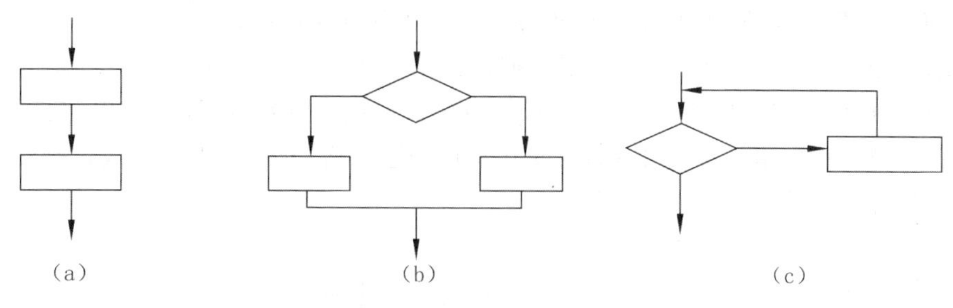

图 4-10 程序的基本结构

还有许多人在使用，然而总的趋势是越来越多的人不再使用程序流程图了。

程序流程图的主要缺点在于，它并不能引导设计人员用结构化设计方法进行详细设计，人们可以使用箭头实现向任何位置的转移(GOTO 语句)，如果使用不当，程序流程图就可能非常难懂，而且无法进行维护。因此，箭头是程序流程图的一个隐患，使用时必须十分小心，程序流程图的质量在很大程度上取决于设计人员的水平。

2. N-S 图

N-S 图是由 Nassi 和 Shneiderman 提出的一种符合程序化结构设计原则的图形描述工具。它的提出是为了避免程序流程图在描述程序逻辑时的随意性。在 N-S 图中，为了表示 5 种基本控制结构，规定了 5 种图形构件，如图 4-11 所示。

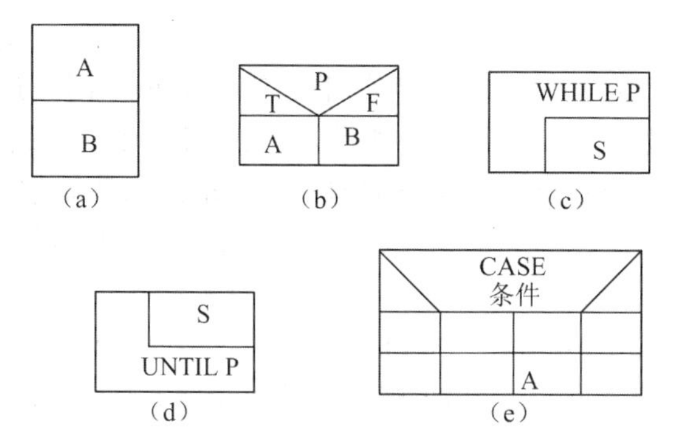

图 4-11 N-S 图形构件

3. PAD

PAD(Problem Analysis Diagram)是一种程序结构可见性强、结构唯一、易于编制、易于检查和易于修改的详细设计表现方法。PAD 是面向高级程序设计语言的，为 Fortran、Cobol、Pascal 等常用的高级程序设计语言提供了一整套相应的图形符号。由于每种控制语句都有一个图形符号与之对应，显然将 PAD 转换成与之对应的高级语言程序比较容易。PAD 具有如下优点。

(1)使用表示结构优化控制结构的 PAD 符号所设计出来的程序必然是结构化的程序。

(2)PAD 所描述的程序结构十分清晰。

(3)用 PAD 表示程序逻辑，易读、易懂、易记，PAD 是二维数型结构的图形，程序从图中最左边上端的节点开始执行，自上而下、从左到右顺序执行。

(4)很容易将 PAD 转换成高级程序语言源程序，这种转换可由软件工具自动完成，从而可省去人工编码的工作，有利于提高软件可靠性和软件生产率。

(5)既可用于表示程序逻辑，也可用于描述数据结构。

(6)PAD的符号支持自顶向下、逐步求精方法的使用，开始时设计者可以定义一个抽象程序，随着设计工作的深入而使用PAD的基本符号逐步增加细节，直至完成详细设计。

图4-12所示的是PAD的基本符号。

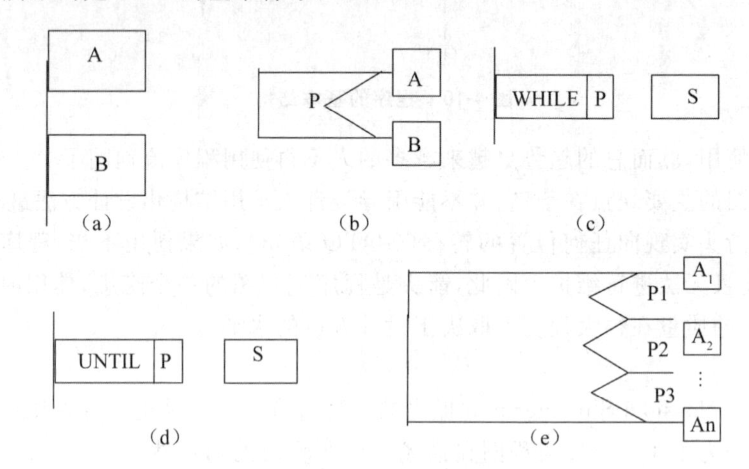

图4-12 PAD的基本符号

4. PDL

PDL(过程设计语言)是一个笼统的名称，目前有许多种不同的过程设计语言。过程设计语言用于描述模块中算法和加工的具体细节，以便在开发者之间进行比较准确的交流。

过程设计语言由外层语法和内层语法构成。外层语法描述结构，采用与一般编程语言类似的确定的关键字(如IF... THEN... ELSE，WHILE... DO等)。内层语法描述操作，可以采用任意的自然语句(英语或汉语)。

例如，下面是一个用过程设计语言描述的算法，其中外层语法IF... THEN... ELSE是确定的，而内层操作“X的平方根为实数”则是不确定的自由格式。

```
IF X不是负数
THEN
    RETURN(X的平方根为实数)
ELSE
    RETURN(X的平方根为复数)
```

由于过程设计语言同程序很相似，所以也称为伪程序或伪代码。但它仅仅是对算法的一种描述，是不可执行的。另外，同前面介绍的结构化语言相比，过程设计语言更详尽地描述了算法的细节。事实上，结构化语言和过程设计语言的基本思想是一致的，只是侧重点不同。前者用在软件分析阶段描述用户需求，它是给用户看的，可以描述得比较抽象；后者用在详细设计阶段描述模块的内部算法，是给开发者看的，应该详细具体。

4.4.3 数据库设计

数据库是数据库应用程序的核心。数据库设计是建立一个应用程序最重要的步骤之一。数据库设计一般要在需求分析和数据分析的基础上进行概念设计、逻辑设计和物理设计。下面以学生学籍管理信息系统为例，描述数据库设计的详细过程。

1. 概念设计

(1)通过对学校学生学籍管理需求的调查，了解到系统中的实体类型有学生、教师、院系、毕业、课程、专业等，这些实体之间的相互关系如下。

①学生与课程之间存在"选择"联系，是多对多的关系。

②学生与毕业之间存在"毕业"联系，是一对一的关系。

③教师与院系之间存在"工作"联系，是多对一的关系。

(2)每个实体的属性分别列举如下。

①学生：学号，专业号，院系号，姓名，性别，出生日期，身份证号，入学时间，政治面貌，家庭住址，籍贯，邮政编码，民族。

②教师：教工号，姓名，性别，职称，所属院系，电话。

③毕业：毕业证编号，学号，姓名，性别，身份证号，所属院系，入学时间，已修学分，需修学分。

④课程：课程号，课程名，学分。

⑤院系：院系号，院系名称，院长名。

⑥专业：专业号，学号，专业名，入学时间。

2. 逻辑设计

逻辑设计的任务是根据DBMS(数据库管理系统)的特征把概念结构转换为相应的逻辑结构。概念设计所得到的E-R模型，是独立于DBMS的，这里的转换就是把表示概念结构的E-R图转换成关系模型的逻辑结构。将图4-13所示E-R图转换为规范的关系模式如下。

学生(<u>学号</u>，专业号，院系号，姓名，性别，出生日期，身份证号，入学时间，政治面貌，家庭住址，籍贯，邮政编码，民族)

教师(<u>教工号</u>，姓名，性别，职称，所属院系，电话)

毕业(<u>毕业证编号</u>，学号，姓名，性别，身份证号，所属院系，入学时间，已修学分，需修学分)

课程(<u>课程号</u>，课程名，学分)

院系(<u>院系号</u>，院系名称，院长名)

专业(<u>专业号</u>，学号，专业名，入学时间)

选修(<u>学号</u>，<u>课程号</u>，成绩)

授课(<u>课程号</u>，<u>教工号</u>，课时)

3. 物理设计

物理设计的目的是根据具体DBMS的特征，确定数据库的物理结构和存储结构。关系数据库的物理设计任务包括两个方面：一是确定所有数据库文件的名称及其所含字段的名称、类型和宽度；二是确定各数据库文件需要建立的索引，在什么字段上建立索引等。部分表结构如表4-1至表4-8所列。

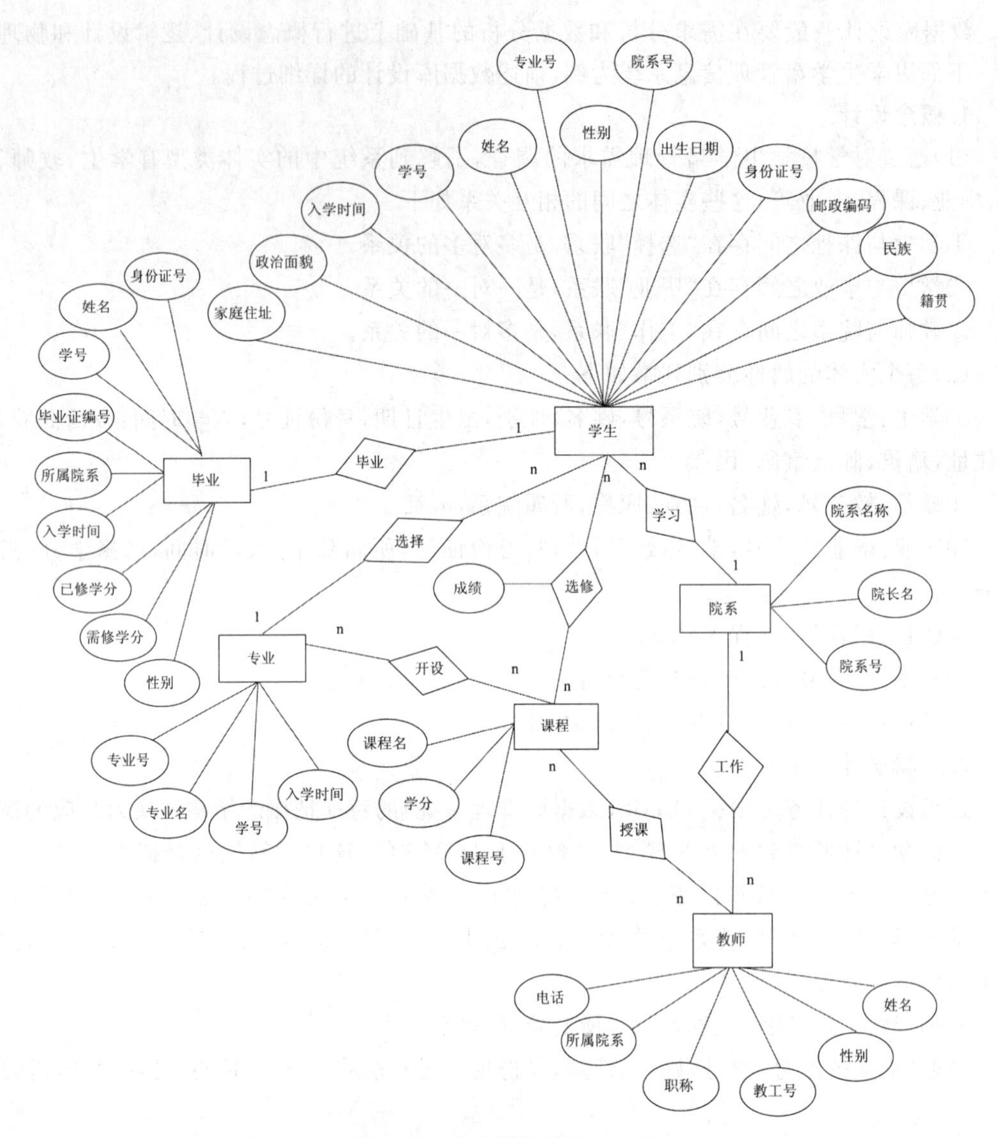

图 4-13　学生学籍管理 E-R 图

表 4-1　教师基本信息表

字　　段	含义说明	数据类型	数据长度	备　　注
tno	教工号	char	10	主键
tname	姓名	varchar	10	
tsex	性别	char	2	
profess	职称	varchar	10	
dname	所属院系	varchar	8	
tel	电话	int		

表4-2 学生基本信息表

字 段	含义说明	数据类型	数据长度	备 注
sno	学号	varchar	10	主键
mno	专业号	char	10	
dmpno	院系号	varchar	10	
sname	姓名	varchar	10	
ssex	性别	char	2	
birthday	出生日期	timestamp	20	
id	身份证号	varchar	20	
intime	入学时间	varchar	20	
symbol	政治面貌	varchar	8	
nationality	民族	varchar	30	
homeadd	家庭住址	varchar	30	
birthplac	籍贯	varchar	10	
postcode	邮政编码	int		

表4-3 专业信息表

字 段	含义说明	数据类型	数据长度	备 注
mno	专业号	char	10	主键
sno	学号	varchar	10	
mname	专业名	char	10	
intime	入学时间	datetime		

表4-4 学生毕业信息表

字 段	含义说明	数据类型	数据长度	备 注
gno	毕业证编号	char	10	主键
sno	学号	varchar	10	
sname	姓名	varchar	10	
ssex	性别	char	2	
dname	所属院系	varchar	10	
intime	入学时间	datetim		
ycredit	已修学分	float		
xcredit	需修学分	float		
id	身份证号	varchar	20	

表 4-5 院系信息表

字段	含义说明	数据类型	数据长度	备注
dmpno	院系号	varchar	10	主键
dname	院系名称	varchar	10	
dmphea	院长名	varchar	20	

表 4-6 课程信息表

字段	含义说明	数据类型	数据长度	备注
cno	课程号	varchar	5	主键
cname	课程名称	varchar	15	
credit	学分	smallint		

表 4-7 学生选课信息表

字段	含义说明	数据类型	数据长度	备注
sno	学号	varchar	10	主键
cno	课程号	varchar	5	主键
grade	成绩	float		

表 4-8 教师授课信息表

字段	含义说明	数据类型	数据长度	备注
cno	课程号	varchar	5	主键
tno	教工号	char	10	主键
ctime	课时	smallint		

4.4.4 界面设计

界面是操作者和计算机联系的重要平台。操作者可以通过屏幕与计算机进行对话，通过键盘或鼠标向计算机输入有关数据、控制计算机的处理过程，并将计算机的处理结果反馈给用户。因此，人机界面设计必须从用户操作方便的角度来考虑，与用户共同协商界面应反映的内容和格式。人机界面主要有以下几种形式。

1. 菜单式

通过屏幕显示可选择的功能代码，由操作者根据需要进行选择，将菜单设计成层次结构，则层层调用，可以引导用户使用系统的每一个功能。随着软件技术的发展，菜单设计也更加趋于美观、方便和实用。目前，系统设计中常用的菜单设计方法如下。

(1)一般菜单：在屏幕上显示各个选项，每个选项指定一个代号，然后根据操作者通过键盘输入的代号或单击鼠标左键，即可决定要进行何种后续操作。

(2)下拉菜单:它是一种二级菜单,第一级是选择栏,第二级是选择项,各个选择栏横排在屏幕的第一行上,用户可以利用光标选定当前选择栏,在当前选择栏下立即显示出该栏的各项功能,以供用户进行选择。

(3)快捷菜单:选中对象后单击鼠标右键所出现的下拉菜单,将光标移到所需的功能项目上,然后单击鼠标左键即可执行相应的操作。

2. 填表式

填表式界面设计一般用于通过终端向软件系统输入数据,软件系统将要输入的项目显示在屏幕上,然后由用户逐项填入有关数据。另外,填表式界面设计常用于软件系统的输出。

如果要查询软件系统中的某些数据,可以将数据的名称按一定的方式排列在屏幕上,然后由计算机将数据的内容自动填写在相应的位置上。由于这种方法简便、易读,并且不容易出错,所以它是通过屏幕进行输入/输出的主要形式。

3. 选择性问答式

当软件系统运行到某一阶段时,可以通过屏幕向用户提问,软件系统根据用户选择的结果决定下一步执行什么操作。这种方法通常可以用于提示操作人员确认输入数据的正确性,或者询问用户是否继续某项处理等方面。例如,在用户输入完一条记录后,屏幕询问"输入是否正确(Y/N)?",计算机根据用户的回答来决定是继续输入数据还是对输入的数据进行修改。

4. 按钮式

在界面上用不同的按钮表示系统的执行功能,单击按钮即可执行该操作。按钮的表面可写上功能的名称,也可用能反映该功能的图形加文字进行说明。使用按钮可使界面显得美观,使系统看起来更简单、易用,操作更方便、灵活。

4.4.5　详细设计说明书

详细设计说明书又称为程序设计说明书。编写详细设计说明书的目的是便于一个软件系统各个层次中的每一个程序、每个模块或子程序的设计,如果一个软件系统比较简单,层次很少,可以不单独编写本说明书,有关内容可并入总体设计说明书中。详细设计说明书的主要内容包括引言、程序组织结构、程序设计说明等。

习　题　4

一、选择题

1. 总体设计的根本目的是(　　)。

   A. 建立文档　　B. 编码　　C. 设计软件系统结构　　D. 弄清数据流动

2. (　　)工具在软件详细设计过程中不采用。

   A. 判定表　　B. IPO 图　　C. PDL　　D. DFD

3. 在详细设计阶段所使用到的设计工具是(　　)。

A. 程序流程图、PAD图、N-S图、HIPO图、PDL、判定表、判定树
B. 数据流程图、Yourdon图、程序流程图、PAD图、N-S图、HIPO图
C. 判定表、判定树、数据流程图、系统流程图、程序流程图、PAD图、N-S图
D. 判定表、判定树、数据流程图、系统流程图、程序流程图、层次图

4. 按照软件工程的原则,模块的作用域和模块的控制域之间的关系是(　　)。

A. 模块的作用域应在模块的控制域之内
B. 模块的控制域应在模块的作用域之内
C. 模块的控制域与模块的作用域互相独立
D. 以上说法都不对

5. 模块化的目的是(　　)。

A. 增加内聚性　B. 降低复杂性　C. 提高易读性　D. 减少耦合性

6. 下列耦合中,耦合程度最低的是(　　)。

A. 标记耦合　B. 控制耦合　C. 内容耦合　D. 公共耦合

7. 下列内聚中,内聚程度最低的是(　　)。

A. 功能内聚　B. 时间内聚　C. 逻辑内聚　D. 通信内聚

8. 模块内聚度越高,说明模块内各成分彼此结合的程度越(　　)。

A. 松散　B. 紧密　C. 无法判断　D. 相等

9. 使用SD方法时可以得到(　　)。

A. 程序流程图　B. 具体的语言　C. 程序模块结构图　D. 分层数据流图

10. 在SD方法中全面指导模块划分的最重要的原则是(　　)。

A. 程序模块化　B. 模块高内聚　C. 模块低耦合　D. 模块独立性

11. (　　)详细描述软件的功能、性能和用户界面,以使用户了解如何使用软件。

A. 概要设计说明书　B. 详细设计说明书
C. 用户手册　D. 用户需求说明书

12. 在绘制数据流图时,应遵循父图与子图平衡的原则,所谓平衡是指(　　)。

A. 父图和子图都不得改变数据流的性质
B. 子图不改变父图数据流的一致性
C. 父图的输入/输出数据流与子图的输入/输出数据流一致
D. 子图的输出数据流完全由父图的输入数据流确定

13. 耦合度描述了(　　)。

A. 模块内各种元素结合的程度　B. 模块内多个功能之间的接口
C. 模块之间公共数据的数量　D. 模块之间相互关联的程度

14. 内聚是一种指标,它表示一个模块(　　)。

A. 代码优化的程度　B. 代码功能的集中程度
C. 完成任务的及时程度　D. 为了与其他模块连接所要完成的工作量

15. 内聚性和耦合性是度量软件模块独立性的重要准则,软件设计时应力求(　　)。

A. 高内聚,高耦合　B. 高内聚,低耦合
C. 低内聚,高耦合　D. 低内聚,低耦合

二、填空题

1. 模块的独立性要求模块要____________和____________。

2. 软件设计一般分为____________和____________两个阶段。

3. 详细设计的任务是确定每个模块的内部特性，即模块内部的____________、使用的数据。

4. 软件系统结构图是以____________为基础而组成的一种层次结构。

5. 从内容上来讲，软件设计分为____________、____________和过程设计。

6. 系统结构图中的箭头表示____________。

7. 结构化设计对数据流有两种分析方法，分别是____________和____________。

8. 一个模块内部各程序段都在同一张表上操作，这个模块的内聚性称为____________。

9. 两个模块都是用同一张表，这种耦合称为____________。

10. 一个模块把数值作为参数传送给另一个模块，这种耦合方式称为____________。

三、名词解释

模块化　　模块的独立性　　抽象

四、简答题

1. 什么是模块的独立性？如何度量？

2. 详细设计的基本任务是什么？有哪几种描述方法？

3. 举例说明你对概要设计与详细设计的理解。有不需要概要设计的情况吗？

4. 图书馆的预定图书子系统有如下功能：

(1)由供书部门提供书目给订书组；

(2)订书组从各单位取得要订的书目；

(3)根据供书目录和订书书目产生订书文档留底；

(4)将订书信息(包括数目、数量等)反馈给供书单位；

(5)将未订书目通知订书组；

(6)对于重复订购的书目由系统自动检查，并把结果反馈给订书组。

试根据要求画出该问题的数据流程图。

第5章　软件实现与维护

5.1　软件编码

目前，人和计算机通信仍然必须使用人工设计的语言，也就是程序设计语言。所谓编码就是把软件设计的结果翻译成计算机可以“理解和识别”的形式——用某种程序设计语言书写的程序。

作为软件工程的一个步骤，编码是设计的自然结果，因此，程序的质量主要取决于软件设计的质量。但是，程序设计语言的特性和编码途径也会对程序的可靠性、可读性、可测试性和可维护性产生深远的影响。

5.1.1　程序设计语言

编码的目的是实现人和计算机的通信，指挥计算机按人的意志正确工作。程序设计语言是人和计算机通信的最基本工具，程序设计语言的特性不可避免地会影响人的思维和解决问题的方式，会影响人和计算机通信的方式和质量，也会影响其他人阅读和理解程序的难易程度。因此，编码之前的一项重要工作就是选择一种恰当的程序设计语言。本节将从软件工程的观点，简单讨论几个和程序设计语言有关的问题。

1. 程序设计语言分类

现有的程序设计语言虽然种类繁多，但它们基本上可以分为汇编语言和高级语言（包括超高级语言）两大类。

汇编语言的语句和计算机的硬件操作有一一对应关系，每种汇编语言都是支持这种语言的计算机所独有的，因此，基本上有多少种计算机也就有多少种汇编语言。高级语言使用的概念和符号与人们通常使用的概念和符号比较接近，它的一个语句往往对应若干条机器指令。一般来说，高级语言的特性不依赖于实现这种语言的计算机。

对于高级语言还可以进一步分类，以加深对它们的了解。我们可以分别从语言应用特点、语言内在特点及高级语言发展历程三个不同角度对高级语言进行分类。

1）从语言的应用特点分类

从应用特点看，高级语言可以分为基础语言、结构化语言和专用语言三类。

(1)基础语言是通用语言，它们的特点是历史悠久、应用广泛，有大量软件库，为最广泛的人所熟悉和接受。这类语言包括 Basic、Fortran、Cobol 和 Algol。

(2)结构化语言是通用语言。这类语言的特点是直接提供结构化的控制结构，具有很强的过程能力和数据结构能力。Algol 是最早的结构化语言，由它派生出来的 PL/1、Pascal、C 及 Ada 等语言正广泛应用于各个领域。

(3)专用语言。其特点是：具有为某种特殊应用而设计的独特的语法形式。一般来说，这类语言的应用范围比较狭窄。例如，APL是为数组和向量运算设计的简洁且功能很强的语言，然而它几乎不提供结构化的控制结构和数据类型；Bliss是为开发编译程序和操作系统而设计的语言；Forth是为开发微处理机而设计的语言，它的特点是以面向堆栈的方式执行用户定义的函数，因此能提高速度和节省存储；Lisp和Prolog两种语言特别适合于人工智能领域的应用。

2)从语言的内在特点分类

从语言的内在特点看，高级语言可以分为系统实现语言、静态高级语言、块结构高级语言和动态高级语言等四类。

(1)系统实现语言是为了克服汇编程序设计的困难而从汇编语言发展起来的。这类语言提供控制语句和变量类型检验等功能，但是同时也容许程序员直接使用机器操作。例如，C语言就是著名的系统实现语言。

(2)静态高级语言给程序员提供某些控制语句和变量说明的机制，但是程序员不能直接控制由编译程序生成的机器操作。这类语言的特点是静态地分配存储。这种存储分配方法虽然方便了编译程序的设计和实现，但是对使用这类语言的程序员增加了较多的限制。因为这类语言是第一批出现的高级语言，所以使用非常广泛。Cobol和Fortran是这类语言中最著名的代表。

(3)块结构高级语言的特点是提供有限形式的动态存储分配，这种形式称为块结构。存储管理系统支持程序的运行，每当进入或退出程序块时，存储管理系统分配存储或释放存储。程序块是程序中界限分明的区域，每当进入一个程序块时就中断程序的执行，以便分配存储。Algol和Pascal是这类语言的代表。

(4)动态高级语言的特点是动态地完成所有存储管理，也就是说，执行个别语句可能引起重新分配存储或释放存储。一般来说，这类语言的结构和静态的或块结构的高级语言的结构都很不相同。这类语言一般是为特殊应用而设计的，不属于通用语言。

3)从程序设计的发展历程分类

从软件工程的角度，根据程序设计语言的发展历程，可以把它们大致分为2类。

(1)高级程序设计语言(第三代语言)。传统的高级程序设计语言包括上述提到的Fortran、Cobol、Algol，Basic语言。目前，它们都已经有多种版本，有的语言得到较大的改进，甚至形成了可视的开发环境，具有图形设计工具、结构化的事件驱动编程模式、开放的环境，使用者可以快速直观地编写各种应用程序。

(2)4GL(第四代语言)。4GL用不同的文法表示程序结构和数据结构，但是它是在更高一级抽象的层次上表示这些结构，它不再需要规定算法的细节。4GL兼有过程性和非过程性的两重特性。程序员规定条件和相应的动作是过程性的部分，并且指出想要的结果，这是非过程的部分。4GL又分为以下几种类型。

①查询语言：用户可利用查询语言对预先定义在数据库中的信息进行较为复杂的操作。

②程序生成器：只需很少的语句就能生成完整的第三代语言程序，不必依赖预先定义的数据库。

③其他4GL：如判定支持语言、原型语言、形式化规格说明语言等。

2.程序设计语言的特点

1)名字说明

预先说明程序中使用对象的名字,使编译程序能检查程序中出现的名字的合法性,从而能帮助程序员发现和改正程序中的错误。某些语言(Fortran 和 Basic)并不要求用户明示程序中所有对象的名字,第一次使用一个名字被看做是对这个名字的说明。然而在输入源程序时如果拼错了名字,特别是如果输错了字符,那么因此造成的错误是较难以诊断的。

2)类型说明

类型说明和名字说明是紧密联系的,通过类型说明,用户定义了对象的类型,从而确定了该对象的使用方式。编译程序能够发现程序中对某个特定类型的对象使用不当的错误,因此有助于减少程序错误。

3)初始化

程序设计中最常见的错误之一是在使用变量之前没有对变量或对象初始化。为减少发生错误的可能性,应该强迫程序员对程序中说明的所有变量初始化。另一个办法是在说明变量时由系统给变量赋一个特殊的表明其未被初始化的值,以后如果没给这个变量赋值就企图使用它的值,系统就会发出出错信号。

4)程序对象的局部性

程序设计的一般原理是,程序对象的名字应该在靠近使用它们的地方引入,并且应该只有程序中真正需要它们的那些部分才能进行访问。这些也就是局部化和信息隐蔽的原理。通常有两种提供局部变量的途径,Fortran 和绝大多数系统实现语言提供单层局部性,块结构语言提供多层局部性。

如果名字的特性在靠近使用这些名字的地方说明,程序的读者就很容易获得有关这些名字的信息,因此多层次的局部性有助于提高程序的可读性。此外,具有多层局部性的语言鼓励程序员尽量使用局部变量和常量,这不仅有助于提高程序可读性,而且有助于减少差错和提高程序的可修改性。

5)程序模块

块结构语言提供了控制程序对象名字可见性的某些手段,主要是在较内层程序块中说明的名字不能被较外层的程序块访问。此外,由于动态存储分配的缘故,在两次调用一个程序的间隔中不能保存局部对象的值。因此,即使是只有一两个子程序使用的对象,如果需要在两次调用这些子程序的过程中保存这个对象的值,也必须把这个对象说明成全局的,然而这将增加维护时发生错误的可能性。

6)循环控制结构

最常见的循环控制结构有 For 语句、While 语句等。但是,实际上有许多场合需要在循环体内任意一点测试循环结束条件,如果使用 If 语句和附加的条件表达式实现这个要求,则将增加程序长度并降低可读性。某些程序设计语言考虑到上述要求,并且适当地解决了这个问题,例如,Ada 语言提供了 Exit 语句。

7)分支控制结构

单分支和双分支结构的 If 语句,通常并不存在实际问题,但是多分支的 Case 语句却可能存在下述两个问题:如果 Case 表达式的取值不在预先指定的范围内,则不能决定应该做的动作;在某些语言中,由 Case 表达式选定执行的语句,取决于所有可能执行的语句的排列次序,如果语句次序排错了,编译和运行时系统并不能发现这类错误。

8)异常处理

程序运行过程中发生的错误或意外事件称为异常。多数程序设计语言在检测和处理异常方面几乎没给程序员提供任何帮助,程序员只能使用语言提供的一般控制结构检测异常,并在发生异常时把控制转移到处理异常的程序段。但是,当程序中包含一系列子程序的嵌套调用时,并没有方便而又可靠的方法把出现的异常信息从一个子程序转送到另外的子程序。使用一般控制结构加布尔变量的方法,需要明显增加程序长度,并且使程序的逻辑变得烦琐难懂。

9)独立编译

独立编译意味着能分别编译各个程序单元,然后再把它们集成一个完整的程序。典型地,一个大程序由许多不同的程序单元(过程、函数、子程序或模块)组成,如果修改了其中任何一个程序单元都需要重新编译整个程序,这将大大增加程序开发、调试和维护的成本;反之,如果可以独立编译,则只需重新编译、修改的程序单元,然后重新连接各个程序即可。由此可见,一个程序设计语言如果没有独立编译的机制,就不是适合软件工程需要的好语言。

3. 选择一种语言

开发软件系统时必要做出的一个重要抉择是,使用什么样的程序设计语言实现这个系统。适宜的程序设计语言能根据设计去完成编码,可以减少程序测试量,并且可以得出更容易阅读和维护的程序。由于软件系统绝大部分成本用于生存周期的测试和维护阶段,所以容易测试和维护是极其重要的。

一般来说,高级语言明显优于汇编语言,因此,除了在很特殊的应用领域(例如,对程序执行时间和使用空间有严格限制;需要产生任意的甚至非法的指令序列;体系结构特殊的处理机,以致在这类处理机上通常不能使用高级语言),或者大型系统中执行时间要求非常严格的(或直接依赖硬件的)一小部分代码需要用汇编语言书写之外,其他程序应该一律用高级语言书写。在选择高级语言编写软件时,有下述几条重要的使用标准。

(1)系统用户的要求。如果所开发的系统由用户负责维护,用户通常要求用他们熟悉的语言编写程序。

(2)可以使用的编译程序。运行目标系统的环境中可以提供的编译程序往往限制了可以选用的语言范围。

(3)可以得到的软件工具。如果某种语言有支持程序开发的软件工具可以利用,则目标系统的实现和验证都变得比较容易。

(4)工程规模。如果工程规模很庞大,现有的语言又不完全适用,那么设计并实现一种供这个工程项目专用的程序设计语言,可能是一个正确的选择。

(5)程序员的知识。虽然有经验的程序员学习一种新的语言并不困难,但是要完全掌握一种新语言却需要实践。如果和其他标准不矛盾,那么应该选择一种已经为程序员所熟悉的语言。

(6)软件可移植性要求。如果目标系统将在几台不同的计算机上运行,或者预期的使用寿命很长,那么选择一种标准化程度高、程序可移植性好的语言就很重要。

(7)软件的应用领域。所有的通用程序设计语言实际上并不是对所有的应用领域都同样适用的,例如,Fortran 语言特别适合于工程和科学计算,C 语言和 Ada 语言适用于系统和实时应用领域,Lisp 语言适用于组合问题领域。选择语言时应充分考虑系统的应用范围。

5.1.2 程序设计风格

在软件生存期中,人们经常要阅读程序。特别是在软件测试阶段和维护阶段,编写程序的人员与参与测试、维护的人员要阅读程序。因此,阅读程序是软件开发和维护过程中的一个重要组成部分,而且读程序的时间比写程序的时间还要多。20 世纪 70 年代初,有人提出在编写程序时,应使程序具有良好的风格。

程序设计风格包括 4 个方面:源程序文档化、数据说明、语句结构和输入/输出方法。应力图从编码原则的角度提高程序的可读性,改善程序的质量。

1. 源程序文档化

1)符号名的命名

符号名即标识符,包括模块名、变量名、常量名、子程序名、数据区名、缓冲区名等。这些名字应能反映它所代表的实际东西,应有一定的实际意义。名字不是越长越好,过长的名字会使程序的逻辑流程变得模糊,给修改带来困难。所以,应当选择精炼的、意义明确的名字,改善对程序功能的理解。必要时可使用缩写名字,但缩写规则一致,并且要给每一个名字加注释。在一个程序中,一个变量只应用于一种用途。也就是说,在同一个程序中一个变量不能身兼几种工作。

2)程序的注释

夹在程序中的注释是程序员与日后的程序读者之间通信的重要手段。正确的注释能够帮助读者理解程序,可为后续阶段进行测试和维护提供明确的指导。因此,注释绝不是可有可无的,大多数程序设计语言允许使用自然语言来写注释,这就给阅读程序带来了很大的方便。在一些正规的程序文本中,注释行的数量占到整个源程序的 1/3～1/2,甚至更多。

(1)序言性注释通常置于每个程序模块的开头部分,给出程序的整体说明,这对理解程序本身具有引导作用。有些软件开发部门对序言性注释做了明确而严格的规定,要求程序编写者逐项列出的有关项目包括程序标题、有关本模块功能和目的的说明、主要算法、接口说明、有关数据描述、模块位置、开发简历等。

(2)功能性注释嵌入源程序体中,用于描述其后的语句或程序段是在做什么工作,不要解释下面怎么做,因为解释怎么做常常是与程序本身重复的,并且对阅读者理解程序没有什么帮助。

(3)书写功能性注释要注意:功能性注释用于描述一段程序,而不是每一个语句;用缩进和空行,使程序与注释容易区别;注释要正确。

3)视觉组织

利用空格、空行和移行,提高程序的可视化程度。恰当地利用空格,可以突出运算的优先性,避免发生运算的错误。自然的程序段之间可用空行隔开。对于选择语句和循环语句,把其中的程序段语句向右做阶梯式移行,这样可使程序的逻辑结构更加清晰,层次更加分明。

2. 数据说明

在编写程序时，需要注意数据说明的风格。为了使程序中的数据说明更易于理解和维护，必须注意以下几点：

(1)数据说明的次序应当规范化，使数据属性容易查找；

(2)当多个变量名用一个语句说明时，应当将这些变量按字母的顺序排列；

(3)当设计了一个复杂的数据结构时，应当使用注释来说明在程序实现时这个数据结构的固有特点。

3. 语句结构

设计阶段确定了软件的逻辑流结构，但构造单个语句则是编码阶段的任务。语句构造力求简单、直接，不能为了片面追求效率而使语句复杂化。语句构造应遵循如下规则：

(1)在一行内只写一条语句，并且采取适当的移行格式，使程序的逻辑和功能变得更加明确；

(2)编写程序首先应当考虑清晰性，不要刻意追求技巧性，从而将程序编写得过于紧凑；

(3)首先要保证程序正确，然后才要求提高速度，反过来说，在使程序高速运行时，首先要保证它是正确的；

(4)尽量用公共过程或子程序去代替重复的功能代码段；

(5)使用括号来清晰地表达算术表达式和逻辑表达式的运算顺序；

(6)尽量只采用3种基本的控制结构来编写程序；

(7)避免采用过于复杂的条件判断；

(8)避免过多的循环嵌套和条件嵌套；

(9)避免循环的多个出口；

(10)数据结构要有利于程序的简化；

(11)要模块化，使模块功能尽可能单一化，模块间的耦合能够清晰可见；

(12)利用信息隐蔽，确保每一个模块的独立性；

(13)太大的程序要分块编写、测试，然后再集成；

(14)避免不恰当地追求程序效率，在改进效率前，要做出有关效率的定量估计；

(15)在程序中应有出错处理功能，一旦出现故障时不要让计算机进行干预，导致停工。

4. 输入与输出(I/O)

输入/输出信息是与用户的使用是直接相关的。输入/输出的方式和格式应当尽可能方便用户的使用。因此，在软件需求分析阶段和设计阶段，应基本确定输入/输出的风格。系统能否被用户接受，有时就取决于输入/输出的风格。

不论是批处理的输入/输出方式，还是交互式的输入/输出方式，在设计和程序编码时都应考虑下列原则：

(1)对所有的输入数据都进行检验，识别错误的输入，以保证每个数据的有效性；

(2)检查输入数据的各种重要组合的合理性，必要时报告输入状态信息；

(3)使得输入的步骤和操作尽可能简单，并保持简单的输入格式；

(4)输入数据时，应允许使用自由格式输入；

(5)应允许缺省值；

(6)输入一批数据时，最好使用输入结束标志，而不要由用户指定输入数据数目；

(7)在以交互式输入/输出方式进行输入时，要在屏幕上使用提示符明确提示交互输入的请求，指明可使用选择项的种类和取值范围，同时，在数据输入的过程中和输入结束时，也要在屏幕上给出状态信息；

(8)当程序设计语言对输入/输出格式有严格要求时，应保持输入格式与输入语句要求的一致性；

(9)给所有的输出加注解，并设计输出报表格式；

(10)输入/输出风格还受到许多其他因素的影响，如输入/输出设备(如终端的类型、图形设备、数字化转换设备等)、用户的熟练程度及通信环境等；

(11)Wasserman为“用户软件工程及交互系统的设计”提供了一组指导性原则，可供软件设计和编程参考；

(12)把计算机系统的内部特性隐蔽起来不让用户看到；

(13)有完备的输入出错检查和出错恢复措施，在程序执行过程中尽量排除由于用户的原因而造成程序出错的可能性；

(14)如果用户的请求有了结果，应及时通知用户；

(15)充分利用联机帮助手段，为不熟练的用户提供对话式服务，为熟练的用户提供较高级的系统服务，改善输入/输出的能力；

(16)使输入格式和操作要求与用户的技术水平相适应，不熟练的用户可以充分利用菜单系统逐步引导用户操作；熟练的用户可以允许绕过菜单直接使用命令方式进行操作；

(17)按照输出设备的速度设计信息输出过程；

(18)区别不同类型的用户，分别进行设计和编码；

(19)保持始终如一的响应时间；

(20)在出现错误时应尽量减少用户的额外工作。

在交互式系统中，这些要求应成为软件需求的一部分，并通过设计和编码在用户和系统之间建立良好的通信接口。

5.1.3 程序复杂性度量

经过详细设计后每个模块的内容都非常具体了，因此可以使用软件设计的基本原理和概念仔细衡量它们的质量。但是，这种衡量毕竟只能是定性的，人们希望能进一步定量度量软件的性质。定量度量程序复杂程度的方法很有价值，把程序的复杂度乘以适当的常数即可估算出软件中故障的数量及软件开发时的工作量。定量度量的结构可以用于比较两个不同设计或两种不同算法的优劣；程序的定量的复杂程度可以作为模块规模的精确限度。

目前，比较成熟的软件复杂程度定量度量方法主要有McCabe方法和Halstead方法两种。

1. McCabe方法

首先需要画出程序图，所谓的程序图可以看成“退化了的”程序流程图，也就是把程序流程图中每个处理符号都退化成一个点，原来连接不同处理符号的箭头变成连接这些点的有向弧，这样得到的有向图就成为程序图。程序图仅仅描绘程序内部的控制流程，完全不表现对数据的具体操作及分支或循环的具体条件。通常程序图中开始点后的那个节点称为入口点，称停止点前面的那个节点称为出口点。

用 McCabe 方法度量得出的结果称为程序的环形复杂度，它等于强连通的程序图中线性无关的有向环的个数。环形复杂度的计算方法如下。

根据图论，在一个强连通的有向图中线性无关环的个数由下面的公式给出：

$$V(G)=m-n+p$$

式中：V(G)是有向图 G 中的环数；

m 是有向图 G 中的弧数；

n 是有向图 G 中的节点数；

p 是有向图 G 中分离部分的数目。

对于一个正常的程序来说，应该能够从程序图内的入口点到达图中任何一个节点(一个不能到达的节点代表永远不能执行的程序代码，显然是错误的)，因此，程序图总是连通的，也就是说，$p=1$。

所谓强连通图是指从图中一个节点出发都可以到达所有其他节点。程序图通常不是强连通的，因为从图中较低的(较靠近出口的)节点往往不能到达较高的节点。然而，如果从出口点到入口点画一条虚线弧，则程序图必然成为强连通的。这个结论有下列三点理由：

(1)从入口点总能到达图中任何一点，否则程序有错；

(2)从图中任何一点总能到达出口点，否则程序有错；

(3)经过从出口点到入口点的弧，可以从出口点达到入口点。

计算环形复杂度还有其他方法，例如，对于平面图而言，环形复杂度等于强连通的程序图在平面上围成的区域个数。程序的环形复杂度取决于程序流程控制的复杂程度，亦即取决于程序结构的复杂程度。当程序内部分支数或循环个数增加时，环形复杂度也随之增加，因此它是对测试难度的一种定量度量，也能对软件最终的可靠性给出某种预测。

研究大量程序后发现，环形复杂程度高的程序往往是最困难、最容易出问题的程序。实践表明，模块规模以 $V(G)\leqslant 10$ 最佳，也就是说，$V(G)=10$ 是模块规模的一个更科学、更精确的上限。

2. Halstead 方法

Halstead 方法是另一个著名的方法，根据程序中运算符和操作数的总量来度量程序的复杂程度。

令 N_1 为程序中运算符出现的总次数，N_2 为操作数的总次数，程序长度 N 定义为

$$N= N_1+N_2$$

在完成详细设计之后，可以知道程序中使用的不同运算符(包括关键字)的个数 n_1，以及不同操作数(变量和常数)的个数 n_2。Halstead 方法给出了预测程序长度的公式，即

$$H= n_1\log_2 n_1+ n_2\log_2 n_2$$

多次验证都表明，预测的长度 H 与实际长度 N 非常接近。

Halstead 方法还给出了预测程序中包含错误的个数的公式，即

$$E=N\log_2(n_1+ n_2)/3000$$

有人曾对从300条到12000条语句范围内的程序核实上述公式,发现预测的错误数与实际错误数相比,其误差在8%以内。

5.1.4 编码效率

1. 讨论效率的准则

程序的效率是指程序的执行速度及程序所需占用的内存空间。讨论程序效率应遵循如下几条准则:

(1)效率是一个性能要求,应当在需求分析阶段给出,软件效率以需求为准,不应以人力所及为准;

(2)好的设计可以提高效率;

(3)程序的效率与程序的简单性相关。

一般说来,任何对效率无重要改善,且对程序的简单性、可读性和正确性不利的程序设计方法都是不可取的。

2. 算法对效率的影响

源程序的效率与详细设计阶段确定的算法的效率直接相关。在详细设计翻译转换成源程序代码后,算法效率反映为程序的执行速度和存储容量的要求。

转换过程中的指导原则是:

(1)在编程序前,尽可能化简有关的算术表达式和逻辑表达式;

(2)仔细检查算法中的嵌套循环,尽可能将一些语句或表达式移到循环外面;

(3)尽量避免使用多维数组;

(4)尽量避免使用指针和复杂的表;

(5)采用"快速"的算术运算;

(6)不要混淆数据类型,避免在表达式中出现类型混杂;

(7)尽量采用整数算术表达式和布尔表达式;

(8)选用等效的高效率算法。

许多编译程序具有"优化"功能,可以自动生成高效率的目标代码。它可剔除重复的表达式计算,采用循环求值法、快速的算术运算,以及采用一些能够提高目标代码运行效率的算法来提高效率。对于效率至上的应用来说,这样的编译程序是很有效的。

3. 影响存储效率的因素

在大中型计算机系统中,存储限制不再是主要问题。在这种环境下,对内存采取基于操作系统的分页功能的虚拟存储管理,给软件提供了巨大的逻辑地址空间。这时,存储效率与操作系统的分页功能直接相关,并非指要使所使用的存储空间达到最少。

采用结构化程序设计,将程序功能合理分块,使每个模块或一组密切相关模块的程序代码长短与每页的容量相匹配,可减少页面调度,减少内外存交换,提高存储效率。

在微型计算机系统中,存储容量对软件设计和编码的制约很大。因此要选择可生成较短目标代码且存储压缩性能优良的编译程序,有时需要采用汇编程序,通过程序员富有创造性的努力,提高软件的时间与空间效率。

提高存储效率的关键是程序的简单化。

4. 影响输入/输出的因素

输入/输出可分为两种类型：一种是面向人(操作员)的输入/输出；另一种是面向设备的输入/输出。如果操作员能够十分方便、简单地输入数据，或者能够十分直观、一目了然地了解输出信息，则可以说面向人的输入/输出是高效的。至于面向设备的输入/输出，分析起来比较复杂。从详细设计和程序编码的角度来说，可以提出一些提高输入/输出效率的指导原则：

(1)输入/输出的请求应当最小化；

(2)对于所有的输入/输出操作，安排适当的缓冲区，以减少频繁的信息交换；

(3)对于辅助存储(例如磁盘)，选择尽可能简单的、可接受的存取方法；

(4)对于辅助存储的输入/输出，应当成块传送；

(5)对于终端或打印机的输入/输出，应考虑设备特性，尽可能改善输入/输出的质量和速度；

(6)任何不易理解的，对改善输入/输出效果关系不大的措施都是不可取的；

(7)任何不易理解的所谓"超高效"的输入/输出是毫无价值的；

(8)好的输入/输出程序设计风格对提高输入/输出效率会有明显的效果。

5.2　软件测试

无论怎么强调软件测试的重要性和它对软件可靠性的影响都不过分。在开发大型软件系统的漫长过程中，面对极其错综复杂的问题，人的主观认识不可能完全符合客观现实，与工程密切相关的各类人员之间的通信和配合也不可能完美无缺，因此，在软件生存周期的每个阶段都不可避免地会产生差错。我们力求在每个阶段结束之前通过严格的技术审查，尽可能早地发现并纠正差错；但是，经验表明审查并不能发现所有的差错，此外在编码过程中还不可避免地会引入新的错误。如果在软件投入生产性运行之前，没有发现并纠正软件中的大部分差错，则这些差错迟早会在生产过程中暴露出来，那时不仅改正这些错误的代价更高，而且往往会造成恶劣的后果。软件测试的目的就是在软件投入生产性运行之前，尽可能多地发现软件中的错误。目前软件测试仍然是保证软件质量的关键步骤，它是对软件规格说明、设计和编码的最后审查。图 5-1 揭示了生存周期中开发与测试的关系，进一步说明了软件测试的重要性。

软件测试在软件生存周期中横跨两个阶段。通常在编写出每个模块之后就对它做必要的测试(单元测试)，模块的编写者和测试者是同一个人，编码和单元测试属于软件生存周期的同一个阶段。在这个阶段结束后，还应该对软件系统进行各种综合测试，这是软件生存周期中的另一个独立的阶段，通常由专门的软件测试人员承担该项工作。

大量统计资料表明，软件测试的工作量往往占软件开发总工作量的 40%以上，在极端情况，测试某些关系人的性命安全的软件所花费的成本，可能相当于软件工程其他开发步骤总成本的 3～5 倍。因此，软件测试是软件工程中极为重要的一环。

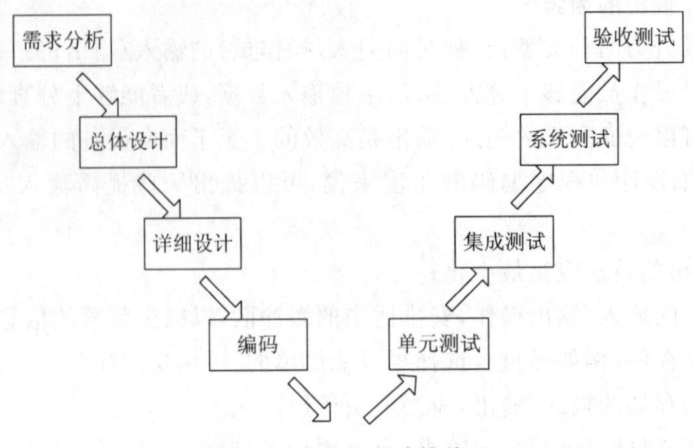

图 5-1　开发与测试的关系

5.2.1　软件测试的基本概念

1. 软件测试的目的

软件开发项目在经历了计划、需求分析、设计和编码以后，已经取得了一些阶段性成果，但是这些阶段性成果能不能真正满足用户提出的需求，或者说它能在多大程度上满足用户的需求，这是软件人员、管理人员及用户都十分关心的问题。因为，大量的人力、物力投入了开发工作，又经历了阶段复审，人们迫切希望拿到合格的成果。这时，一系列的质量检验活动显然变成非常必要了。

软件开发项目的大量实践表明，这些“成果”常常是很不理想的。仅以编写出源程序为例，可能遇到许多情况。

(1)程序编写得无语法错误。这是程序编写是否正确的最基本要求。我们知道，具有语法错误的程序在上机运行时，无法通过编译系统语法检查这第一关。编译程序会列举出被运行程序的各种语法错误现象，而拒绝编译和执行。

(2)程序执行中未发现明显的运行错误。这是指程序运行过程中没有因过大或过小的数据产生溢出而无法继续执行，也没有因遇到死循环而阻碍运行等情况。

(3)程序中没有不适当的语句。例如，有的变量未经说明而引用，有的虽已作说明却未曾引用，或者有的变量未赋值而引用，以及有的变量被多次赋值而并未引用，等等。

(4)程序运行时，能通过典型的有效测试数据，而得到正确的预期结果，即程序能接收规格说明所规定正常条件下的合理数据，并给出正确结果。

(5)程序运行时能通过典型的无效测试数据，而得到正确的结果，即当程序接收规格说明所规定异常条件下的不合理数据时，能给出恰当的结果。

(6)程序运行时，能通过任何可能的数据，并给出正确的结果。

十分明显，提高程序的正确性就是要尽可能发现和消除程序中隐藏的各种差错。如上所述，编译系统接收用户的源程序后所做的语法检查能发现程序编写时出现的语法错误，但也仅仅是一些语法错误。更多情况的差错编译系统是无法查出的。例如，程序中往往会出现的逻辑性差错、名字拼写错、不正确的初始化或未作初始化、数据格式或文件格式不对、循环次数有错、调用了错误的程序块或纯属语义上的差错，等等。

尽管程序正确性证明作为计算机科学的一个新分支，近年来取得了显著的发展，然而尚未到达实用化阶段。要想解决以上程序中列举的各种问题，目前比较实际的办法只能依靠测试技术。程序测试的目的是为了发现隐藏在程序内部的各种错误，有时也称为Bug。程序测试工作是指为发现程序错误而进行的各种活动。

有人认为，程序测试的目的是为了说明程序是没有问题的。在程序编写完成后，只需找到几个数据，使程序能够通过运行就达到目的了。事实上，这是十分错误的观点。因为，若是出于这一目的，人们会自觉或不自觉地寻找容易使程序通过的测试数据，回避那些易于暴露程序错误的测试数据，致使隐藏的错误不被发现，自然也就得不到排除。与此相反，如果测试活动的目标始终围绕着揭露程序中的错误，那么在选取测试数据时，自然要考虑那些易于发现程序错误的数据。并且认为，能够发现程序错误的数据是好的数据，能够高效揭露程序错误的测试是成功的测试。持相反观点的人必然认为那些是坏的数据，找出程序隐患的测试是失败的测试。

2. 软件测试的对象

前面谈到，查找程序中的差错是软件测试工作的目的。但必须注意，软件测试并不等于程序测试。在软件测试阶段我们应该集中精力查找开发项目以来可能发生的各种错误，因此，需求分析、总体设计、详细设计及程序编码等各开发阶段所得到的开发资料，包括需求规格说明、概要设计说明、详细设计说明及源程序都应该是软件测试的对象。软件测试不应仅限于程序测试的狭小范围内，而置其他开发阶段的工作于不顾。还应看到，由于开发工作各阶段是互相衔接的，前一阶段工作中发生的问题如未得到及时解决，很自然会影响到下一阶段。从源程序的测试中找到的程序错误不一定都是因为程序编码阶段造成的。如果简单地把程序中的错误全都归罪于程序员的程序编码，未免会冤枉他们。据统计表明，在查找出的软件错误中，属于需求分析和软件设计的错误约占64%，属于程序编码的错误仅占36%。这就说明，就程序编码而言，它的许多错误是“先天的”。其实，到软件测试时为止，开发工作已经经历了多个环节，每个环节都有可能发生问题。目前我们还没有办法把握这些环节，使之不发生任何差错。在对需求理解和表达的正确性、设计和表达的正确性、实现的正确性及运行的正确性中，任何一个环节上发生了问题都可能在软件测试中表现出来。

3. 软件测试的基本原则

(1)完全测试是不可能的。考虑一个实例：Windows系统下的计算器软件，要想对该软件进行完全测试，不仅需要大量的输入，而且输出结果和执行路径也相当多，另外软件说明书的主观性也决定不可能完成这项工作。

(2)软件测试是有风险的活动，如果不选择完全测试所有情况，则选择了冒险。软件测试员此时要做的是如何将数量巨大的可能测试减少到可以控制的范围，并针对风险做出明智的选择，确定哪些软件测试重要，哪些软件测试不重要。

(3)软件测试无法显示隐藏的软件缺陷和故障。软件测试员可以报告软件缺陷存在，却不能报告软件缺陷不存在。进行软件测试，发现并报告软件缺陷，但是任何情况下都不能保证软件缺陷不存在。找到隐藏的软件缺陷和故障的唯一方法是继续软件测试，找到更多的软件缺陷。

(4)充分注意软件测试中的群集现象。软件缺陷可能成群出现,也就是说发现一个缺陷,附近就可能有一群缺陷。造成群集现象的可能原因是:程序员在某一段时间情绪不好;程序员往往犯同样的错误;有些软件缺陷可能只是"冰山一角"。

(5)杀虫剂现象。软件测试越多,对测试的免疫力越强,要想寻找到更多的软件缺陷就越困难。在软件测试中采用单一的方法不能高效和完全地针对所有软件缺陷,因此软件测试应该尽可能多地采用多种途径进行测试。

(6)并非所有的软件缺陷都要修复。软件测试员要对找到的缺陷进行判断,根据风险决定哪些缺陷需要修复,哪些不需要修复。造成软件缺陷不能修复的原因有时间不够,不算真正的软件缺陷,修复的风险太大,不值得修复。

(7)软件测试必须有预期结果。在执行测试程序之前应该对期望的输出有很明确的描述,测试后将程序的输出同预期结果进行对照。若不事先确定预期的输出,可能把似乎是正确而实际是错误的结果当成正确结果。

(8)尽早地、不断地进行软件测试。由于软件具有复杂性和抽象性,使得软件开发的各个环节都可能产生错误。应坚持在软件开发的各个阶段进行技术评审,以尽早发现和预防错误,把出现的错误在早期消除,杜绝某些隐患。在发现错误并进行纠错后,要重新进行软件测试。对软件的修改可能会带来新的错误,不要希望软件测试能一次成功。

(9)程序员应该避免检查自己的程序。软件测试为了尽可能多地发现错误,从某种意义上讲是对程序员工作的一种否定。因此,程序员检查自己的程序会存在一定的心理障碍。而软件测试工作需要严谨的作风、客观的态度和冷静的情绪。另外,由程序员对软件需求说明书理解的偏差而引入的错误则更难发现。如果由别人来测试程序员编写的程序,则会更客观、更有效,并且更容易取得成功。

4. 软件测试的基本步骤

软件测试过程按测试的先后次序可分为单元测试、集成测试、确认测试、系统测试和验收测试,如图 5-2 所示。

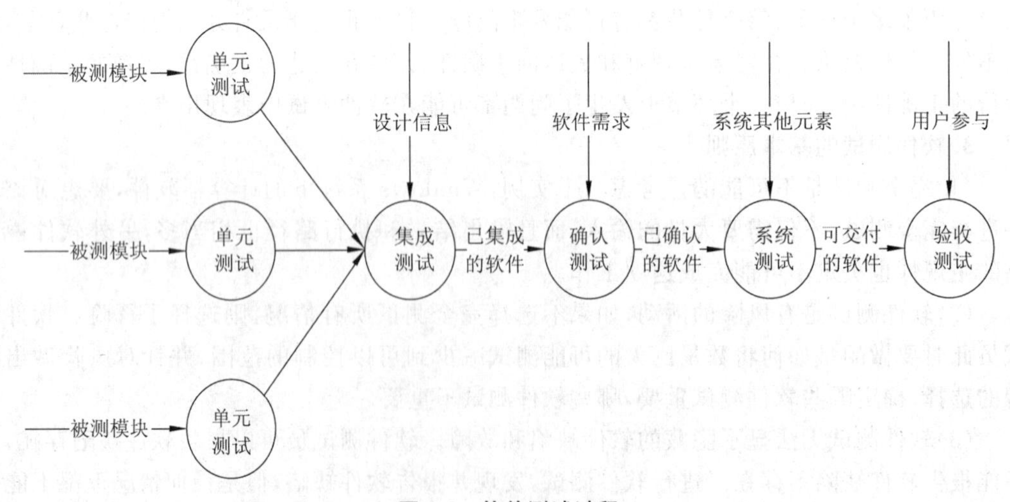

图 5-2 软件测试过程

1)单元测试

单元测试又称为模块测试，是最小单位的测试，其依据是详细设计描述，对模块内所有重要的控制路径设计测试用例，以便发现模块内部的错误。单元测试多采用白盒测试技术，系统内多个模块可以并行地进行单元测试。

2)集成测试

集成测试又称为组装测试，集成测试是在单元测试的基础上，将所有模块按照设计要求组装成子系统或系统进行的测试活动。

3)确认测试

完成集成测试以后，要对开发工作初期制定的确认准则进行检验。确认测试是检验所开发的软件能否满足所有功能和性能需求的最后手段，通常均采用黑盒测试方法。

4)系统测试

系统测试是将通过确认测试的软件，作为整个应用系统的一个元素，与硬件、支持软件、数据和人员等其他系统元素结合在一起，在实际运行环境下，对系统进行一系列的集成测试和确认测试。系统测试的目的在于通过与系统的需求定义作比较，发现软件与系统定义不符合的地方，以验证软件系统的功能和性能等。

5)验收测试

检验软件产品质量的最后一道工序是验收测试。与前面讨论的各种测试活动的不同之处主要在于它突出了用户的作用，同时软件开发者也应有一定程度的参与。

5. 静态方法与动态测试

1)静态方法

静态方法的主要特征是在用计算机测试源程序时，计算机并不真正运行被测试的程序。这说明静态方法一方面要利用计算机作为被测程序进行特性分析的工具，它与人工测试有着根本的区别；另一方面它并不真正运行被测程序，只进行特性分析，这与动态测试是不同的。因此，静态方法常称为静态分析，静态分析是对被测程序进行特性分析的一些方法的总称。

静态分析并不等同于编译系统，编译系统虽然也能发现某些程序错误，但这些错误远非软件中存在的大部分错误，静态分析的查错和分析功能是编译程序所不能代替的。目前已经开发出一些静态分析系统作为软件测试的工具，静态分析已被当做一种自动化的代码校验方法。不同的方法有各自的目标和步骤，侧重点也不一样。常用的静态测试方法如下。

(1)桌前检查：由程序员检查自己的程序，对源代码进行分析、检验。

(2)代码会审：由程序员和测试员组成评审小组，按照“常见的错误清单”进行会议讨论检查。

(3)步行检查：与代码会审类似，也要进行代码评审，但评审过程主要采取人工执行程序的方式，故也称为“走查”。

步行检查是最常用的静态分析方法，进行步行检查时，还常使用以下分析方法：一是调用图，从语义的角度考察程序的控制路线；二是数据流分析图，检查分析变量的定义和引用情况。

2)动态测试

动态测试的主要特征是计算机必须真正运行被测试的程序,通过输入测试用例,对其运行情况(输入/输出的对应关系)进行分析。

动态测试方法与静态分析方法的区别是:需要通过选择适当的测试用例,上机执行程序进行测试。常用的方法是白盒测试和黑盒测试。

无论是白盒测试还是黑盒测试,其关键都是如何选择高效的测试用例。所谓高效的测试用例是指一个用例能够覆盖尽可能多的测试情况,从而提高测试效率。白盒测试和黑盒测试各有自己的优、缺点,它们构成互补关系,在规划测试时需要把白盒测试与黑盒测试结合起来使用。

5.2.2 白盒测试

白盒测试,又称为结构测试、逻辑驱动测试、基于程序的测试或逻辑覆盖法。它依赖于对程序细节的严密检验,有针对性地设计测试用例,对软件的逻辑路径进行测试。设计的宗旨就是测试用例尽可能提高程序内部逻辑的覆盖程度、最彻底的白盒测试是能够覆盖程序中的每一条路径。但是程序中含有循环后,路径的数量极大,要执行每一条路径变得极不现实。软件的白盒测试用于分析程序的内部结构。白盒测试主要用于单元测试。测试的关键也是如何选择高效的测试用例。

几种常用的逻辑覆盖测试方法是语句覆盖、判定覆盖、条件覆盖、判定/条件覆盖及条件组合覆盖。不同的逻辑覆盖测试方法都是从各自不同的方面出发,为设计测试用例提出依据的。

1. 语句覆盖

语句覆盖的含义是选择足够多的测试数据,使被测试程序中的每个语句至少执行一次。

例如:图 5-3 是一个被测模块的流程图。

为了使每个语句都执行一次,程序的执行路径应该是 a→c→e,只需要输入下面的测试数据(实际上 X 可以是任意实数):

A=2,B=0,X=4。

语句覆盖对程序的逻辑覆盖很少,在此例子中两个判定条件都只测试了图 5-3 中被测模块的流程图条件为真的情况,如果条件为假时处理有错误,显然不能发现。此外,语句覆盖只关心判定表达式的值,而没有分别测试判定表达式中每个条件取不同值时的情况。在上面的例子中,为了执行 a→c→e 路径,测试每一条语句,只需两个判定表达式 A>1 AND B=0 和 A=2 OR X>1 都取真值,因此使用上述一组测试数据就够了。但是,如果程序中把第一个判定表达式中的逻辑运算符“AND”错写成“OR”,或者把第二个判定式中的条件“X>1”误写成“X<1”,使用上面的测试数据并不能查出这些错误。与后面介绍的其他覆盖相比较,语句覆盖是最弱的覆盖准则。

2. 判定覆盖

判定覆盖的含义是,不仅每个语句必须至少执行一次,而且每个判定的可能结果都应该至少执行一次,也就是每个判定的每个分支都至少执行一次,即判断的真假值均曾被满足。判定覆盖又称为分支覆盖。

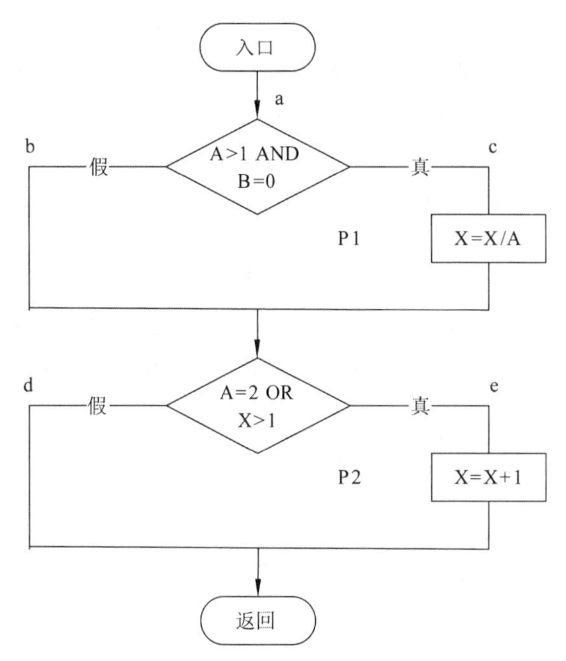

图 5-3　一个被测模块的流程图

仍然以图 5-3 为例，能够分别覆盖路径 a→c→e 和 a→b→d 的两组测试数据，或者可以分别覆盖 a→c→d 和 a→b→e 的两组测试数据，都满足判定覆盖标准。例如，下面两组测试数据就可以做到判定覆盖：

(1) A=3,B=0,X=0 (覆盖 a→c→d)；

(2) A=2,B=1,X=1 (覆盖 a→b→e)。

判定覆盖比语句覆盖更强，但是对程序逻辑的覆盖程度仍然不高，例如，上面的测试数据只覆盖了程序全部路径的一半。这个事实说明，只做到判定覆盖仍无法确定判断内部条件的错误。因此，需要有更强的逻辑覆盖准则去检验判断的内部条件。

3. 条件覆盖

条件覆盖的含义是，不仅每个语句至少执行一次，而且是判定表达式中的每个条件都取到各种可能的结果。

图 5-3 的例子中共有两个判定表达式，每个判定表达式中有两个条件，为了做到条件覆盖，应该选取测试数据使得在点 P1 处有下述各种结果出现：

$A>1$，　$A\leqslant 1$，　$B=0$，　$B\neq 0$。

在点 P2 处有下述各种结果出现：

$A=2$，　$A\neq 2$，　$X>1$，　$X\leqslant 1$。

只需使用下面两组测试数据就可以达到上述覆盖标准：

(1)A=2,B=0,X=4(满足 A>1,B=0,A=2 和 X>1 的条件，执行路径 a→c→e)；

(2)A=1,B=1,X=1(满足 A≤1,B≠0,A≠2 和 X≤1 的条件，执行路径 a→b→d)。

条件覆盖通常比判定覆盖强，因为它使判定表达式中的每个条件都取到了两个不同的结果，判定覆盖却只关心整个判定表达式的值。例如，上面两组测试数据也同时满足判定覆盖标准。但是,也可能有相反的情况,虽然每个条件都取到了两个不同的结果,判定表达式却始终只取一个值。例如,如果使用下面两组测试数据,则只满足条件覆盖标准而不满足判定覆盖标准(第二个判定表达式的值总为真):

(1)A=2,B=0,X=1(满足 A>1,B=0,A=2 和 X≤1 的条件,执行路径 a→c→e);

(2)A=1,B=1,X=2(满足 A≤1,B≠0,A≠2 和 X>1 的条件,执行路径 a→b→e)。

4. 判定/条件覆盖

既然判定覆盖不一定包含条件覆盖,条件覆盖也不一定包含判定覆盖,自然会提出一种能同时满足这两种覆盖标准的逻辑覆盖,这就是判定/条件覆盖。它的含义是,选取足够多的测试数据,使得判定表达式中的每个条件都取到各种可能的值,而且每个判定表达式也都取到各种可能的结果。

对于图 5-3 中例子而言,下述两组测试数据满足判定/条件覆盖标准:

(1)A=2,B=0,X=1(满足 A>1,B=0,A=2 和 X≤1 的条件,执行路径 a→c→e);

(2)A=1,B=2,X=2(满足 A≤1,B≠0,A≠2 和 X>1 的条件,执行路径 a→b→e)。

但是,这两组测试数据也就为了满足条件覆盖标准最初选取的两组数据,因此,有时判定/条件覆盖也并不比条件覆盖更强。

5. 条件组合覆盖

条件组合覆盖是更强的逻辑覆盖标准,它要求选取足够多的测试数据,使得每个判定表达式中条件的各种可能组合都至少出现一次。以图 5-3 为例,其中共有 8 种可能的条件组合,即

第 1 种条件组合:A>1,B=0;

第 2 种条件组合:A>1,B≠0;

第 3 种条件组合:A≤1,B=0;

第 4 种条件组合:A≤1,B≠0;

第 5 种条件组合:A=2,X>1;

第 6 种条件组合:A=2,X≤1;

第 7 种条件组合:A≠2,X>1;

第 8 种条件组合:A≠2,X≤1。

下面的 4 组测试数据可以使上面列出的 8 种组合每种至少出现一次:

(1)A=2,B=0,X=4(针对第 1 种和第 5 种两种组合,执行路径 a→c→e);

(2)A=2,B=1,X=1(针对第 2 种和第 6 种两种组合,执行路径 a→b→e);

(3)A=1,B=0,X=2(针对第 3 种和第 7 种两种组合,执行路径 a→b→e);

(4)A=1,B=1,X=1(针对第 4 种和第 8 种两种组合,执行路径 a→c→e)。

显然,满足条件组合覆盖标准的测试数据,也一定满足判定覆盖、条件覆盖和判定/条件覆盖的标准。因此,条件组合覆盖是前述几种覆盖标准中最强的。但是,满足条件组合覆盖标准的测试数据并不一定能使程序中的每条路径都执行到,例如,上述 4 组测试数据都没有测试到路径 a→c→d。

以上根据测试数据对源程序语句检测的详尽程序,简单讨论了几种逻辑覆盖标准。在上面的分析过程中常常谈到测试数据执行的程序路径,显然,测试数据可以检测的程序路径

的多少，也反映了程序测试的详尽程度。

5.2.3　黑盒测试

黑盒测试，又称为功能测试、数据驱动测试或基于规格说明的测试，是一种从用户观点出发的测试。用这种方法进行测试时，把被测程序当做一个黑盒，在不考虑程序内部结构和内部特性，测试者只知道该程序输入和输出之间的关系或程序的功能的情况下，依靠能够反映这一关系和程序功能需求说明书，来确定测试用例并推断测试结果的正确性。软件的黑盒测试被用于证实软件功能的正确性和可操作性。

使用白盒测试设计测试用例时，只需选择一个覆盖标准，而使用黑盒测试进行测试，则应该同时使用多种黑盒测试方法，才能得到较好的测试效果。

黑盒测试注重于测试软件的功能需求，主要试图发现下列几类错误：功能错误或遗漏、性能错误、初始化和终止错误、界面错误、数据结构或外部数据库访问错误。

黑盒测试常用的测试方法包括等价划分法、边界值分析法、错误推测法和因果图法。但是没有一种方法能提供一组完整的测试用例，以检查程序的全部功能，因而在实际测试中需要把各种方法结合起来使用。

1. 等价划分法

等价划分法是黑盒测试的一种方法。穷尽的黑盒测试需要使用所有有效的和无效的输入数据来测试程序，这通常是不现实的。因此，只能选取少量有代表性的输入数据，以期用较小的代价暴露出较多的程序错误。

这种方法是把被测试的程序的所有可能的输入数据（有效的和无效的）划分成若干个等价类，把无限的随机测试变成有针对性的等价类测试。按这种方法可以合理地做出下列假定：每个类中的一个典型值在测试中的作用与这一类中所有其他值的作用相同。因此，可以从每个等价类中只取一组数据作为测试数据。这样可选取少量有“代表性”的测试数据，来代替大量相类似的测试，从而大大减少总的测试次数。

设计等价类的测试用例一般分为两步进行：第一步，划分等价类并给出定义；第二步，选择测试用例。

选择的原则：有效等价类的测试用例尽量公用，以期进一步减少测试的次数；无效等价类必须每类一个用例，以防漏掉本来可能发现的错误。

划分等价类时，需要研究程序的功能说明，以确定输入数据的有效等价类和无效等价类。在确定输入数据的等价类时常常还需要分析输出数据的等价类，以便根据输出数据的等价类导出对应输入数据的等价类。

1）启发式规则

划分等价类需要经验，下述几条启发式规则可能有助于等价类的划分。

（1）如果规定了输入值的范围，则可划分出一个有效的等价类（输入值在此范围内）、两个无效的等价类（输入值小于最小值和大于最大值）。

（2）如果规定了输入数据的个数，则可以类似地划分出一个有效的等价类和两个无效的等价类。

（3）如果规定了输入数据的一组值，而且程序对不同输入值做不同处理，则每个允许的输入值是一个有效的等价类,此外还有一个无效的等价类(任意一个不允许的输入值)。

(4)如果规定了输入数据必须遵循的规则,则可以划分出一个有效的等价类(符合规则)和若干个无效的等价类(从不同角度违反规则)。

(5)如果规定了输入数据为整型,则可以划分出正整数、零和负整数3个有效类。

(6)如果程序的处理对象是表格,则应该使用空表,以及一项或多项的表。

以上列出的启发式规则只是测试时可能遇到的情况中很小的一部分,实际情况千变万化,根本无法一一列出。为了正确划分等价类,一要注意积累经验,二要正确分析被测程序的功能。此外,在划分无效等价类时,还必须考虑编译程序的检错功能,一般说来,不需要专门设计测试数据去测试那些编译程序肯定能发现的错误。最后说明一点,上面列出的启发式规则虽然都是针对输入数据而言的,但是其中绝大部分也同样适用于输出数据。

2)根据等价类设计测试用例的步骤

(1)设计一个新的测试用例以尽可能多地覆盖尚未覆盖的有效等价类,重复这一步骤直到所有有效等价类都被覆盖为止;

(2)设计一个新的测试用例,使它覆盖一个而且只覆盖一个尚未覆盖的无效等价类,重复这一步骤直到所有无效等价类都被覆盖为止。

注意:通常程序发现一类错误后就不再检查是否还有其他错误,因此,应该使每个测试用例只覆盖一个无效等价类。下面举例说明。

例 5-1 某城市的电话号码由3部分组成,这3部分的名称和内容分别如下:

地区码,空白或三位数字;

前缀,非“0”或“1”开头的三位数;

后缀,四位数字。

假定被测试的程序能接收一切符合上述规定的电话号码,拒绝所有不符合规定的电话号码,就可用等价分类法来设计它的测试用例。

解 第一步:划分等价类,包括44个有效等价类、11个无效等价类。表5-1列出了划分的结果。在每个等价类之后加有编号,以便识别。

表 5-1 电话号码程序的等价类

输入条件	有效等价类	编号	无效等价类	编号
地区码	空白	1	有非数字字符	5
			少于3位数字	6
	3位数字	2	多于三位数字	7
前缀	200～999	3	有非数字字符	8
			起始位为“0”	8
			起始位为“1”	10
			少于3位数字	11
			多于3位数字	12

续表

输入条件	有效等价类	编号	无效等价类	编号
后缀	4 位数字	4	有非数字字符	13
			少于 4 位数字	14
			多于 4 位数字	15

第二步：确定测试用例，见表 5-2。

表 5-2　电话号码程序的测试用例

测试用例编号	输入数据			预期输出	覆盖等价类
	地区码	前缀	后缀		
1	空白	123	4567	接受（有效）	134
2	123	345	7896	接受（有效）	234
3	20A	123	4567	拒绝（无效）	5
4	33	234	5678	拒绝（无效）	6
5	1234	234	1234	拒绝（无效）	7
6	123	2B3	1234	拒绝（无效）	8
7	123	013	1234	拒绝（无效）	9
8	123	123	1234	拒绝（无效）	10
9	123	23	1234	拒绝（无效）	11
10	123	2345	1234	拒绝（无效）	12
11	123	234	1B34	拒绝（无效）	13
12	123	234	34	拒绝（无效）	14
13	123	234	23456	拒绝（无效）	15

2. 边界值分析

在软件的设计和程序编写中，常常对规格说明中的输入域边界或输出域边界不够注意，以致形成一些差错。实践表明，在设计测试用例时，对边界处的处理应给予足够的重视，为检验边界附近的处理专门设计测试用例，常常取得良好的测试效果。

例如，在作三角形计算时，要输入三角形的 3 个边长：A、B 和 C。我们应注意到这 3 个数值应当满足 A+B>C、A+C>B 及 B+C>A 时才能构成三角形。但如果把 3 个不等式的任何一个大于号“>”错写成大于等于号“≥”，那就不能构成三角形。问题恰恰出现在容易被疏忽的边界附近。这里所说的边界是指，对于输入等价类和输出等价类，稍高于其边界值及稍低于其边界值的一些特定情况。

针对边界值设计测试用例时，应注意遵循以下几条原则。

(1)如果输入条件规定了取值范围，或是规定了值的个数，则应以该范围的边界内及刚刚超出范围的边界外的值，或是分别对最大个数、最小个数及稍小于最小个数、稍大于最大个数作为测试用例。例如，如果程序的规格说明中规定："重量在 10 kg 至 50 kg 范围内的邮件，其邮费计算公式为……"。作为测试用例，我们应取 10 及 50，还应取10.01、49.99、9.99及50.01等。如果另一问题的规格说明规定："某输入文件可包含 1～255 个记录"，则测试用例可取 1 和 255，还应取 0 和 256 等。

(2)针对规格说明的每个输出条件使用前面的第(1)条原则。例如，某程序的规格说明要求计算出"每日保险金扣除额为 0～1165.25 元"，其测试用例可取 0.00 及 1165.25，还应取－0.01 及 1165.26 等。如果另一程序属于情报检索系统，要求每次"最多显示四条情报摘要"，这时我们应考虑的测试用例包括 1 和 4，还应该包括 0 和 5 等。

(3)如果程序规格说明中提到的输入域或输出域是个有序集(如顺序文件、表格等)，就应注意选取有序集的第一个和最后一个元素作为测试用例。

(4)分析规格说明，找出其他的可能边界条件。

以下给出实例，说明在具体问题中，边界值是怎样考虑的。

例 5-2 一个为学生考试试卷评分和成绩统计的程序，其规格说明指出了对程序的下列要求。

"程序的输入文件由 80 个字符的一些记录组成，这些记录分为三组。

第一组记录为标题。这一组只有一个记录，其内容为输出报告的名字。

第二组记录为试卷各题的标准答案。每个记录均在第 80 个字符处标以数字"2"。该组的第一个记录的第 1～3 个字符为题目编号(取值 1～999)，第 10～59 个字符给出第 1～50 题的答案(每个合法字符表示一个答案)。该组的第 2，第 3，…条对应的记录为第 51～100，第 101～150，…题的答案。

第三组记录描述了每个学生的答卷。该组中每个记录的第 80 个字符均为数字"3"。每个学生的答卷在若干个记录中给出。如甲的首记录第 1～9 字符给出学生姓名及学号，第 10～59 字字符列出的是甲所做的第 1～50 题的解答；若试题数超过 50，则其第 2，第 3，…条记录分别给出他的第 51～100，第 101～150，…题的解答。然后是学生乙的答卷记录。"

若学生最多为 200 人。该程序的输出报告有 4 个：按学生学号排序，每个学生的成绩(答题正确百分比)和等级报告；按学生得分排序，每个学生的成绩；按平均分数排序，取最高分与最低分之差；按题号排序，每题学生答对百分比。

解 以下将分别针对输入条件和输出条件，考虑其边界值设置测试用例，如表 5-3 所示。

表 5-3 成绩统计程序边界测试用例表

输入条件	测试用例
输入文件	输入空文件
标题	无标题记录
	只有字符的标题
	有 80 个字符的标题

续表

输入条件	测试用例
出题个数	出了 1 个题
	出了 50 个题
	出了 51 个题
	出了 100 个题
	出了 999 个题
	没有出题
	题目数是非数值量
答案记录	标题记录后没有标准答案记录
	标准答案记录多 1 个
	标准答案记录少 1 个
学生人数	学生人数为 0
	学生人数为 1
	学生人数为 200
	学生人数为 201
学生答题	某学生只有 1 个答卷记录，但有两个标准答案记录
	该学生是文件中的第一个学生
	该学生是文件中的最后一个学生
	某学生有两个答卷记录，但仅有一个标准答案记录
	该学生是文件中的第一个学生
	该学生是文件中的最后一个学生
输出条件	测试用例
学生得分	所有学生得分相同
	所有学生得分都不同
	一些学生得分相同
	一个学生得 0 分
	一个学生得满分
输出报告 1,2	一个学生编号最小(检查排序)
	一个学生编号最大
	学生数恰好使得报告打印满一页(检查打印)
	学生人数使报告一页打印不够，尚多一人

续表

输入条件	测试用例
输出报告 3	平均值取最大值(所有学生均考满分)
	平均值为 0(所有学生都得 0 分)
	标准偏差取最大值(一学生 0 分,一学生满分)
	标准偏差为 0(所有学生得分相同)
输出报告 4	所有学生都答对第 1 题
	所有学生都答错第 1 题
	所有学生都答对最后一题
	所有学生都答错最后一题
	报告打印完一页后,恰剩一题没打印
	题数恰好使报告打印在一页上

以上共计 44 个测试用例,其中有些如果不采用边界值分析方法很难考虑到,然而这些确是很容易发生的问题,可见边界值分析是很有效的方法。

3. 错误推测法

使用边界分析法和等价划分技术,可以帮助开发者设计具有代表性的,容易暴露程序错误的测试用例。但是,不同类型、不同特点的程序通常又有一些特殊的容易出错的情况。此外,有时分别使用每组测试数据时程序都能正常工作,这些输入数据的组合却可能检测出程序的错误。一般来说,即使是一个比较小的程序,可能的输入组合数也往往十分巨大,因此必须依靠测试人员的经验和直觉,从各种可能的测试用例中选出一些最可能引起程序出错的方案。对于程序中可能存在哪类错误的推测,是挑选测试用例时的一个重要因素。

错误推测法在很大程度上靠直觉和经验进行。它的基本想法是根据它们选择测试用例列举出程序中可能有的错误和容易发生错误的特殊情况。对于程序中容易出错的情况也有一些经验总结,如果输入数据为零或输出数据为零,则往往容易发生错误;如果输入或输出的数目允许变化(如被检索的或生成的表的项数),则输入或输出的数目为 0 和 1 的情况(如表为空或只有一项)是容易出错的情况。还应该仔细分析程序规格说明书,注意找出其中遗漏或省略的部分,以便设计相应的测试用例,检测程序员对这部分的处理是否正确。

例如,当对一个排序程序进行测试时,可先用边界值分析法设计测试用例,即

输入表为空表;

输入表中仅有一个数据;

输入表为满表;

再用错误推测法补充一些例子:

输入表已经排好了序;

输入表的排序恰与所要求的顺序相反(如程序功能为由小到大排序,输入表则为由大到小排序);

输入表中的所有数据全部相同。

此外，经验表明，在一段程序中已经发现的错误数目往往和尚未发现的错误数目成正比。因此，在进一步测试时要着重测试那些已发现较多错误的程序段。

4. 因果图法

前面介绍的等价分类法和边界值分析法都只是孤立地考虑各个输入数据的测试功能，而都没有考虑到输入数据的各种组合，以及输入条件之间的相互制约关系。而因果图法正好解决了这个问题。

因果图是一种形式化语言，是一种组合逻辑网络图。它是把输入条件视为“因”，把输出或程序状态的改变视为“果”，将黑盒看成是从因到果的网络图，采用逻辑图的形式来表达功能说明书中输入条件的各种组合与输出的关系。

因果图法的基本原理是通过因果图，把用自然语言描述的功能说明转换为判定表，然后为判定表的每一列设计一个测试用例，其步骤如下。

(1)分析规范。规范是指规格的说明描述，如输入/输出的条件及功能、限制等。分析程序规格说明的描述中哪些是原因，哪些是结果。原因常常是输入条件或是输入条件的等价类，而结果是输出条件。

(2)标识规范。标识出规范中的原因与结果，并对每个原因、结果赋予一个标识。

(3)画出因果图。分析规范语义、内容，找出原因与结果之间、原因与原因之间的对应关系，画出因果图。此外，由于语法或环境的限制，有些原因和结果的组合情况是不可能出现的，所以在因果图上需要使用若干个特殊的符号来标明约束条件。

因果图的基本符号和限制符号分别如图 5-4 和图 5-5 所示。

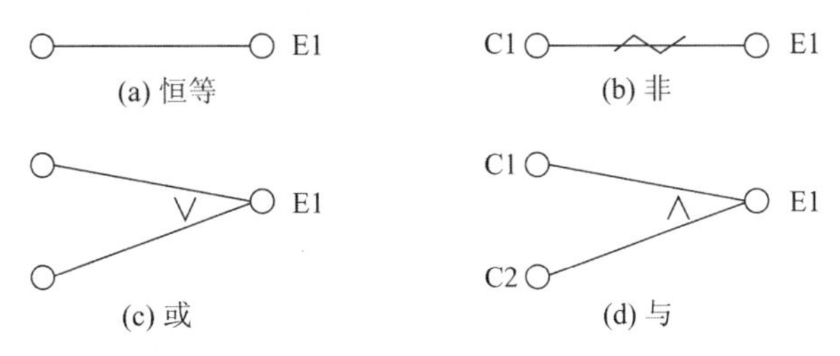

图 5-4　因果图的基本符号

(4)转换为判断表。将因果图转换为有限项判断表。

(5)设计测试用例。为判定表中每一列表示的情况，设计一个测试用例。

由于因果图法最终生成的是判断表，所以它适合于设计检查程序输入条件的各种组合情况的测试用例。

下面举例说明因果图的使用。

例 5-3　某个软件的规格说明书中规定：第一个字符必须是 A 或 B，第二个字符必须是一个数字字符，在此情况下进行文件的修改，但如果第一个字符不正确，则给出信息 L；如果第二个字符不正确，则给出信息 M。

解　(1)根据软件规格说明书，列出原因和结果。

原因：

C1，第一个字符是 A；

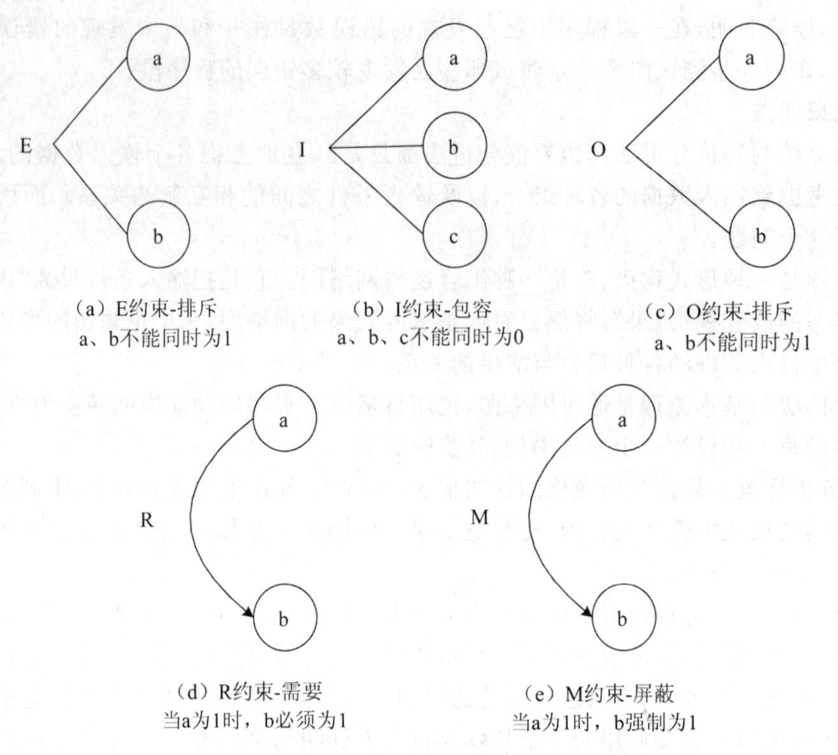

(a) E约束-排斥
a、b不能同时为1
(b) I约束-包容
a、b、c不能同时为0
(c) O约束-排斥
a、b不能同时为1
(d) R约束-需要
当a为1时，b必须为1
(e) M约束-屏蔽
当a为1时，b强制为1

图 5-5　因果图限制符号

C2,第一个字符是 B;

C3,第二个字符是一个数字字符;

10,中间结果,表示第一个字符符合要求。

结果:

E1,给出信息 L;

E2,修改文件;

E3,给出信息 M。

(2)找出原因和结果之间的关系、原因和原因之间的约束关系,画出因果图,如图 5-6 和图 5-7 所示。

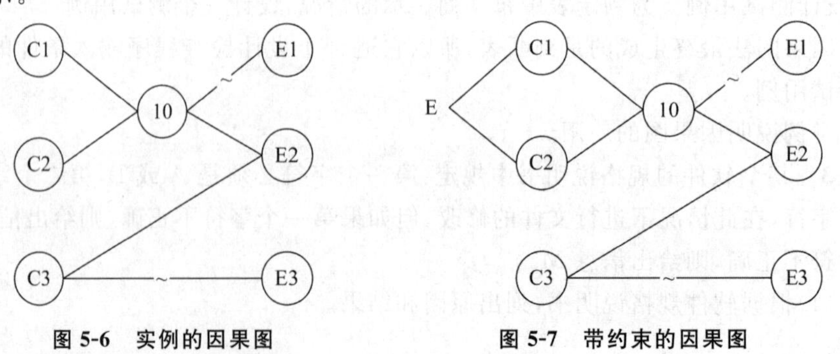

图 5-6　实例的因果图　　**图 5-7　带约束的因果图**

(3)将因果图转化为判定表,见表 5-4。

表 5-4　实例的判定表

原因和结果	1	2	3	4	5	6	7	8
C1	1	1	1	1	0	0	0	0
C2	1	1	0	0	1	1	0	0
C3	1	0	1	0	1	0	1	0
10			1	1	1	1	0	0
E1							√	√
E2			√		√			
E3				√		√		√
不可能	√	√						

(4)设计测试用例,见表 5-5。

表 5-5　实例的测试用例

编　号	输　入	预期输出
1	A3	修改文件
2	AM	输出信息 M
3	B3	修改文件
4	B *	输出信息 M
5	C2	输出信息 L
6	CM	输出信息 LM

5.2.4　软件测试策略

软件测试是保证软件可靠性的主要手段,也是软件开发过程中最艰巨、最繁杂的任务。软件测试方案是测试阶段的关键技术问题,基本目标是选择最少量的高效测试用例,从而尽可能多地发现软件中的问题。因此,无论哪一个测试阶段,都应该采用综合测试策略,才能够实现测试的目标。一般都应该先进行静态测试,再考虑动态测试。

1. 单元测试

用黑盒测试法设计基本的测试方案,用白盒测试法补充一些必要的测试方案。具体策略如下:

(1)如果规范含有输入条件的组合,便从因果图开始;

(2)在任何情况下都应该使用边界值分析法;

(3)必要时用等价划分法补充测试方案;

(4)必要时再用错误推测法补充测试方案。

2. 集成测试

集成测试的关键是要按照一定的原则,选择组装模块的方案(次序),然后再使用黑盒测试法进行测试。在测试过程中,如果发现问题较多的模块,需要进行回归测试时,再采用白盒测试法。

3. 确认测试、系统测试

应以黑盒测试法为主,确认测试中进行软件配置复查,主要是静态测试。

5.3 软件调试

软件测试的目的是尽可能多地暴露程序中的错误,但是,发现错误的最终目的还是为了改正错误。软件工程的根本目标是以较低成本开发出高质量的完全符合用户要求的软件,因此,在成功地完成测试之后,还必须进一步诊断和改正程序中的错误,这就是软件调试的任务。具体地说,软件调试过程由两个步骤组成,它从表示程序中存在错误的某些迹象开始,首先确定错误的准确位置,也就是找出是哪个模块或哪些接口引起的错误;然后,仔细研究这段代码以确定总工作量的95%,因此,本节着重讨论在有错误迹象时如何确定错误的位置。

有些人喜欢把问题的外部现象称为错误(外错误),把问题的内在原因称为故障(内错误)。在软件测试暴露一个错误之后,进行软件调试以确定与之相联系的故障。一旦确定了故障的位置,则修改设计和代码以便排除这个故障。为了确定故障需要进行某些诊断测试,在修改设计代码之后,为了保证故障确实被排除了,错误确实消失了,需要重复进行暴露了这个错误的原始测试及某些回归测试(重复某些以前做过的测试)。如果所做的改正是无效的,则重复上述过程直到找到一个有效的解决办法。有时修改设计和代码之后虽然排除了所发现的故障,但是却引进了新的故障,这些新引进的故障可能立即被发现,也可能潜藏一段时间以后才被发现。

软件调试是软件开发过程中最艰巨的脑力劳动。调试开始时,软件工程师仅仅面对着错误的征兆,然而在问题的外部现象和内在原因之间往往并没有明显的联系,在组成程序的数以万计的元素(语句、数据结构等)中,每一个元素都可能是错误的根源。如何在浩如烟海的元素中找出有错误的那一个(或几个)元素,这是软件调试过程中最关键的技术问题。人们已经研究出一些帮助软件调试的技术,当然更重要的还是软件调试的策略。

1. 软件调试技术

现有的软件调试技术主要有下述三类。

1)输出存储器内容

这种方法通常以八进制或十六进制的形式输出存储器的内容。如果单纯依靠这种方法进行调试,那么效率可能是很低的,这种方法的主要缺点是:①很难把存储单元和源程序变量对应起来;②输出信息量极大,而且大部分是无用的信息;③输出的是程序的静态图像(程序在某一时刻的状态),然而为了找出故障往往需要研究程序的动态行为(状态随时变化的情况);④输出的存储器内容常常并不是程序出错时的状态,因此往往不能提供有用的线索;⑤输出信息的形式不易阅读和解释。

2)打印语句

这种方法是程序设计语言提供的标准打印语句插在源程序的各个部分,以便输出关键变量的值。它比第 1)种方法好一些，因为它显示程序的动态行为，而且给出的信息容易与源程序对应起来。这种方法的缺点主要是：①可能输出大量需要分析的信息，对于大型程序系统来说情况更是如此；②必须修改源程序才能插入打印语句，但是这可能改变了关键的时间关系，从而既能掩盖错误，也可能引进新的错误。

3)自动工具

这种方法和第 2)种方法类似，也能提供有关程序动态行为的信息，但是并不需要修改源程序。它利用程序设计语言的调试功能或使用专门的软件工具分析程序的动态行为。可供利用的典型语言功能是：输出有关语句执行、子程序调用和更改指定变量的踪迹。用于软件调试的软件工具的共同功能是设置断点，即当执行到特定的语句或改变特定变量的值时，程序停止执行，程序员可以在终端上观察程序此时的状态。使用这种调试方法也会产生大量无关的信息。

一般来说，在使用上述任何一种技术之前，都应该对错误的征兆进行全面彻底的分析。通过分析得出对故障的推测，然后再使用适当的调试技术检验推测的正确性。也就是说，任何一种调试技术都应该以试探的方式来使用。总之，首先需要进行周密的思考，使用一种调试方法之前必须有比较明确的目的，尽量减少无关信息的数量。

2. 软件调试策略

软件调试过程的关键不是上面讨论的软件调试技术，而是用于推断错误原因的基本策略。常用的调试策略主要是以下几种。

1)试探法

调试人员分析错误征兆，猜想故障的大致位置，然后使用前述的软件调试技术，获取程序中被怀疑的地方附近的信息。这种策略通常是缓慢而低效的。

2)回溯法

调试人员检查错误征兆，确定最先发现“症状”的地方，然后人工沿程序的控制流往回追踪源程序代码，直到找出错误根源或确定故障范围为止。

回溯法的另一种形式是正向追踪，也就是使用输出语句检查一系列中间结果，以确定最先出错的地方。对于小程序而言，回溯法是一种比较好的调试策略，往往能把故障范围缩小为程序中的一小段代码，仔细分析这段代码不难确定故障的确切位置。但是，随着程序规模的扩大，应该回溯的路径数目也会变得越来越大，以至彻底回溯变成不可能。

3)对分查找法

如果已经知道每个变量在程序内若干个关键点的正确值，则可以用赋值语句或输入语句在程序中点附近“注入”这些变量的正确值，然后检查程序的输出。如果输出结果是正确的，则故障在程序的前半部分；反之，故障在程序的后半部分。对于程序中有故障的那部分再重复使用这种方法，直到把故障范围缩小到容易诊断的程度为止。更普遍的软件调试策略是归纳法和演绎法。

4)归纳法

归纳法就是一种系统化的思考方法。所谓归纳法就是从个别推断一般的方法，这种方法从线索(错误征兆)出发，通过分析这些线索之间的关系找出故障，这种方法主要有下述四个步骤。

(1)收集有关的数据。列出已经知道的关于程序中哪些事做得对,哪些事做得不对的一切数据。类似的但并不产生错误结果的测试数据往往能提供宝贵的线索。

(2)组织数据。由于归纳法是从特殊推断出一般的方法,所以必须整理数据以便发现规律。在这一步特别重要的是发现矛盾,即什么条件下出现错误,什么条件下不出现错误。

(3)导出假设。分析研究线索之间的关系,力求找出它们的规律,从而提出关于故障的一个或多个假设。如果无法作出推测,则应该设计并执行更多的测试方案,以便获得更多的数据;如果可以作出多种假设,则首先选用其中可能性最大的那一个。

(4)证明假设。假设不等于事实,证明假设的合理性是极端重要的,不经证明就根据假设排除故障,往往只能消除错误的征兆或只能改正部分错误。

证明假设的方法是,用它解释所有原始的测试结果。如果能圆满地解释一切现象,则假设得到证实,否则要么是假设不成立或不完备,要么是有多个故障同时存在。

5)演绎法

演绎法从一般原理或前提出发,经过删除和精化的过程推导出结论。用演绎法调试开始时先列出所有可能成立的原因或假设,然后一个个地排除列举的原因,最后证明剩下的原因确实是错误的根源。演绎法主要有下述四个步骤:

(1)设想可能的原因。根据已有的数据,设想所有可能产生错误的原因。这一步并不需要用这些假设解释各种现象。

(2)用已有的数据排除不正确的假设。仔细分析已有的数据,特别要着重寻找矛盾,力求排除前一步列出的原因。如果所有列出的假设都被排除了,则需要补充数据(补充测试)以提出新的假设,如果余下的假设多于一个,则首先选择可能性最大的那一个。

(3)精化余下的假设。利用已知的线索进一步精化余下的假设,使之更具体化,以便精确确定故障的位置。

(4)证明余下的假设。这一步极端重要,它的具体做法与归纳法的第(4)步相同。

5.4　软件维护

1. 软件维护的定义

所谓软件维护就是在软件已经交付使用之后,为了改正错误或满足新的需要而修改软件的过程。我们可以通过描述软件交付使用后可能进行的四项活动,具体地定义软件维护。

1)改正性维护

因为软件测试不可能暴露出一个大型软件系统中隐藏的错误,所以必然会有改正性维护活动:在任何大型软件的使用期间,用户必然会发现程序错误,并且把它们遇到的问题报告给维护人员。我们把诊断和改正错误的过程称为改正性维护。

2)适应性维护

计算机科学技术领域的各个方面都在迅速进步,大约每过 36 个月就有新一代的硬件出现,经常推出新操作系统或旧系统的修改版本,时常增加或修改外部设备和其他系统部件;另一方面,应用软件的使用寿命却很容易超过 10 年,远远长于最初开发这个软件时的运行环境的寿命。因此,适应性维护也就是为了与变化了的环境适当地配合而进行的修改软件的活动，是既必要又经常的维护活动。

3)完善性维护

当一个软件系统顺利地运行时，常常出现完善性维护活动：在使用软件的过程中用户往往提出增加新功能或修改已有功能的建议，还可能提出一般性的改进意见。为了满足这类要求，需要进行完善性维护。这项维护活动通常占用软件维护工作的大部分时间。

4)预防性维护

当为了改进未来的可维护性或可靠性，或为了给未来的改进奠定更好的基础而修改软件时，出现了预防性维护活动。目前这项维护活动相对来说比较稀少。

从上述关于软件维护的定义不难看出，软件维护绝不仅限于纠正使用中发现的错误，事实上在全部维护活动中它们一般都是完善性维护。统计数据表明，完善性维护占全部维护活动的50％～66％，改正性维护占17％～21％，适应性维护占18％～25％。应该注意的是，上述的维护活动都必须应用整个软件配置，维护软件文档和维护软件的可执行代码是同样重要的。

2. 维护的特点

1)结构化维护与非结构化维护的对比

如果软件配置的唯一成分是程序代码，那么维护活动将从艰苦地评价程序代码开始，而且常常由于程序内部文档不足而使评价更困难。最终对程序代码所做的改动的后果是难以估量的：因为没有测试方面的文档，所以不可能进行回归测试。非结构化维护要付出巨大的代价，这种维护方式是没有使用良好定义的方法论开发出来的软件的必然结果。

如果有一个完整的软件配置存在，那么维护工作从评价设计文档开始，确定软件重要的结构特点、性能特点及接口特点；估量要求的改动将带来的影响，并且计划实施途径，这种维护称为结构化维护。结构化维护评价文档，确定软件特点，然后修改设计并对所做的修改进行回归测试；最后，把修改后的软件再次交付使用。结构化维护是子软件开发早期应用软件工程方法论的必然结果。软件的完整配置虽然不能保证维护中没有问题，但是确实能减少精力的浪费，并且能提高维护的总体质量。

2)维护的代价

在过去的几十年中，软件的维护费用稳步上升。1970年，用于维护已有软件的费用只占软件总预算的35％～40％；1980年，上升为40％～60％；1990年，上升为70％～80％。

维护费用只不过是软件维护的最明显的代价，其他一些现在还不明白的代价将来可能更为人们所关注。因为可用的资源必须供维护任务使用，以致耽误甚至丧失了开发的良机，这是软件维护的一个无形的代价。其他无形的代价还有：当看似合理的有关改错或修改的要求不能及时满足时，将引起用户不满；由于维护时的改动，在软件中引入了隐藏的故障，从而降低了软件的质量；当必须把软件工程师调来从事维护工作时，将在开发过程中造成混乱。

软件维护的最后一个代价是生产效率的大幅度下降，这种情况在维护旧软件时常常遇到。用于维护工作的劳动可以分成生产性活动和非生产性活动。维护工作量的模型为

$$M=P+K\times \exp(c-d)$$

其中，M是维护用的总工作量，P是生产性工作量，K是经验常数，c是复杂程度（非结构化

设计和缺少文档会增加软件的复杂程度)，d 是维护人员对软件的熟悉程度。

上述表达式表明，如果软件的开发途径不好(没有使用软件工程方法论)，而且原来的开发者不能参加维护，那么维护工作量将呈指数地增加。

3)维护的问题

与软件维护有关的绝大多数问题，都可归因于软件定义和软件开发的方法有缺点。在软件生存周期的头两个时期如果没有严格而又科学的管理和规划，必然会导致在最后阶段出现问题。这些问题概括如下。

(1)理解别人编写的程序通常是非常困难的，而且困难程度随着软件配置成分的减少而迅速增加。如果仅有程序代码而没有说明文档，则会出现严重的问题。

(2)需要维护的软件往往没有合格的文档，或者文档资料显著不足。认识到软件必须有文档仅仅是第一步，容易理解的并且与程序代码完成一致的文档才能真正有价值。

(3)当要求对软件进行维护时，不能指望由开发者给予仔细说明。由于维护阶段持续时间很长，因此当需要解释软件时，往往原来编写程序的人已经离开了。

(4)绝大多数软件在设计时没有考虑将来的修改。除非使用强调模块独立原理的设计方法论，否则修改软件既困难又容易产生差错。

(5)软件维护不是一项吸引人的工作，形成这种观念很大程度上是因为维护工作经常遭受挫折。

3. 维护过程

维护过程本质上是修改和压缩了软件定义和开发的过程，而且事实上远在提出一项维护要求之前，与软件维护有关的工作就已经开始了。首先必须建立一个维护组织，随后必须确定报告和评价的过程，而且必须为每个维护要求规定一个标准化的事件序列。此外，还应该建立一个适用于维护活动的记录保管过程，并且规定复审标准。

1)维护组织

每个维护要求都通过维护管理员转交给相应的系统管理员去评价，系统管理员被指定去熟悉一小部分产品程序，并对维护任务作出评价。

2)维护报告

应该用标准化的格式表达对所有软件的维护要求。软件维护人员通常给用户提供空白的维护要求表(软件问题报告表)，这个表由要求维护活动的用户填写。

3)维护的事件流

不管维护类型如何，维护时都需要进行同样的技术工作，包括软件设计、复查、必要的代码修改、单元测试、集成测试、验收测试和复审。不同的维护强调的重点不同，但是途径相同。维护事件流的最后一个时间是复审，它再次检验软件配置的所有成分的有效性，并且保证事实上满足了维护要求表中的要求。

4)保存维护记录

对于软件生存周期的所有阶段，以前的记录保存都是不充分的，而软件维护则根本没有记录保存下来。维护记录应该记录下程序标识、源代码数量、维护类型等数据。可以利用这些维护记录构成一个维护数据库，方便对维护进行评价。

5)评价维护活动

根据维护工作的记录,可对维护工作定量度量,进一步可以作出关于开发技术、语言选择、维护工作量规划、资源分配等其他方面的决定,而且可以利用这样的数据去分析、评价维护任务。

习　题　5

一、选择题

1. 按照程序的逻辑路径(过程)进行测试的方法是(　　)。

A. 白盒法　　B. 黑盒法　　C. 路径法　　D. 逻辑法

2. 关于系统测试工作,以下叙述正确的是(　　)。

A. 遵循谁开发谁测试的原则　　B. 不能用错误的数据测试

C. 功能超出设计更好　　D. 保留存档测试用例

3. 单元测试也称(　　),通常在编码阶段进行。

A. 模块测试　　B. 子系统测试　　C. 系统测试　　D. 验收测试

4. 适合于白盒测试的技术主要有(　　)。

A. 等价划分法　　B. 边界值分析法　　C. 错误推测法　　D. 逻辑覆盖法

二、填空题

1. ____________是在测试发现错误之后诊断并排除错误的过程。

2. 程序设计风格包括 4 个方面:____________、____________、____________和 I/O 方法。

三、判断题

1. 用结构化程序设计方法产生的程序由许多模块组成,每个模块只有一个入口和一个出口。　　(　　)

2. 测试过程中没有发现错误就能证明程序的正确性。　　(　　)

3. 测试用例不仅包括测试数据,还包括与之对应的预期结果。　　(　　)

四、简答题

1. 程序设计语言有哪几类? 请比较它们的优、缺点。

2. 程序设计风格包括哪几个方面? 试简述之。

3. 白盒测试都有哪些不同的覆盖标准?

4. 什么是软件调试? 软件调试应遵循哪些原则?

五、综合题

1. 现有一个小程序,能够求出 3 个在－10000～＋10000 之间整数中的最大者,试用等价类划分法设计测试用例。

2. 程序的规格说明要求:输入的第一个字符必须是＃或＊,第二个字符必须是一个数字,在此情况下进行文件的修改;如果第一个字符不是＃或＊,则给出信息 N,如果第二个字符不是数字,则给出信息 M。试用因果图法设计测试用例。

第6章　面向对象方法学

面向对象方法(Object-Oriented Method)是一种很实用的软件开发方法,简称OO(Object-Oriented)方法,是建立在"对象"概念基础上的方法学,其起源于20世纪60年代末挪威奥斯陆大学和挪威计算机中心共同研制的Simula 67编程语言。在Simula 67中引入了类和数据抽象的概念,但真正为面向对象程序设计奠定基础的是Alan Keyz等人推出的Smalltalk语言,"面向对象"一词由Smalltalk首次采用。1976年推出Smalltalk-72,1978年推出Smalltalk-76,1981年Xerox Learning Research Group推出Smalltalk-80。通过Smalltalk-80的研究和推广应用,使软件开发者认识到OO方法所拥有的信息封装与隐蔽、模块化、继承性、抽象性、多样性等独特之处,这些优异特性为研制大型软件、提高软件可靠性、可维护性、可扩充性和可重用性提供了有效的途径。面向对象技术已成为软件开发的主流技术。

6.1　传统软件开发方法与面向对象方法的比较

思维方式决定解决问题的方式。传统软件开发方法与面向对象方法在思维方式上存在区别。传统软件开发方法是面向过程、面向功能的方法,其主要思想是将软件系统模块化,在此基础上还可以再分成若干个程序单元,这些单元可以通过一系列程序过程实现。而后者是面向对象的方法,其主要思想是尽可能模拟人们习惯的思维方式,使开发软件的方法与过程尽可能接近于人们认识世界、解决问题的方法与过程,也就是说,使描述问题的问题空间(问题域)与实现解法的解空间(求解域)在结构上尽可能一致。所谓问题空间是指软件系统所涉及的应用领域和业务范围(现实世界),解空间是指用于解决某些问题的软件系统。

传统软件开发方法曾给软件产业带来巨大进步,部分缓解了软件危机,许多中小规模软件项目运用该方法获得了成功。但是,这种方法应用于大型软件产品开发时,却很少取得成功,其主要存在如下问题。

(1)传统软件开发方法无法实现从问题空间到解空间的直接映射。

(2)由于传统软件开发方法中数据与代码(操作)分离,使得传统软件开发方法无法实现高效的软件复用,而且,存在使用错误的数据调用正确的代码或使用正确的数据调用错误的代码的危险。例如,在多人分工合作开发一个大型软件系统的过程中,如果负责设计数据结构的人员中途改变了某个数据的结构却未及时通知其他人员,则会发生许多不该发生的错误。

(3)传统软件开发方法难以实现从分析到设计的直接过渡。

针对传统软件开发方法的缺点,人们提出了面向对象方法。随着Smalltalk-76和Smalltalk-80语言的推出,面向对象的程序设计方法得到了比较完善的实现。此后,面向对象的概念和应用已超越了程序设计和软件开发,扩展到如数据库系统、交互式界面、分布式系统、网络管理结构和人工智能等领域。面向对象开发方法比较自然地模拟了人类认识客观世界的方式，到了20世纪90年代，面向对象方法已经成为人们开发软件系统的首选。正是面向对象软件技术的广泛应用，推动了面向对象软件工程方法学的发展。

面向对象开发方法是一种把面向对象的思想应用于软件开发过程，指导开发活动的系统方法。它对软件开发过程所有阶段进行综合考虑，使问题空间与解空间具有一致性，从而降低了复杂性。它用符合人类认识世界的思维方式来分析和解决问题，使软件生存周期各阶段所用的方法、技术具有高度的连续性。它以对象为中心构造系统，而不是以功能为中心，能很好地适应需求变化，将面向对象分析（Object-Oriented Analysis，OOA）、面向对象设计（Object-Oriented Design，OOD）、面向对象编程（Object-Oriented Programming，OOP）有机地集成在一起，有利于系统的稳定性。由于对象所具有的封闭性和信息隐蔽性，使得软件具有很强的独立性和良好的可重用性。

归纳起来，面向对象开发方法的优点如下。

1. 与人们习惯的思维方式一致

面向对象方法以对象为中心，使用对象模拟现实世界中的概念，而不是以算法为中心，所以计算机观点已被淡化，软件开发者在开发系统时，能够更多地使用用户应用领域中的概念去思考问题。在整个开发过程中都在考虑如何建立问题域对象模型；如何对问题域进行自然的对象分解；如何确定需要使用的类和对象；如何建立对象之间的联系。这样的开发过程和人们在解决复杂问题时逐步深化的渐进过程是一致的。

2. 提高软件系统的可重用性

可重用性是面向对象方法开发软件的核心思路。从一开始，对象的产生就是为了重复利用，完成的对象将在今后的程序开发中被部分或全部地重复利用。面向对象的基本特征是抽象性、封装性、继承性、多态性，这四大特征都或多或少地围绕可重用性这个核心，而其中的继承性是主要的重用机制。通过上级父类派生出下级子类，子类不仅可以重用其父类的数据结构和程序，而且可以在其父类的基础上，方便地进行子类的修改和扩充，极大地提高了软件开发的效率。

3. 降低系统的复杂度

面向对象是降低系统复杂度的好方法。首先，它按类来组织系统，把系统分成几个大的部分，每个部分又由更小的子类组成，如此细分下去直到能轻易实现它为止，这种分而治之的方法符合人们解决复杂问题的习惯。其次，它采用从抽象到具体的顺序来把握事物，抽象让人们用少量精力先掌握事物的共性，然后再去研究事物更具体的特性，这种逐渐细化的方法也符合人类解决复杂问题的习惯。许多软件开发公司的经验表明，当把面向对象方法学用于大型软件开发时，能较好地降低系统复杂度，软件成本明显降低，软件的整体质量也得到提高。

4. 提高软件的可靠性

由于面向对象的应用程序包含了通过测试的标准部分，大量代码来源于成熟可靠的类库，因而新开发程序的新增代码明显减少，这是提高软件可靠性的一个重要原因。

5. 提高软件的可维护性和可扩充性

当系统的功能需求发生变化时，通常仅修改与之相关的类或对象。类是独立性较强的模块，对象的封装性较好地实现了模块独立和信息隐藏，因此，当修改该类时，不易发生波动效应，只要接口不变，就不影响其他部分，提高了软件的可维护性。同时，由于对象具有良好的模块独立性和继承性，使得扩充与修改变得相对容易。

6. 提高软件的稳定性

需求变化是软件开发面临的重要难题之一。用户似乎从来不知道他们真正的需求是什么，或许他们真正的需求也是在变化着的。事实上，大部分用户需求变化是针对功能的。因为面向对象的软件系统的结构是根据问题域的模型建立起来的，而不是基于对系统要完成的功能的分解，所以，当软件系统的功能需求发生变化时并不会引起软件结构的整体变化，通常只需作一些局部性的修改。例如，从已有类派生出一些新的子类以实现功能扩充或修改，增加或删除一些对象等。总之，由于现实世界中的实体是相对稳定的，因此，以对象为中心构造的软件系统也比较稳定。

6.2 面向对象方法的基本概念

Peter Coad 和 Edward Yourdon 提出用下列等式来识别面向对象方法，即

面向对象＝对象＋类＋继承＋通过消息的通信

也就是说，面向对象是既使用对象（Objects）又使用类（Classes）和继承（Interitance）等机制，而且对象之间仅通过传递消息（Messages）来实现彼此通信。

如果只使用对象和消息，则这种方法是基于对象的（Object-based）方法，而不能称为面向对象的方法；如果把所有对象都划分为类，则这种方法称为基于类的（Class-based）方法，但仍然不是面向对象的方法。只有同时使用对象、类、继承和消息的方法，才是真正面向对象的方法。

6.2.1 对象

在现实世界中，每个实体都是对象，对象是现实世界中一个个实际存在的事物，是构成客观世界的独立单位，它可以是有形的，也可以是无形的。每个对象都有它的静态的属性和动态的行为。例如，一位学生是一个对象，他有学号、姓名、性别、出生日期等属性。又如开会，那么这个“会”也是一个对象，它是抽象的、看不到的，但却是实际存在的。可见，对象是问题域中某个实体的抽象。

1. 对象的定义

对象是系统中用于描述客观事物的实体，是构成系统的基本单位。每个对象由名字、一组属性和对这组属性进行操作的一组服务（或称为方法，Method）来定义。

属性和服务是构成对象的两个主要因素，即对象＝属性＋服务。属性是用于描述对象的静态特征的数据项，在C＋＋语言中属性称为数据成员，一般通过封装在对象内部的数据存储来定义。如果对象的数据存储都赋了值，那么这个对象的状态就确定了。服务描述了对象执行的功能，用于描述对象的动态行为，在C＋＋语言中服务称为成员函数。若通过消息传递，还可以为其他对象使用。对象属性的值只能通过执行对象的服务来改变。

2. 对象的特点

(1)对象以数据为中心。所有操作都与对象的属性相关,而且操作的结果往往与当时所处的状态(数据的值)有关。

(2)对象是消息处理的主体。它与传统的数据有本质区别,对象不是被动地等待对它进行处理,而是进行处理的主体。为了完成某个操作,必须通过对象的公共接口向对象发送消息,请求公共接口执行对象的某个操作,以处理对象的私有数据,而不能从外部直接加工对象的私有数据。

(3)对象具有数据封装性。对象是一个黑盒,它的私有数据完全被封装在盒子中,对外隐蔽,对私有数据的访问只能通过公有操作进行。为了使用对象内部的私有数据,只需知道数据的取值范围和可以访问该数据的操作,无须知道数据的具体数据结构和操作的实现算法。

(4)模块独立性好。对象是由数据及可以对这些数据施加的操作所组成的统一体,故对象内部的各种成分彼此相关,联系紧密,内聚性强。又由于完成对象功能所需的数据和操作基本上都被封装在对象内部,它与外界的联系较小,因此,对象之间的耦合通常比较松散。

(5)对象具有并行性。不同的对象各自独立地处理自身的数据,彼此通过发送消息、传递消息来完成通信。

6.2.2　类

类是具有相同属性和服务的一组对象的集合。类的定义包括类名、一组数据属性和在数据上的一组合法操作。在一个类中,每个对象都有相同的属性,都可使用类中定义的方法,但是属性值可以不同。

例如,一个面向对象的图形程序,它在屏幕左上角显示一个半径为2 cm的红色的圆,在屏幕左下角显示一个半径为3 cm的绿色的圆,在屏幕右下角显示一个半径为4 cm的蓝色的圆。虽然这三个圆的圆心坐标、半径和颜色互不相同,是3个不同的对象,但是它们具有相同的属性(圆心坐标、半径、颜色)和相同的操作(显示、缩放、移动等)。因此,它们是同一类事物,可以用一个类(如Circle类)来定义。可见,类是这些对象的抽象描述,实例(Instance)是由某个特定的类所描述的一个具体的对象。当使用“对象”这个术语时,既可以指一个具体的对象,也可以泛指一般的对象,但是当使用“实例”这个术语时,必然是指一个具体的对象。

6.2.3　继承

继承是面向对象描述类之间相似性的重要机制,体现了类的层次关系。继承是在现存类定义的基础上定义新类的技术,现存类称为父类(一般类、基类),新类称为子类(特殊类、派生类)。面向对象软件技术中许多突出的优点和强有力的功能都来源于把类组成一个层次结构的系统(类等级)。一个类的上层可以有父类,下层可以有子类,这种层次结构系统的一个重要性质是继承性,一个子类直接继承其父类的全部描述。图6-1描述了实现继承机制的原理。

图6-1中以X、Y两个类为例,其中Y类是从X类派生出来的子类,它除了继承父类的

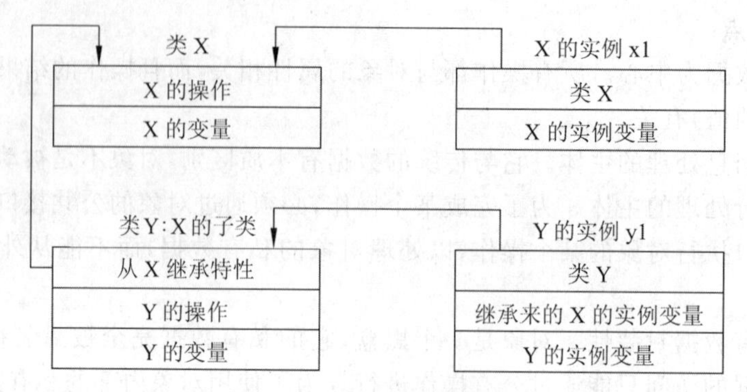

图 6-1 继承机制的原理

特性外，还可以具有自己定义的特性。当创建 X 类的实例 xl 时，xl 以 X 类为样板建立实例变量(在内存中分配所需空间)，但是它并不从 X 类中复制所定义的方法。当创建 Y 类的实例 yl 时，既要以 Y 为样板建立实例变量，又要以 X 类为样板建立实例变量，yl 所能执行的操作既有 Y 类中定义的方法，又有 X 类中定义的方法，这就是继承。当然，如果 Y 类中又定义了和 X 类中同名的数据或操作，则 yl 仅使用 Y 类中定义的这个数据或操作；除非采用特别措施，否则 X 类中与之同名的数据或操作在 yl 中就不能使用。

继承具有传递性，如果 Z 类继承 Y 类，Y 类继承 X 类，则 Z 类继承 X 类。因此，一个子类实际上继承了在它上层的全部基类的所有描述，也就是说，属于某类的对象除了具有该类所描述的性质外，还具有类等级中该类上层全部基类描述的一切性质。当一个类只允许有一个父类时，也就是说，当类等级为树形结构时，类的继承是单继承；当允许一个类有多个父类时，类的继承是多重继承。多重继承的类可以组合多个父类的性质构成所需的性质，因此功能更强，但是使用多重继承的类时要注意避免二义性。

继承性使得相似的对象可以共享程序代码和数据结构，从而大大减少了程序中的冗余信息。使用从原有类派生出新的子类的办法，使得对软件的修改变得比过去容易得多。当需要扩充原有的功能时，派生类的方法可以调用基类的方法，并在此基础上添加必要的程序代码；当需要完全改变原有操作的算法时，可以在派生类中实现一个与基类方法同名而算法不同的方法；当需要增加新的功能时，可以在派生类中实现一个新的方法。有了继承性，还可以用把已有的一般性的解加具体化的办法，来达到软件重用的目的。

6.2.4 消息

消息就是一个对象向另一个对象传递的信息。通常，一个消息由接收消息对象的标识、消息名、零个或多个变元组成。当一个消息发送给某个对象时，包含要求接收对象去执行某些活动的信息。接收到信息的对象经过解释，然后予以响应，这种通信机制称为消息传递。发送消息的对象不需要知道接收消息的对象如何响应请求。

例如，MyCircle 是一个半径为 3 cm、圆心坐标为(200,200)的 Circle 类的对象，也就是 Circle 类的一个实例，当要求它以红色在屏幕上显示时，在 C＋＋语言中应该向它发送下列消息：

MyCircle. Show(RED)；

其中，MyCircle 是接收消息的对象的名字，Show 是消息名，RED 是消息的变元。当 MyCircle 接收到该消息后，将执行在 Circle 类中定义的 Show 操作。

6.2.5 多态性和动态绑定

多态性(Polymorphism)是指相同的操作或函数、过程作用于不同的对象上并获得不同的结果。利用多态性用户可发送一个通用的信息，而将所有的实现细节都留给接收消息的对象自行决定，于是同一消息即可调用不同的方法。

多态的实现受到继承的支持，利用类的继承的层次关系，把具有通用功能的消息存放在高层次，而不同的实现这一功能的行为放在较低层次，在这些低层次上生成的对象能够给通用消息以不同的响应。

例如，在父类“几何图形”中定义了一个方法“绘图”，但是并不确定执行时绘制一个什么具体形状。子类“椭圆”和“多边形”都继承了“几何图形”的“绘图”方法，但是功能却不相同。

多态有几种布控的形式，Cardelli 和 Wegner 把它分为四类：参数多态、包含多态、过载多态、强制多态。其中，参数多态和包含多态称为通用多态，过载多态和强制多态称为特定多态。包含多态在许多语言中都存在，最常见的例子就是子类型化，即一个类型是另一个类型的子类型。过载多态是同一个变量被用于表示不同的功能而通过上、下文以决定一个名字所代表的功能。

动态绑定(Dynamic Binding)是在运行时根据对象接收的消息动态地确定要连接的服务代码。动态绑定是与类的继承和多态相联系的。在继承关系中，子类是父类的一个特例，所以父类对象可以出现的地方，子类对象也可以出现。因此在运行过程中，当一个对象发送消息请求服务时，要根据接收对象的具体情况将请求的操作与实现的方法进行连接，即动态绑定。使用虚函数可实现动态联编，不同联编可以选择不同的实现，这便是多态性。继承是动态联编的基础，虚函数是动态联编的关键。

实现多态性的基本步骤(以 C++程序为例)如下：

(1)在基类中，定义成员函数为虚函数(Virtual)；

(2)定义基类的公有(Public)派生类；

(3)在基类的公有派生类中“重载”该虚函数；

(4)定义指向基类的指针变量，它指向基类的公有派生类的对象。

注意：重载虚函数不是一般的重载函数，它要求函数名、返回类型、参数个数、参数类型和顺序完全相同。

程序举例：

```
# include < iostream>
using namespace std;
class B0                          //基类 B0 声明
{public:                          //外部接口
   virtual void display()         //虚成员函数
   {cout< < "B0::display()"< < endl;}
};
```

```
class B1:public B0                    //公有派生
{public:
    void display(){cout< < "B1::display()"< < endl;}
};

class D1:public B0                    //公有派生
{public:
    void display(){cout< < "D1::display()"< < endl;}
};

void fun(B0 * ptr)                    //普通函数
{ptr->display();}

void main()                           //主函数
    {B0 b0,* p;                       //声明基类对象和指针
    B1 b1;                            //声明派生类对象
    D1 d1;                            //声明派生类对象
    p=&b0;
    fun(p);                           //调用基类 B0 函数成员
    p=&b1;
    fun(p);                           //调用派生类 B1 函数成员
    p=&d1;
    fun(p);                           //调用派生类 D1 函数成员
}
```

运行结果：

```
B0::display()
B1::display()
D1::display()
```

6.2.6 永久对象

永久对象是指生存周期可以超越程序的执行时间而长期存在的对象。

目前，大多数 OOPL（面向对象程序设计语言）不支持永久对象，如果一个对象要长期保存，必须依赖于文件系统或数据库管理系统实现，程序员需要做对象与文件系统或数据库之间数据格式的转换，以及保存和恢复所需的操作等烦琐的工作。

为了实现永久对象，使上述烦琐工作由系统自动完成，需要较强的技术支持；需要一个基于永久对象的对象管理系统 OMS（Object Management System），能够描述和处理永久对象的编程语言。

6.3　面向对象建模方法

6.3.1　建模的目的与重要性

在软件开发之前首先要理解所要解决的问题。对问题理解得越透彻，就越容易解决它。为了更好地理解问题，人们常常采用建模的方法。随着软件系统规模的增加，需要在软件开发过程中引入更多的规范。建模是人类理解和解决问题的一种有效策略，也是软件工程方法学中最常使用的工具。

模型就是显示客观世界的形状或状态的抽象模拟和简化，是系统的一个抽象，提供了系统的骨架和蓝图。模型为人们展示系统的各个部分是如何组织起来的，模型可以是抽象的或详细的。一个好的模型注重与某种特定情形相关的方面，而忽略其他细节。每个系统都可以从不同的方面利用不同的模型来描述，如结构方面和动态方面。

面向对象建模的目的就是要为正在开发的系统指定一个精确、简明和易于理解的对象模型。建模是为了能够更好地理解正在开发的系统，通过建模可以达到以下 4 个目的：

(1)模型有助于按照实际情况或按照所需的样式对系统进行可视化；

(2)模型能够规约系统的结构和行为；

(3)模型给出了指导构造系统的模板；

(4)模型对做出的决策进行文档化。

建模不仅针对大型的软件系统，一个小型的软件也能从建模过程中获益。事实上，系统越大、越复杂，建模就越重要。

在软件系统的开发过程中，建模的一个重要原因在于描述系统的复杂性。通过建模，可以缩小所研究问题的范围，因此只需重点研究一个较小的方面，这就是“分而治之”的策略，即把一个困难问题划分成一系列能够解决的较小问题，对这些较小问题的解决就构成了对复杂问题的解决。

建模的另一个重要原因在于交流。开发者可以使用模型讨论和交流系统的设计方案，用户可以从模型中更好地理解目标系统所能提供的各种可能的功能，因此，模型在支持开发者之间、开发者与用户之间的交流过程中起着非常重要的作用。

同时，模型还为以后的软件维护和升级提供了文档。在软件的维护阶段，维护人员通常已经不是当时的软件开发者了，因此模型可以帮助维护人员更好、更快地了解系统的思路和细节。

建模是构造软件系统最基本的步骤，在软件工程学中提供了多种多样的建模方法和高效的工具，其目的是为了在软件开发过程的早期就发现设计中可能隐藏的缺陷和错误。现在的大型软件系统，采用一种合适的建模方法，建立一个良好的模型是成功的关键。目前，面向对象开发方法的研究已日趋成熟，国际上已有不少面向对象的产品出现。面向对象开发方法包括 Booch 方法、Coad-Yourdon 方法、OMT 方法和 OOSE 等。

6.3.2 Booch 方法

Booch 方法是由 Grady Booch 提出的，是最早出现的面向对象设计的方法。Grady Booch 是面向对象方法最早的倡导者之一，他提出了面向对象软件工程的概念。Booch 方法第一次提出了识别对象的方法，以及对象的动态模型和静态模型，为面向对象分析奠定了基础。在面向对象设计中提出了相应的物理模型，系统的开发过程就是系统的逻辑模型和物理模型不断细化的迭代和渐进的开发过程。Booch 方法通过二维图形来建立面向对象的分析和设计模型，强调设计过程的迭代，直到满足要求为止。

Grady Booch 认为，软件开发是一个螺旋上升的过程，在螺旋上升的每个周期中有以下步骤：

(1)标识类和对象；

(2)确定类和对象的含义；

(3)标识类和对象之间的关系；

(4)说明每一个类的界面和实现。

Booch 的 OOD 模型如图 6-2 所示。

Booch 方法特别注重对系统内对象之间相互行为的描述，注重可交流性和图示的表达。Booch 方法把几类不同的图表有机地结合起来，以反映系统的各个方面是如何进行相互联系而又相互影响的。这些图贯穿于逻辑设计到物理设计的开发过程中，除了类图、对象图、模块图和进程图外，还使用了两种动态描述图，一种是描述特定类实例的状态图，另一种是描述对象间事件变化的时序图。

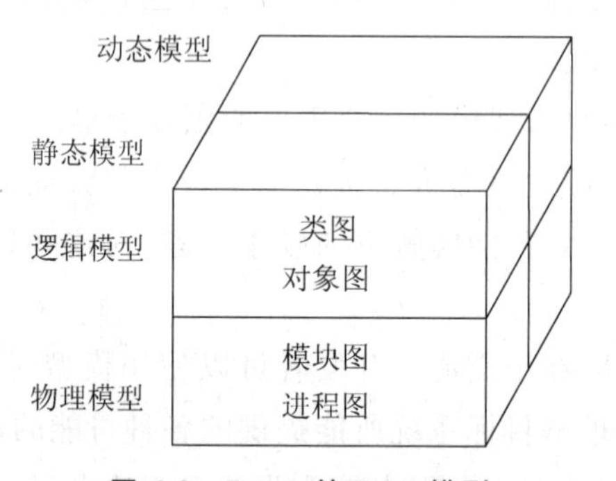

图 6-2 Booch 的 OOD 模型

6.3.3 Coad-Yourdon 方法

Coad-Yourdon 方法是 1989 年由 Coad 和 Yourdon 提出的面向对象开发方法。该方法的主要优点是通过对多年来大规模系统的开发经验与面向对象概念的有机结合，在对象、结构、属性和操作的认定方面，提出了一套系统的原则。该方法完成了从需求角度进一步进行类和类层次结构的认定。尽管 Coad-Yourdon 方法没有引入类和类层次结构的术语，但事实上已经在分类结构、属性、操作、消息关联等概念中体现了类和类层次结构的特征。

1. OOA模型

OOA模型由五个层次和五个活动组成。

五个层次为对象类层、属性层、服务层、结构层和主题层，这五个层次表示分析的不同侧面。

五个活动为标识对象类、定义属性、定义服务、标识结构和定义主题。

在该模型中定义了两种对象类之间的结构，一种是分类结构，一种是组装结构。分类结构是一般与特殊关系，是一种"is a"关系。组装结构是整体与部分关系，是一种"has a"关系。

2. OOD模型

OOD模型是在OOA模型五个层次的基础上，建立系统的四类组元。图6-3是OOD模型示意图。

图6-3　Coad-Yourdon的OOD模型

6.3.4　OMT方法

OMT(Object Modeling Technology)是对象建模技术的简称，它是1991年由James Rumbaugh等5人提出的，其经典著作为《面向对象的建模与设计》。OMT方法是一种新兴的面向对象的开发方法，开发工作的基础是对真实世界的对象建模，然后围绕这些对象使用分析模型来进行独立于语言的设计，面向对象的建模和设计促进了对需求的理解，有利于开发出更清晰、更容易维护的软件系统。OMT方法为大多数应用领域的软件开发提供了一种实际、高效的保证，努力寻求一种问题求解的实际方法。

OMT方法包含一整套的面向对象概念和独立于语言的图示符号。它可以用于分析问题需求、设计问题的解决方案及用程序设计语言或数据库来实现这个解决方案。OMT方法用一致的概念和图示贯穿于软件开发的全过程，这样软件开发人员不必在每个开发阶段更换使用新的表示方法。

OMT方法从对象模型、动态模型、功能模型等3个不同但又相关的角度来进行系统建模。这3个角度各自用不同的观点抓住了系统的实质，全面地反映系统的需求。其中，对象模型表示了系统的数据性质，动态模型表示了系统的控制性质，功能模型表示了系统的功能性质。在软件的开发周期中，这3种模型都在逐渐发展：在分析阶段，构造出不考虑最终设计的问题域模型；在设计阶段，解空间的结构被加入到模型中；在实现阶段，问题域及解空间的结构被编码。

6.3.5　OOSE方法

OOSE(Object Orient Software Engineering)是面向对象软件工程的简称，它是由Ivar

Jacobson 于 1994 年提出的。OOSE 方法最大的特点是面向用例(Use-Case),并在用例的描述中引入了外部角色的概念。用例的概念是精确描述需求的重要武器,但用例贯穿于整个软件生存周期,包括对系统的测试和验证。OOSE 方法比较适合支持商业工程和需求分析。

OOSE 方法包括需求分析、设计、实现和测试等 4 个阶段,首先描述与系统有关的用户视图,然后建立分析模型,最后的构造过程则完成交互设计、实现和测试。OOSE 开发过程可完成规定的步骤,这期间允许少量的阶段反复。

6.4 UML

软件工程领域在 1995—1997 年取得了前所未有的进展,其成果超过软件工程领域之前 15 年的成就总和,其中最重要的成果之一就是统一建模语言(Unified Modeling Language, UML)的出现。UML 是面向对象技术领域中占主导地位的标准建模语言。

UML 不仅统一了 Booch 方法、OMT 方法、OOSE 方法的表达方式,而且对其作了进一步的扩展,最终统一为大众接受的标准建模语言。

6.4.1 UML 的形成历史

UML 是软件界第一个统一的建模语言,该方法结合了 Booch 方法,OMT 方法和 OOSE 方法的优点,统一了符号体系,并从其他的方法和工程实践中吸收了许多经过实际检验的概念和技术。UML 是 OMG(对象管理组织,官方网站是 http://www.omg.org)的公开标准之一。UML 的官方网站是 http://www.uml.org。

UML 是在多种面向对象建模方法的基础上发展起来的建模语言,主要用于软件密集型系统的建模。它的演化,可以按其性质划分为以下几个阶段:最初的阶段是专家的联合行动,由三位面向对象方法学家 Booch、Rumbaugh、Jacobson 将他们各自的方法结合在一起,形成 UML 0.9;第二阶段是公司的联合行动,由十几家公司组成的"UML 伙伴组织"将各自的意见加入 UML,形成 UML 1.0 和 UML 1.1,并向 OMG 申请成为建模语言规范的提案;第三阶段是在 OMG 控制下的修订与改进,OMG 于 1997 年 11 月正式采纳 UML 1.1 作为建模语言规范,然后成立任务组进行不断的修订,并产生了 UML 1.2、UML 1.3、UML 2.0、UML 2.2、UML 2.3 等版本。具体而言,UML 的形成和发展如图 6-4 所示。

6.4.2 UML 的特点

1. 统一标准

UML 统一了 Booch 方法、OMT 方法、OOSE 方法等方法中的基本概念,已成为工业标准化组织 OMG 的正式标准,提供了标准的面向对象的模型元素的定义和表示法,有标准的语言工具可用。

2. 面向对象

UML 支持面向对象的主要概念,提供了一批基本的模型元素的表示图形和方法,能简明地表达面向对象的各种概念和模型元素。

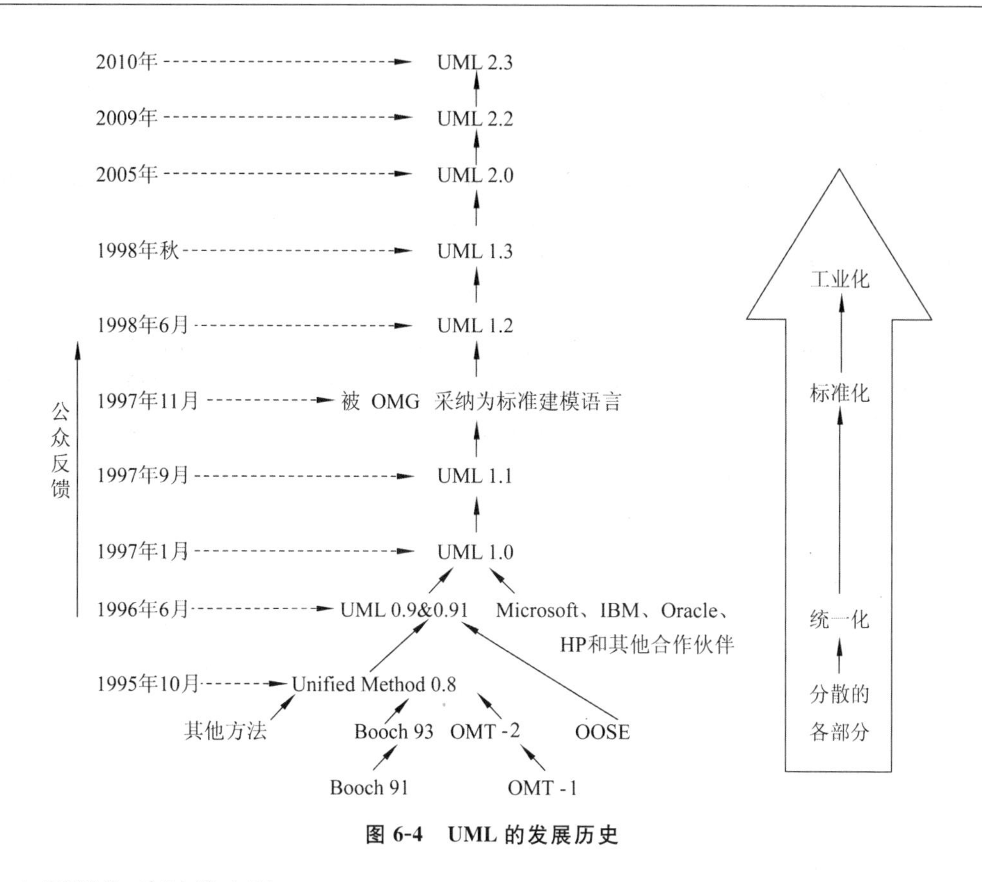

图 6-4 UML 的发展历史

3. 可视化、表达能力强

系统的逻辑模型或实现模型都能用 UML 模型清晰的表示，可用于复杂软件系统的建模。

4. 易掌握、易用

UML 的概念明确，建模表示法简洁明了，图形结构清晰，易于掌握使用。着重学习三个方面的主要内容：UML 的基本模型元素、组织模型元素的规则、UML 语言的公共机制。

5. 独立于过程

UML 是系统建模语言，不依赖特定的开发过程。

6. 与编程语言的关系

用 C++、Java 等编程语言可以实现一个系统。支持 UML 的一些 CASE 工具(如 Rose)可以根据 UML 所建立的系统模型自动产生 C++、Java 等代码框架，还支持这些程序的测试和配置管理等环节的工作。

6.4.3 UML 的模型元素

UML 的模型元素主要包括三个方面，即基本构造块(Basic Building Blocks)、支配这些构造块放在一起的规则(Rules)和一些运用于整个 UML 的公共机制(Common Mechanisms)。其中，UML 基本构造块包含事物(Things)、关系(Relationships)和图(Diagrams)三种类型。

1. 事物

UML 中将各种事物归纳为四类，即结构事物、行为事物、分组事物和注释事物。

1)结构事物

结构事物是 UML 模型的静态部分，主要用于描述概念元素或物理元素，包括类、接口(Interface)、主动类(Active Class)、用例(Use Case)、参与者(Actor)、协作(Collaboration)、构件(Component)、节点(Node)和制品(Artifact)。

(1)类(Class)。

类由三部分组成，即类名、属性和操作。UML 中的类用矩形表示，如图 6-5(a)所示，顶部区域显示类名，中间区域列出类的属性，底部区域列出类的操作。此外，绘制类元素时，可根据建模实际情况隐藏类的属性或操作部分。

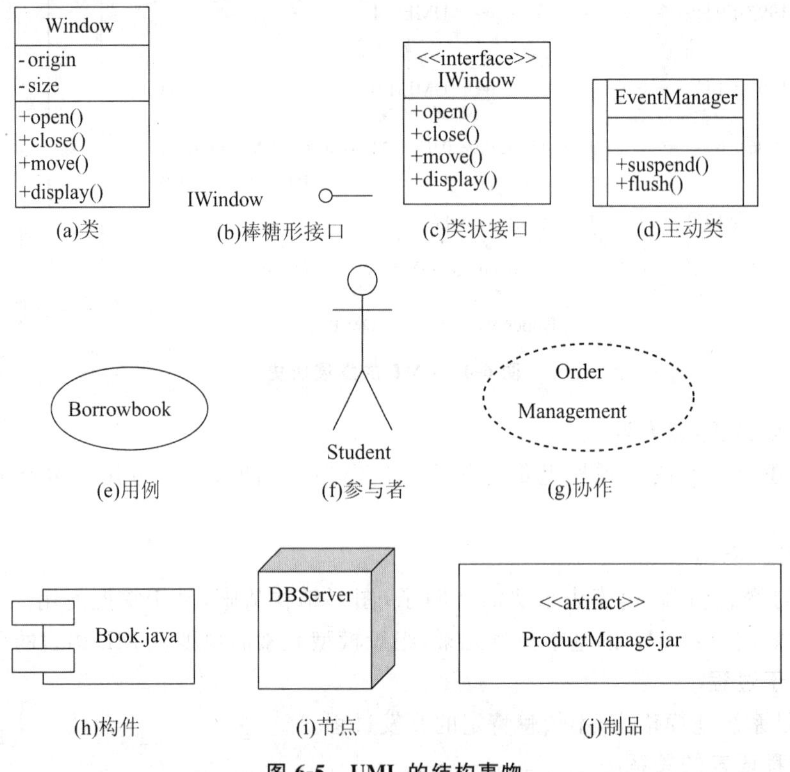

图 6-5 UML 的结构事物

(2)接口。

接口描述了一个类或构件的一组外部可用的服务(操作)集。接口定义的是一组操作的描述，而不是操作的实现。一般把接口画成从实现它的类或构件引出的棒糖形，如图6-5(b)所示。在 UML 中，接口声明时还可使用关键字<< interface >>的类表示，如图 6-5(c)所示。接口体现了使用与实现分离的原则。接口很少单独存在，而是依附于实现接口的类或构件。

(3)主动类。

主动类是其对象拥有一个或多个进程或线程的类。它是一种特殊的类，UML 引入主动类的目的是在实际开发中需要一些类能够起到启动控制活动的作用。主动类的对象所表现的元素行为与其他元素的行为并发。在图形上，为了与普通类区分，UML 2.x中主动类用两侧加边框的矩形表示，所图6-5(d)所示。UML 1.x中主动类用外边框为粗线条的矩形表示。

(4)用例。

用例表示系统想要实现的行为，不关心这些行为是怎样实现的。在图形上，用例用一个仅包含其名字的实线椭圆表示，如图6-5(e)所示。

(5)参与者。

参与者也称为行动者或角色。参与者定义了一组与系统有信息交互关系的人、事、物，在图形上用一个简化的人形符号表示，如图6-5(f)所示。

(6)协作。

协作完成某个特定任务的一组类及其关联的集合，用于对用例的实现建模。在UML中，协作用虚线椭圆表示，如图6-5(g)所示。可根据需要决定在椭圆内部是否画出参与协作的角色结构分栏，在实际应用中，协作就是某个用例的实现。

(7)构件。

构件也称为组件，是系统中物理的、可替代的部件。它通常描述一些逻辑元素的物理包。在图形上，构件用一个带有小方框的矩形来示，如图6-5(h)所示。

(8)节点。

节点是系统在运行时存在的物理元素，代表一种计算资源，通常具有存储空间和执行能力，如一台服务器、打印机等。在UML中，节点用一个立方体表示，如图6-5(i)所示。

(9)制品。

制品又称为工件，是被软件开发过程所利用或通过软件开发过程所产生的一段物理信息说明，如外部文档或工作产物，或者由部署和系统操作产生。工件实例被部署到节点实例上，通过代表对源码信息或运行时信息的物理打包。在UML中，制品通过在制品名上标有关键字<< artifact >>的矩形表示，如图6-5(j)所示。

2)行为事物

行为事物是UML模型的动态部分，包括交互(Interaction)、状态机(State Machine)两种，它们通常与各种结构元素如类、协作等相关。

(1)交互。

交互由在特定的上、下文环境中共同完成一定任务的一组对象之间传递的消息组成。在UML中，交互的消息画成一条有向直线，并在上面标有操作名。交互涉及的元素包括消息、动作序列(由一个消息所引起的行为)和链(对象间的连接)。对象是类的实例，在使用时需要在其名字下边加下画线。在UML中，对象的表示分成有名对象和匿名对象。图6-6(a)描述了匿名Company对象和有名Person对象p之间的交互。图6-6(b)给出了消息的表示方法。

(2)状态机。

状态机描述了一个对象或一个交互在生存周期内响应事件所经历的状态序列。状态机涉及的元素包括状态、转换、事件活动等。其中，状态用圆角矩形来表示，如图6-6(c)所示。

(3)分组事物。

分组事物是UML模型的组织部分,它的作用是降低模型的复杂性。

包(Package)是把模型元素组织成组的机制,结构事物、行为事物甚至其他分组事物都可以放进包内。包不像构件(仅在运行时存在),它纯粹是概念上的(仅在开发时存在)。包的图形如图6-6(d)所示。

(4)注释事物。

注释事物是依附于一个元素或一组元素之上,对其进行约束或解释的简单符号。在UML中,主要的注释事物称为注释(Note),如图6-6(d)所示。

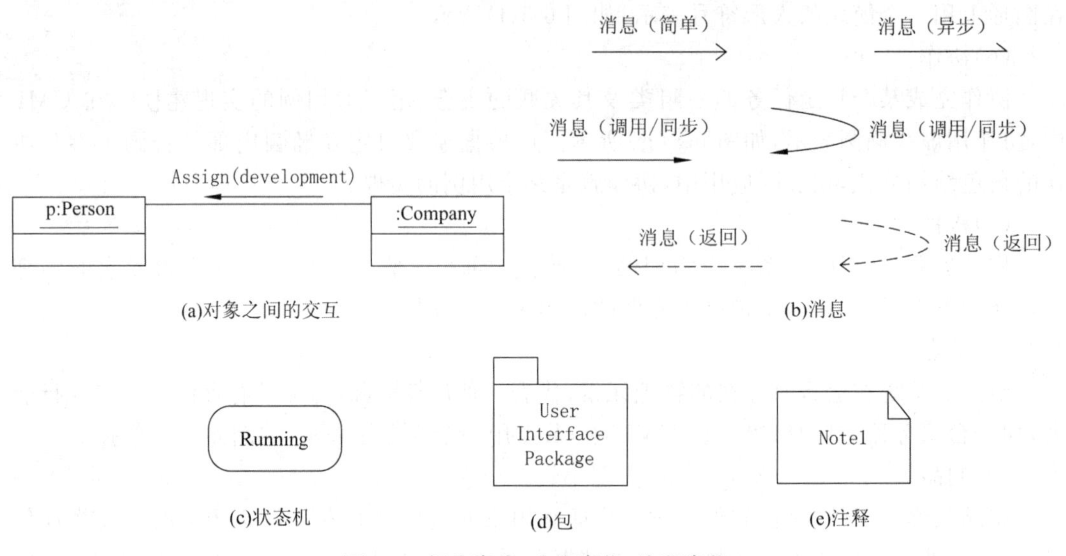

图6-6　行为事物、分组事物、注释事物

2. 关系

UML中有4种关系:依赖(Dependency)、关联(Association)、泛化(Generalization)、实现(Realization)。这4种关系是UML模型中可以包含的基本关系,如图6-7所示。它们也有变体,例如,依赖的变体有细化、跟踪、包含和延伸。

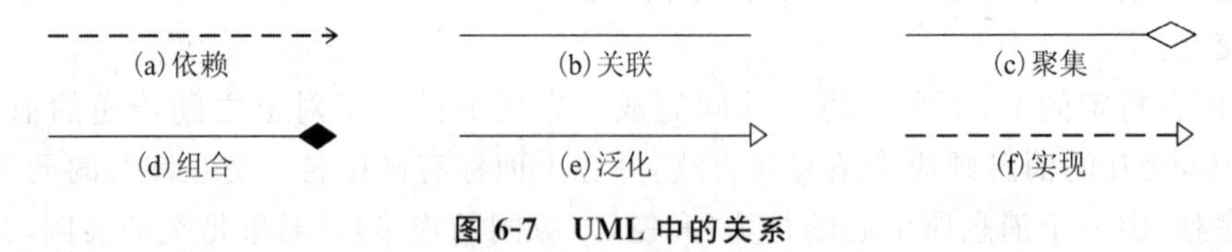

图6-7　UML中的关系

(1)依赖。

依赖是两个事物间的语义关系,其中一个事物(独立事物)发生变化会影响另一个事物(依赖事物)的语义。它用一个虚线箭头表示。虚线箭头的方向从源事物指向目标事物,表示源事物依赖于目标事物。

(2)关联。

关联是一种结构关系,它描述了两个或多个类的实例之间存在语义上的联系。在

UML中,关联关系使用一条直线表示。

关联关系中还有两个特殊的关系,即聚集(Aggregation)和组合(Composition),它们都表示两个类之间的"整体-部分"关系,差别在于聚集中的部分可以独立于整体存在,而组合中的整体销毁时部分也将不复存在。在UML中,使用带空心菱形的直线表示聚集,使用带实心菱形的直线表示组合,并且菱形都指向整体类。

(3)泛化。

泛化是一般(Generalization)类和特殊(Specialization)类之间的继承关系。泛化关系用带空心箭头的实线表示,箭头指向父元素。

(4)实现。

实现是规格说明和它的实现之间的关系,也是类之间的语义关系,通常实现关系会在以下两种情况出现:一种是在接口和实现它们的类或构件之间;另一种是在用例和实现它们的协作之间。在UML中,实现关系用一条带空心箭头的虚线表示,箭头指向提供规格说明的元素。

3. 图

UML 1.x中定义了9种图,UML 2.x标准将其进行了扩充,增加了3种新的图,表6-1对这些图做了简要说明。

表6-1　UML 2.x的正式图

名　称	功　能	说　明
类图	描述系统中的类及类之间的关系	UML 1.x原有
用例图	描述一组用例,参与者及它们之间的关系,组织系统行为	UML 1.x原有
顺序图	描述对象之间的交互,重点强调对象间消息传递的时间次序	UML 1.x原有
通信图	描述对象之间的交互,重点在于收发消息的对象组织结构	UML 1.x中的协作图
状态图	描述一个特定对象的所有可能状态及其引起状态迁移的事件	UML 1.x原有
活动图	描述执行算法要进行的各项活动的执行流程	UML 1.x原有
包图	用于模型的组织管理,描述模型的层次结构	UML 1.x中的非正式图
构件图	描述构件类型的定义、内部结构和依赖	UML 1.x原有
部署图	描述在各个节点的部署及节点间的关系	UML 1.x原有
对象图	类图的一个实例,显示某一时刻系统执行时的一个快照	UML 1.x中的非正式图,画在类图中,没有自己的单独格式
组合结构图	显示结构化类或协作的内部结构	UML 2.x新增
定时图	描述对象之间的交互,重点在于定时	UML 2.x新增
交互概览图	顺序图和活动图的混合	UML 2.x新增

4. UML 规则

UML 的语法和语义规则，主要体现在以下几个方面。

(1)命名(Name)：为事物、关系、图起名字。

(2)范围(Scope)：使名字具有特定含义的语境。UML 2. x 中指属性或操作的静态标记。

(3)可见性(Visibility)：这些名字以何种方式让其他成分看见并使用。UML 中定义了 public、protected、private、package 四种可见性，如表 6-2 所示。

(4)完整性(Integrity)：事物以何种方式正确、持续地互相联系。

(5)执行(Execution)：解释运行或模拟动态模型的含义。

表 6-2　UML 可见性规则

可　见　性	规　　则	UML 表示法	Rose 属性	Rose 操作
public	任意元素，若能访问包容器，就能访问它	+		
protected	只有包容器中的元素或包容器的后代才能够看到它	#		
private	只有包容器中的元素才能够看到它	−		
package	只有声明在同一个包中的元素才能够看到它	～		

5. 通用机制

UML 具有四种通用机制(Common Mechanism)，即规格说明(Specifications)、修饰(Adornments)、通用划分(Common Divisions)和扩展机制(Extensibility Mechanisms)。通用机制使得建模过程更容易掌握，模型更容易理解和扩充。

1)规格说明

UML 不仅是一种图形语言，在它的图形表示法的每个部分后面还有一个规则说明，用于对构造块的语法和语义进行文字叙述。UML 的图形表示法用于对系统进行可视化，规格说明用于说明系统细节。把图形和规格说明分离，可以进行增量式的建模。首先画图，然后对该模型进行规格说明，或者直接创建规格说明；也可以对一个已存在的系统工程进行逆向工程，然后再创建作为这些规格说明的投影图。目前，很多 UML 建模工具，如 Rose、Enterprise Architect 等已经将这些功能集成。

2)修饰

UML 中的大多数元素都有唯一和直接的图形表示符号，这些图形符号对元素最重要的方面提供了可视化的表示。但很多元素又包含了一些更具体的细节。为了更好地表示这些细节，可以把各种图形修饰符添加到元素的基本符号上，为模型元素增加语义。例如：类名用斜体字表示它是抽象类，+表示可见性为 public。

3)通用划分

UML 遵循面向对象系统建模中的一些共同的划分方法。主要包括以下两方面。

(1)型—实例的划分。

该划分描述了一个通用描述符和单个元素项之间的对应关系。通用描述符称为型元素,它是元素的类目,含有类目名称和对内容的描述;单个元素项是类目的实例。一个型元素可以对应多个实例元素。典型的型—实例的划分就是类和对象。类是一种抽象,对象是类的一个具体实例;一个类可以产生多个对象,类定义了基本的属性和方法,每个对象具有不同的属性值。UML中采用与类相同的图形符号表示对象,但是对象名有下画线。类似的型—实例的划分还有用例和用例实例、节点和节点实例、构件和构件实例等。

(2)接口和实现的分离。

接口声明了一个合约,而实现表示对该合约的具体实施,它负责如实地实现接口的完整语义。在UML中可以对接口和它的实现进行建模。

4)扩展机制

UML提供了构造型(Stereotype)、标记值(Tagged Value)和约束(Constraint)三种扩展机制。

(1)构造型。

构造型又称为版型,它扩展了UML的词汇表,可用于创造新的构造块。该构造块必须从UML中已有的基本构造块上派生,解决特定问题。它只是在已有元素上增加新的语义,而不是增加新的文法结构,它能使UML具有更强大和灵活的表示能力。构造型可应用于所有类型的模型元素,如类、构件、节点、关系、包、操作等。UML预定义了一些版型,如接口是类的构造型,参与者是版型化的类,子系统是包的构造型等。用户也可以自定义构造型,如用版型<< exception >>说明类Overflow是一个专用于处理异常事件的类。

(2)标记值。

标记值是一个名称—值对,它代表UML定义信息以外的附加特性信息,通常用于存储项目管理信息,如元素作者、创建日期等。每个标记值用“tag=value”的方式显示,其中,tag是标记名,value是标记值。标记值可使用“{}”括起来直接放在UML元素中,也可和其他特性关键词一起放在一个注释符号中与元素相连。

(3)约束。

约束是用某种文本语言的陈述句表达模型元素的语义或限制,它使用“{}”括起来的字符串表示,一般放在相关元素旁边。约束内容可用自由文本表示,也可用对象约束语言(OCL)精确定义。

6.4.4　UML视图

UML利用若干视图从不同角度来观察和描述一个软件系统的体系结构,从某个角度观察到的系统就构成系统的一个视图。视图由多个图构成,它不是一个图表,而是在某一个抽象层上对系统的抽象表示。如果要为系统建立一个完整的模型图,需要定义一定数量的视图,每个视图表示系统的一个特殊的方面。另外,视图还把建模语言和系统开发时选择的方法或过程连接起来。

1.“4+1”视图

“4+1”视图如图6-8所示,其中,用例视图是核心。

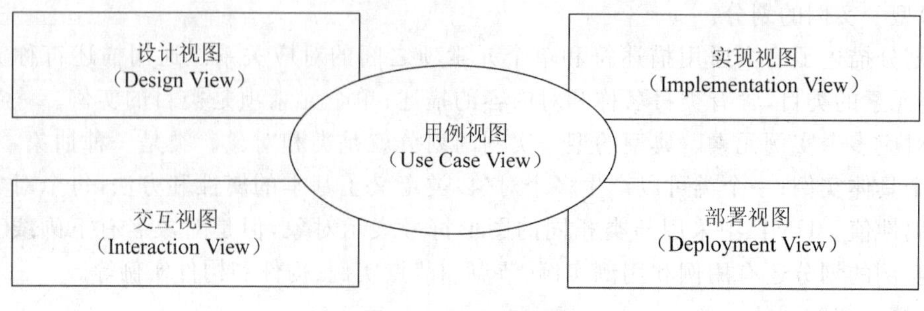

图 6-8 "4+1"视图

1)用例视图

作用:描述系统的功能需求,即被外部参与者所能观察到的功能,找出用例和参与者。

适用对象:用户、分析人员、设计人员、开发人员、测试人员。

表现图形:用例图、活动图、交互图、状态图。

2)设计视图

作用:表示系统的概念设计和子系统结构等,描述了用例视图中提出的系统功能的实现。它关注系统内部系统的静态结构和系统内部的动态协作关系。

适用对象:分析人员、设计人员、开发人员。

表现图形:类图、对象图、活动图、交互图、状态图。

3)交互视图

作用:描述系统不同部分之间的控制流,包括可能的并发机制和同步机制,主要针对系统性能、可伸缩性和吞吐量。交互视图对应于《UML 用户指南》(第 1 版)中的进程视图(Process View)。

适用对象:开发人员、系统集成人员。

表现图形:与设计视图相同,但是侧重于主动类和它们之间流动的消息。

4)实现视图

作用:描述系统代码构件组织和实现模块及它们之间的依赖关系,即装配和发布系统的物理构件和文件。

适用对象:开发人员、设计人员。

表现图形:构件图、交互图、状态图、活动图。

5)部署视图

作用:描述组成系统的物理部件的分布、交付和安装,包含形成系统物理拓扑结构的节点。

适用对象:开发人员、系统集成人员、测试人员等。

表现图形:部署图、交互图、状态图、活动图。

2. UML 视图与图

"4+1"视图最早由 Philippe Kruchten 提出,并将其作为软件体系结构的表示方法,由于比较合理,因此被广泛接受。但需要说明的是,UML 中的视图并不是只有这 5 个视图,如果认为这些视图不能完全满足需要,用户可以自定义视图。在《UML 用户指南》(第 2

版)中,将 UML 图划分为四大领域九种视图,如表 6-3 所示。

表 6-3　UML 图的四大领域和九种视图

主要领域	视图	图
结构	静态视图	类图
	设计视图	复合结构图、协作图、构件图
	用例视图	用例图
动态	状态视图	状态图
	活动视图	活动图
	交互视图	顺序图、通信图
物理	部署视图	部署图
模型管理	模型管理视图	包图
	特性描述视图	包图

3. UML 图形分类

从使用角度可以将 UML 的 13 种图划分为结构模型(也称为结构图、静态模型)和行为模型(也称为行为图、动态模型)两大类,如图 6-9 所示。

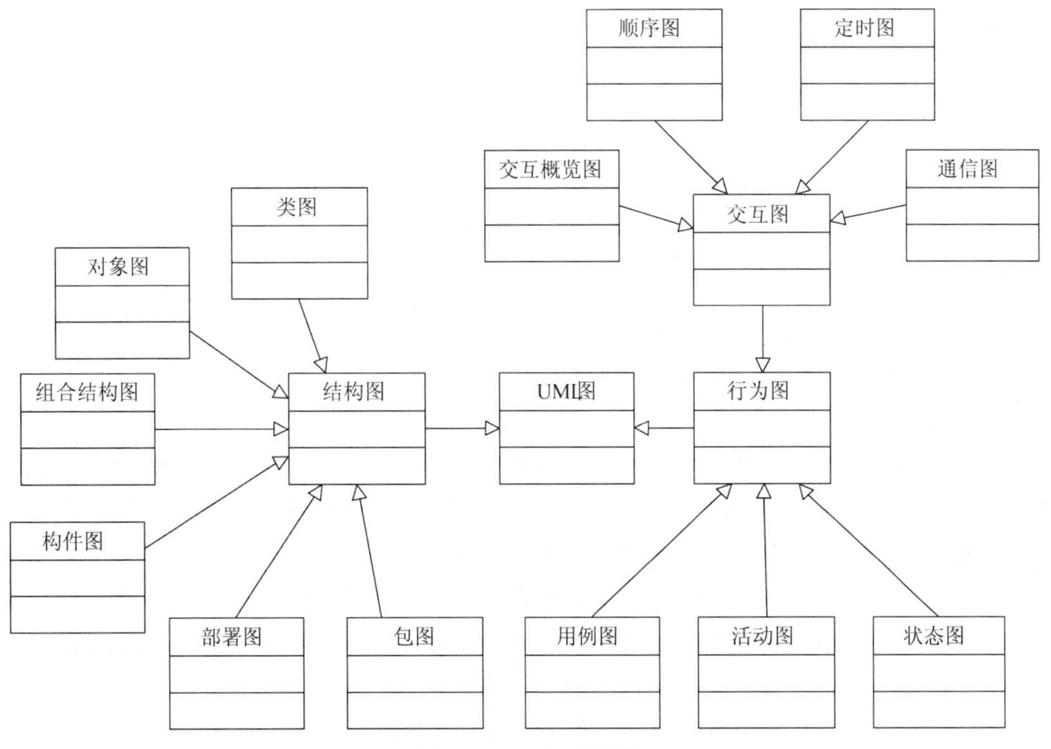

图 6-9　UML 图形分类

就使用频率和重要性而言,类图(Class Diagram)、用例图(Use Case Diagram)和顺序图(Sequence Diagram)是 UML 图形中最关键的图。

6.4.5 类图

在面向对象系统的建模中所建立的最常见的图就是类图。类图从系统的逻辑视图展现了一组类、接口、协作和它们之间的关联、依赖和泛化等关系,反映系统的静态结构。主动类的类图给出了系统的静态进程视图。如图 6-10 所示,类图中通常包括下述内容。

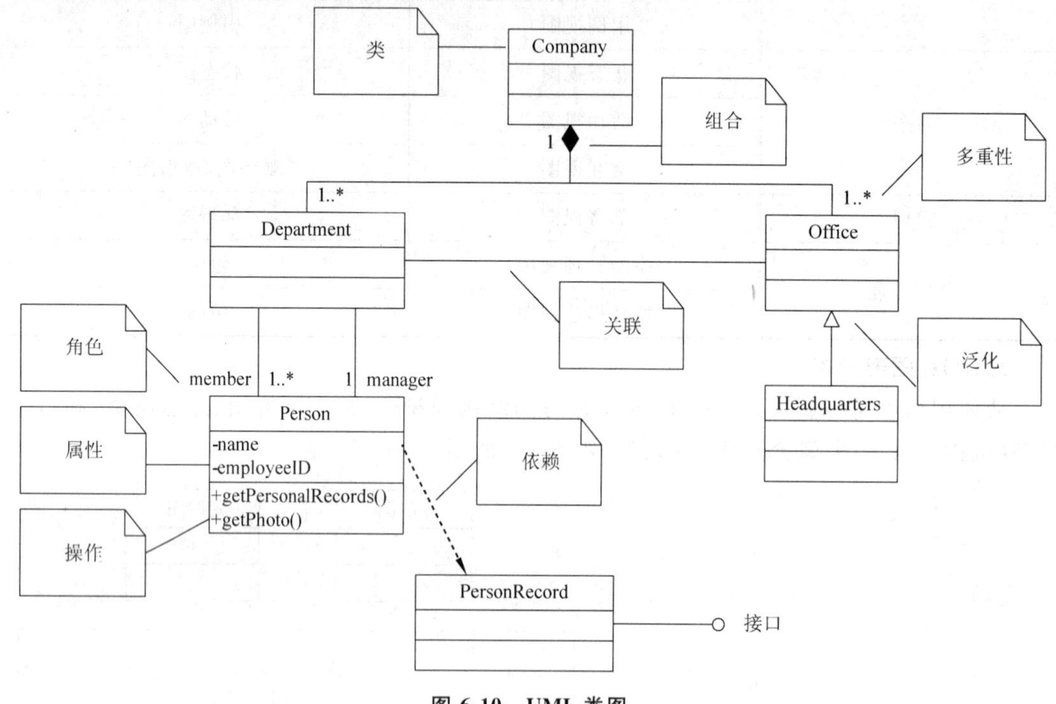

图 6-10 UML 类图

1. 类图中的建模元素

在类图中,UML 建模元素包括:①类及其结构和行为;②接口;③协作;④关联、依赖、泛化关系;⑤多重性和导航指示符;⑥角色名字。

1)关联名

关联可以有名称,用于描述关联的性质和作用。通常,关联名是一个动词或动词短语。在类图中,不需要给每个关联都加上关联名。只有在需要明确地给关联提供角色名,或一个模型存在多个关联且要查阅、区别这些关联时才给出关联名。

图 6-11 中类 Company 和 Person 之间的关联如果不使用关联名,可以有多种解释。如果在关联上加了 Works for 关联名,则表示 Company 和 Person 之间是雇佣关系。此外,可

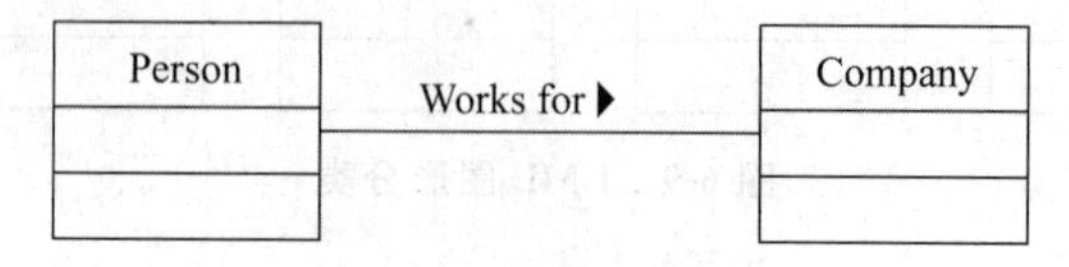

图 6-11 类图中的关联名

以提供一个阅读导向箭头(实心三角形)指示阅读关联名称的方向,但并不表示可见性或关联的导航方向。

2)多重性

若类 A 和类 B 之间有关联关系,多重性(Multiplicity)定义了类 A 有多少个实例可以和类 B 的一个实例关联。常用的多重性表示方法如表 6-4 所示。

表 6-4　常用的多重性表示法

多重性表示	语　　义	多重性表示	语　　义
*	0 或多	1.. *	1 或多
0.. *	0 或多	1..3	1～3 个
n	0 或多	3..8	3～8 个
0..n	0 或多	3	只有 3 个
0..1	0 或 1	1,3,5	1 或 3 或 5(枚举型)

说明:UML 中用 * 表示不确切的最大数,Rose 中用 n 表示。

3)角色名字

当一个类与另一个类发生关联关系时,每个类通常在关联中都扮演某种角色。角色是关联关系中一个类对另一个类所表现出来的职责。角色的名称是名词或名词短语。如果在关联上没有标出角色名字,则隐含地用类名作为角色名。图 6-12 中 Person 类以 Employee 的角色、Company 类以 Employer 的角色参与关联。

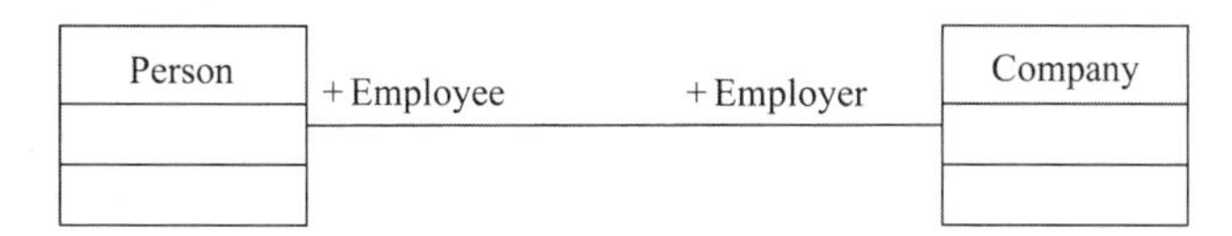

图 6-12　关联的角色名字

2. 关联类

关联本身也可以有特性。如图 6-13 所示,在 Company 和 Person 之间的雇主和雇员关系中,有一个描述该关联特性的 Contract 类,它只应用于一对 Company 和 Person。salary 和 startDate 是 Contract 类的属性,描述的是 Company 类和 Person 类之间的关联关系,而不是描述 Company 类或 Person 类的属性。在 UML 中,把这种情况建模为关联类。关联类可以进一步描述关联关系的属性、操作及其他信息。关联类是一种具有关联特性和类特性的建模元素,可以把它看成是具有类特征的关联或是具有关联特征的类。关联类通过一条虚线与相应的关联连接。

3. 限定关联

存在限定符(Qualifier)的关联称为限定关联(Qualifier Association),限定关联用于多重性为一对多或多对多的关联。其目的是把多重性从 * 降为 1 或 0..1。限定符画成一个内标限制内容的小方块,链接在它所限定的类上。限定符用于从规模较大的相关对象集合中,依据限定符的值选择一个或多个对象。受限定值选中的对象是目标对象,如图 6-14

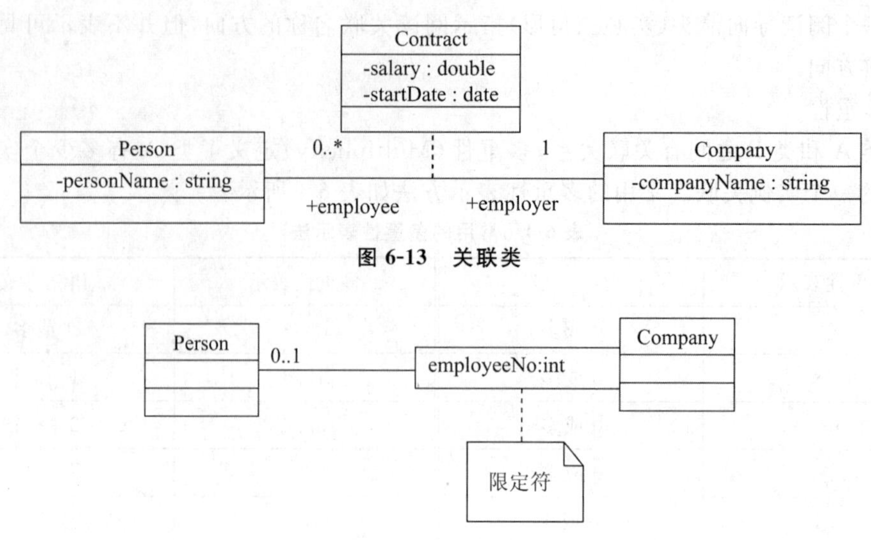

图 6-13　关联类

图 6-14　限定关联

所示。

图 6-14 表示一个 Company 中有许多 Person，给出限定符 employeeNo 值后，就可以对应一个 Person 值或 Null。受限定的对象是 Company，目标对象是 Person，多重性表示 Person 和(Company，employeeNo)之间的关系，而不是 Person 和 Company 之间的关系。

4. 模板类

模板类又称为参数化的类，在诸如 C＋＋、Java 语言中支持模板类，图 6-15 中给出了模板类 OmnipotenceArray。

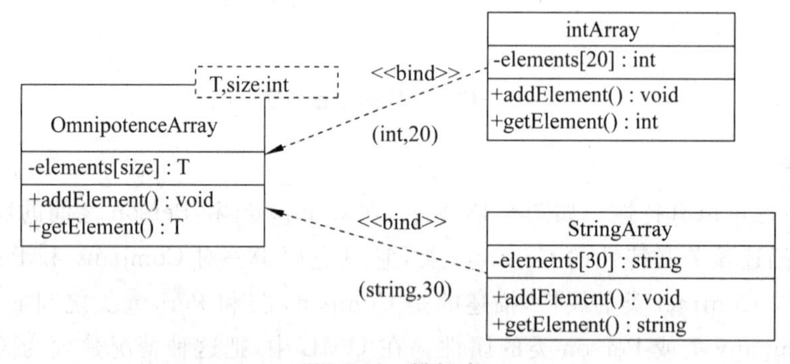

图 6-15　模板类

6.4.6　用例图

用例图被称为系统的外部用户所能观察到的系统功能的模型图，呈现了参与者和用例，以及它们之间的关系，主要用于对系统、子系统或类的功能行为进行建模。用例图用于从用户角度描述系统功能，并指出各功能的操作者。对于系统开发人员来说，用例图是一个非常有价值的工具，用于从用户的观察视角来收集系统的需求是非常有效的。用例图是由参与者、用例及它们之间的关系构成的用于描述系统功能的视图。

用例建模的基本步骤是:确定参与者;确定用例;用例描述;用例正确性和完整性检查。

1. 确定参与者

参与者是在系统外部与系统交互的人或事物,它以某种方式参与系统内用例的执行。它既可以是使用该系统的用户,也可以是与系统交互的其他外部系统、硬件设备或组织机构,甚至是时间等。在UML中,参与者用一个人形符号来表示,并具有唯一的名字。参与者之间可以存在泛化关系。

参与者的特性包含:参与者位于系统(边界)之外,而不是系统的一部分;参与者表示人或事物与系统交互时所扮演的角色,而不是特定的人或事物。

在获取用例之前,先要确定系统的参与者。在寻找过程中,可以询问如下问题帮助确定参与者。

(1)谁使用系统的主要功能?

(2)谁改变系统的数据?

(3)谁从系统获取数据?

(4)谁负责支持和维护系统?

(5)谁对系统运行结果感兴趣?

(6)谁需要系统的支持以完成日常工作任务?

(7)系统需要和哪些外部系统交互?

(8)系统需要控制哪些外部资源或硬件设备?

通常,凡是直接使用系统的人都可以确定为参与者。另外,在对参与者的建模过程中,除了需要关注参与者的特性外,还应注意:每个参与者应有简短的描述,从业务角度描述参与者是什么;参与者可以有属性和操作。

2. 确定用例

1)用例需考虑的问题

接下来检查所有的参与者,并为每个参与者确定用例。用例需考虑以下问题:

(1)参与者希望系统提供什么样的功能?

(2)系统存储信息吗?参与者将要创建、读取、更新或删除什么信息?

(3)系统是否需要把自身内部状态的变化通知给参与者?

(4)系统必须知道哪些外部事件?参与者将怎么通知系统有这些事件?

(5)其他需要考虑的用例包括启动、关闭、诊断、安装、培训和改变业务过程。

2)用例的特点

用例定义了一组用例实例,其中每个实例都是系统执行的一系列动作,这些动作最终对参与者产生有价值的可观察结果。用例的特点如下。

(1)用例由一组实例组成。

(2)用例从使用系统的角度描述系统中的信息,即站在系统外部察看系统功能,而不考虑系统内容对此功能的具体实现。

(3)用例描述了用户提出的一些可见需求,对应一个具体的用户目标,即用例的执行结果对参与者是有意义的。例如,登录系统是一个有效的用例,但输入密码却不是,因为单纯的输入密码是没有意义的。

(4)用例是对系统行为的动态描述,属于动态建模部分。

(5)用例总是由参与者发起的,参与者的愿望和需求是用例存在的原因,不存在没有参与者的用例。

3)用例之间的关系

在 UML 中,用例用一个椭圆来表示,并具有唯一的名字。用例名使用动宾结构或主谓结构命名,描述其功能或服务的含义。用例之间可以存在泛化关系、包含关系和扩展关系。

(1)一个用例可以被列举为一个或多个子用例,这些特性称为用例泛化。泛化关系的三角箭头由子用例指向父用例。

(2)包含关系是指当多个用例中存在相同事件流时,可以把这些公共事件流抽象成为公共用例,这个公共用例称为抽象用例,而原始用例称为基本用例。基本用例和抽象用例之间是包含关系。在 UML 中,包含关系表示为虚线箭头加版型<< include >>,箭头从基本用例指向抽象用例。

(3)扩展关系表示基本用例在由扩展用例间接说明的一个位置上隐式地合并了另一个用例(扩展用例)的行为。在 UML 中,扩展关系表示为虚线箭头加版型<< extend >>,箭头从扩展用例指向基本用例。

3. 用例描述

采用文本描述用例的详细内容。用例描述应当包括以下项目。

(1)简要说明:简要介绍该用例的作用和目的。

(2)事件流:包括基本流和备选流,事件流应该表示所有的场景。

(3)用例场景:包括成功场景和失败场景,场景主要是由基本流和备选流组合而成的。

(4)前置条件:执行用例之前系统必须所处的状态。

(5)后置条件:用例执行完毕后系统可能处于的一组状态。

4. 用例正确性和完整性检查

一个确认用例划分的简单方法是运用"WAVE"测试。

W(What to do):用例是否描述了应该做什么,而不是如何做?

A(Actor's point of view):用例的描述是否采取了参与者的视角?

V(Value for the actor):用例是否对参与者有价值?

E(Entire scenario):用例描述的事件流是否是一个完整场景?

例 6-1 阅读下列说明和图,回答问题 1 至问题 3,将解答填入答题纸的对应栏内。

【说明】 Pay & Drive 系统(开多少付多少)能够根据驾驶里程自动计算应付的费用。

系统中存储了特定区域的道路交通网的信息。道路交通网由若干个路段(RoadSegment)构成,每个路段由两个地理坐标点(Node)标定,其里程数(Distance)是已知的。在某些地理坐标上安装了访问控制(Access Control)设备,可以自动扫描行驶卡(Card)。行程(Trajectory)由一组连续的路段构成。行程的起点(Entry)和终点(Exit)都装有访问控制设备。

系统提供了 3 种行驶卡:常规卡(RegularCard)的有效期(Valid Period)为一年,可以在整个道路交通网内使用;季卡(SeasonCard)的有效期为 3 个月,可以在整个道路交通网内使用;单次卡(MinitripCard)在指定的行程内使用,且只能使用一次。其中,季卡和单次卡都是预付卡(PrepaidCard),即需要客户(Customer)预存一定的费用。

系统的主要功能有用户注册、申请行驶卡、使用行驶卡行驶等。

使用常规卡行驶,在进入行程起点时,系统记录行程起点、进入时间(Date of Entry)等信息。当到达行程终点时,系统根据行驶的里程数和所持卡的里程单价(Unit Price)计算应付费用,并打印费用单(Invoice)。

季卡的使用流程与常规卡类似,但是不需要打印费用单,系统自动从行驶卡中扣除应付费用。

单次卡的使用流程与季卡类似,但还需要在行程的起点和终点上检查行驶路线是否符合该卡所规定的行驶路线。

现采用面向对象方法开发该系统,使用 UML 进行建模,构建出的用例图和类图分别如图 6-16 和图 6-17 所示。

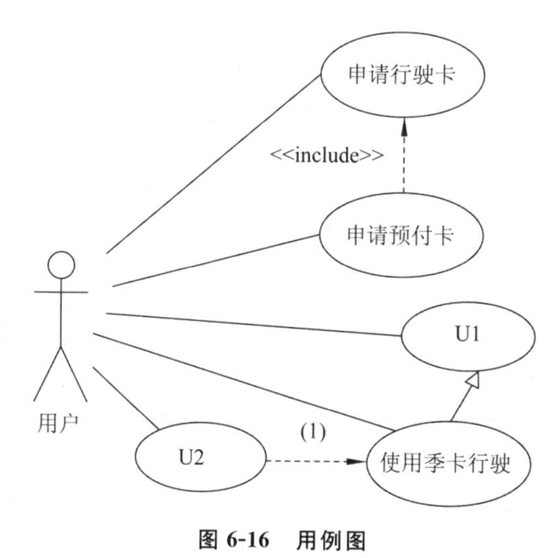

图 6-16　用例图

(1)根据说明中的描述,给出图 6-16 中 U1 和 U2 对应的用例,以及(1)处对应的关系。

(2)根据说明中的描述,给出图 6-17 中缺少的 C1～C6 对应的类名及(2)～(3)处对应的多重度(类名使用说明中给出的英文词汇)。

(3)根据说明中的描述,给出 RoadSegment、Trajectory 和 Card 对应的类的关键属性(属性名使用说明中给出的英文词汇)。

分析

(1)用例图的构成要素有参与者、用例、用例之间的关系。图中缺少两个用例和一个用例关系。首先,应从说明中找到所有的用例。从题目描述可知,系统的主要功能是申请行驶卡和使用行驶卡行驶。由于行驶卡分为 3 种,再结合用例图来看,缺少的两个用例与“使用季卡行驶”用例都有关联关系。由此可推断出,要补充的两个用例必定与另外两种行驶卡相关,分别为“使用单次卡行驶”和“使用常规卡行驶”。又因为 U1 和“使用季卡行驶”是泛化关系,U1 是父用例,根据说明中的“季卡的使用流程与常规卡类似,但是不需要打印费用单,系统自动从行驶卡中扣除应付费用”可知,U1 应填用例“使用常规卡行驶”,U2 应填“使用单次卡行驶”。

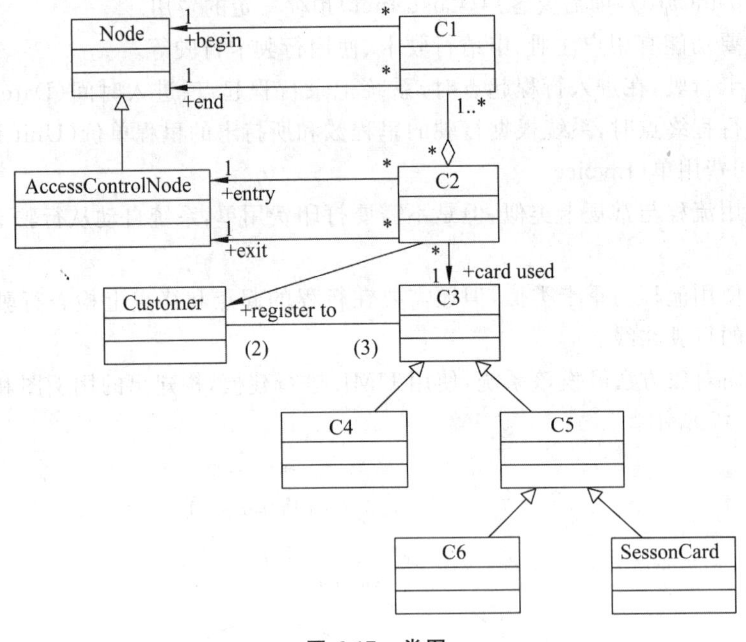

图 6-17　类图

用例之间的关系有泛化关系、包含关系和扩展关系。(1)处填<< extend >>最为合适。

(2)需要补充的类基本上集中在聚集结构(类 C1 和 C2)和泛化结构(类 C3～C6)。SeasonCard 和 C6 是 C5 的子类，由说明中可知，“系统提供了 3 种卡：常规卡(RegularCard)、季卡(SeasonCard)、单次卡(MinitripCard)”，而“季卡(SeasonCard)和单次卡(MinitripCard)都是预付卡(PrepaidCard)”。因此，C5 和 C6 分别是预付卡(PrepaidCard)和单次卡(MinitripCard)。C4 和 C5 是 C3 的子类，所以，C4 是常规卡(RegularCard)，而 C3 是能代表所有这几种行驶卡的公共概念，C3 是行驶卡(Card)。由说明中的“行程(Trajectory)由一组连续的路段构成”可知，C1 和 C2 分别是路段(RoadSegment)和行程(Trajectory)。

Customer 和 Card 之间的多重性可由说明中“系统中只有 3 种卡”可知，“一个用户最多只能有 3 种卡”，所以(3)处应填 1..3。而对于任意一张卡来说，只能有唯一的一个所属人，所以(2)处应填 1。

(3)本问题考查类的关键属性的识别。由说明中给出的描述可知，类 RoadSegment 的属性至少应包括 Distance；类 Trajectory 的属性至少应包括 Entry、Exit 和 DateOfEntry；类 Card 的属性至少应包括 UnitPrice、ValidPeriod。

解

(1)U1 对应的用例为使用常规卡行驶，U2 对应的用例为使用单次卡行驶，(1)处对应的关系为 extend。

(2)C1 对应的类名为 RoadSegment，C2 对应的类名为 Trajectory，C3 对应的类名为 Card，C4 对应的类名为 RegularCard，C5 对应的类名为 PrepaidCard，C6 对应的类名为 MinitripCard，(2)处对应的关系为 1，(3)处对应的关系为 1..3。

(3)RoadSegment 的属性有 Distance，Trajectory 的属性有 Entry、Exit、DateOfEntry，Card 的属性有 UnitPrice、ValidPeriod。

6.4.7　顺序图

顺序图(Sequence Diagram，又称为时序图)描述了一组对象之间的交互方式，它表示完成某项行为的对象之间传递消息的时间顺序。顺序图由对象、生命线、控制焦点、消息等组成。其中，生命线是一条垂直的虚线，表示对象存在的时间；控制焦点是一个细长的矩形，表示对象执行一个操作所经历的时间段；消息是对象之间的一条水平箭头线，表示对象之间的通信。

顺序图的重点是显示对象之间发送消息的时间顺序。它也显示对象之间的交互，就是在系统执行时，某个指定时间点将发生的事情。顺序图由多个水平排列的对象组成，图中时间从上向下推移，并且顺序图显示的对象之间随着时间的推移而交换消息或函数。消息是用带消息箭头的直线表示的，并且它位于垂直对象生命线之间。时间说明及其他注释放到一个脚本中，并将其放置在顺序图页边的空白处。

图 6-18 是某银行卡顾客使用 ATM 取款机取款的顺序图，其对象为 Customer、UI、Withdraw、Proxy、Cashdispenser。

顺序图的构造步骤如下。

(1)把参加交互的对象放在图的上方，横向排列。通常把发起交互的对象放在左边，较下级的对象依次放在右边。

(2)把这些对象发送和接收的消息纵向按时间顺序从上向下放置。这样就提供了控制流随时间推移的清晰的可视化轨迹。

6.4.8　合作图

合作图(Collaboration Diagram，又称为协作图)是一种交互图，强调的是发送和接收消息的对象之间的组织结构。一个合作图显示了一系列的对象和在这些对象之间的联系，以及对象间发送和接收的消息。对象通常是命名或匿名的类的实例，也可以代表其他事物的实例，如协作、组件和节点。使用合作图来说明系统的动态情况，对在一次交互中有意义的对象和对象之间的链建模。在 UML 中，合作图用几何排列来表示交互作用中的对象和链，附在链上的箭头代表消息，消息的发生顺序用消息箭头处的编号来说明。

顺序图与合作图都表示对象之间的交互作用，只是它们在语义上是完全等价的，而且可以没有任何语义损失的相互转化，但是顺序图和合作图两者所表示的侧重点是不同的：顺序图描述了对象交互过程中的时间顺序，但没有明确地表达对象之间的关系。而合作图描述了对象之间的关系，但时间顺序必须从顺序号中获得。顺序图着重体现对象间消息传递的时间顺序，合作图着重于哪些对象间有消息传递，表达了对象之间的静态连接关系。顺序图和合作图是同构的，它们相互之间可以转化而不损失信息，依靠工具协作图和顺序图可以互相转换。

图 6-19 是 ATM 系统的一个合作图。

合作图的构造步骤如下。

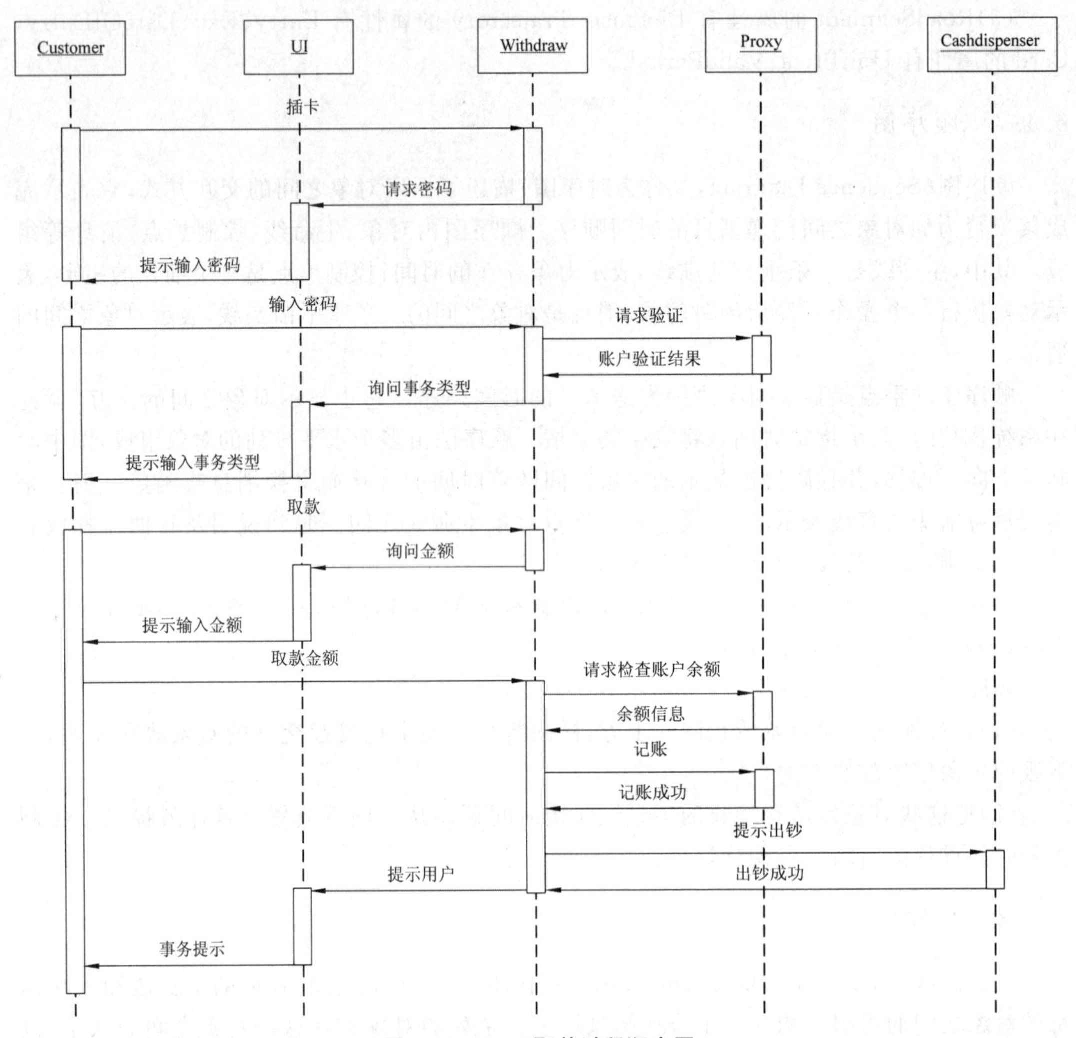

图 6-18　ATM 取款过程顺序图

(1)将参加交互的对象作为图的顶点。

(2)将连接这些对象的链表示为图的弧。

(3)用对象发送和接收的消息修饰这些链。

合作图提供了在协作对象的结构组织的上、下文环境中观察控制流的一个清晰的可视化轨迹。

6.4.9　状态图

状态图(State Diagram)用于描述对象对外部事件所做出响应的状态序列。状态图侧重于描述某个对象生命周期中的动态行为,包括对象在各个不同状态间的转移及触发这些状态转移的外部事件,即从状态到状态的控制流。状态图的组成元素包括状态、转换、活动和动作。

状态图通过对类对象的生存周期建立模型来描述对象随时间变化的动态行为。每一个

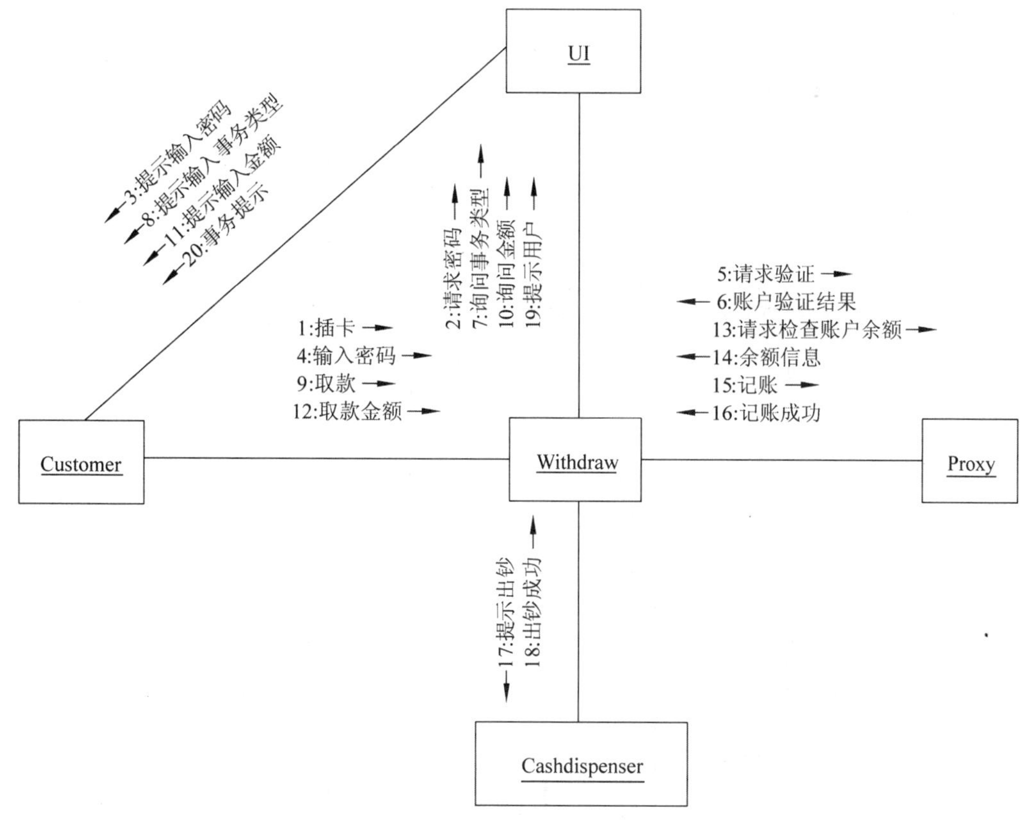

图 6-19　ATM 系统的合作图

对象都被看做是通过对事件进行探测并做出回应来与外界其他部分通信的独立的实体。事件表示对象可以探测到的事物的一种运动变化，如接收到从一个对象到另一个对象的调用或信号、某些值的改变或一个时间段的终结。任何影响对象的事物都可以是事件，真实世界所发生的事物的模型通过从外部世界到系统的信号来建造。

状态是给定类的对象的一组属性值，这组属性值对所发生的事件具有相同性质的反应。换言之，处于相同状态的对象对同一事件具有同样方式的反应，所以当给定状态下的多个对象在接收到相同事件时会执行相同的动作，然而处于不同状态下的对象会通过不同的动作对同一事件做出不同的反应。例如，当自动答复机处于处理事务状态或空闲状态时会对取消键做出不同的反应。

状态图一般由起始点、终止点、状态、转换、事件和活动组成。

图 6-20 是 ATM 系统的状态图。

6.4.10　活动图

活动图(Activity Diagram)描述用例或对象内部的工作过程。活动图的最大优点是支持并促进并行，这使活动图已成为工作流建模及多线程编程的重要工具。

活动图常用的模型事物包括活动(Activity)、起始点(Start)、终止点(End)、控制流

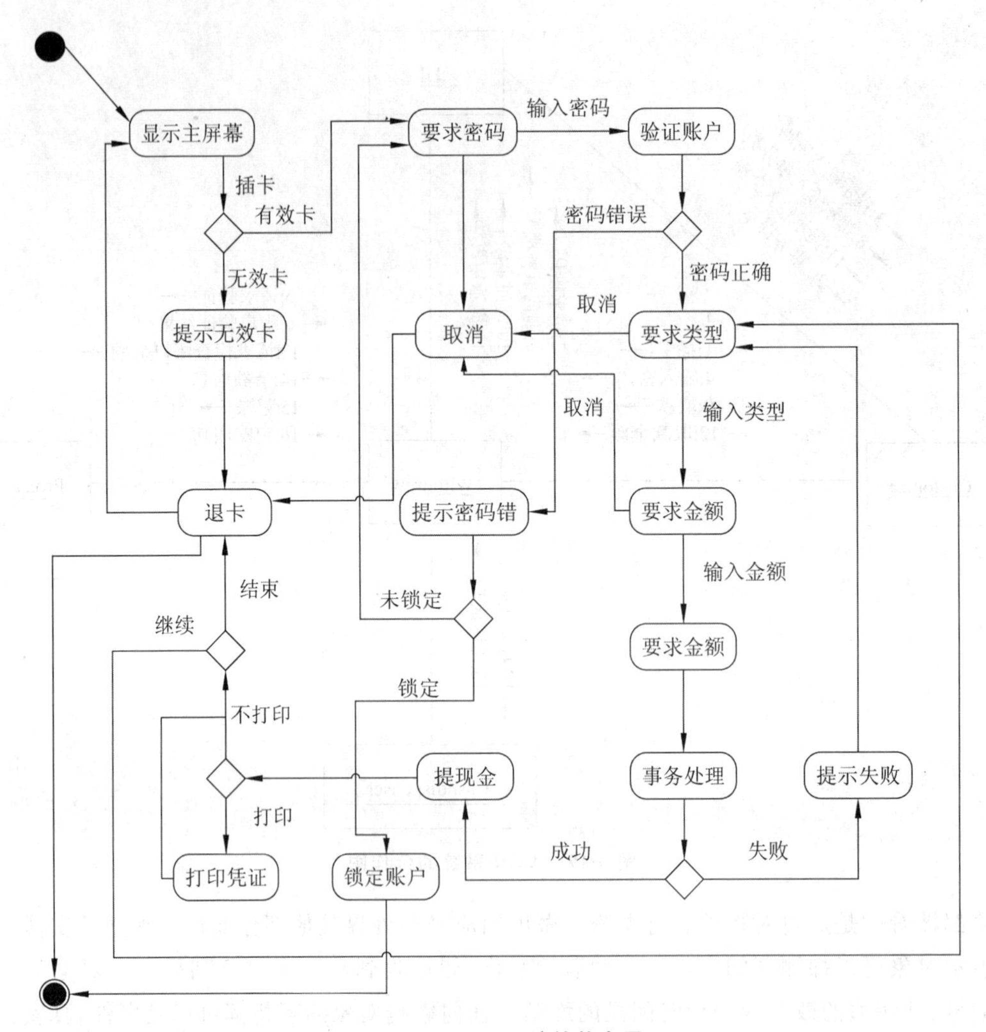

图 6-20　ATM 系统的状态图

(Transition)、对象(Object)、条件判定(Decision)、分岔(Fork)、同步(Synchronization)、信息流和泳道(Swimlane)。

活动描述的是系统要完成的一个任务或要进行的一个过程,用一个圆角的矩形表示,并标上活动名;起始点描述活动图的开始状态,与状态图类似,用一个黑色的实心圆表示,活动图可以有多个起始点;终止点描述活动图的终止状态,用一个加圈的黑色实心圆表示,活动图可以有多个终止点;控制流描述活动之间的转换,用带箭头的实线段表示,箭头指向转移的活动;对象是活动图中参与的对象,它可以发送信号给活动或是接收活动的信号,也可以表示活动的输入/输出结果,对象的表示和对象图中的表示相同;条件判定描述分支,只有单个进入控制流和多个 else 控制流,条件判定用一个菱形表示;分岔描述并行行为,有一个进入控制流和多个输出控制流,在激活进入控制流时,所有输出控制流都并行进行;当存在并行行为时便需要同步,同步有多个输入控制流和一个输出控制流,并且在所有输入控制流都到达时才会产生输出,分岔和同步必须匹配,它们都用一条较粗的水平的或是垂直的实线段表示;信息流描述活动和对象的交互关系,对象可以作为活动的输入/输出,也可以作为一个实体,接收活动的信号或向活动发送信号,信息流用带箭头的虚线段表示,箭头标识信息流的方向;泳道描述的是活动图中的活动的分组,通常可以将活动按照某种标准分组,泳道把活动安排成一些用垂直线隔开的垂直区,每一区代表一个特定对象的所有职责。

图 6-21 是 ATM 系统的一个活动图,这个活动图以顾客插入卡作为开始,以顾客取卡作为结束。

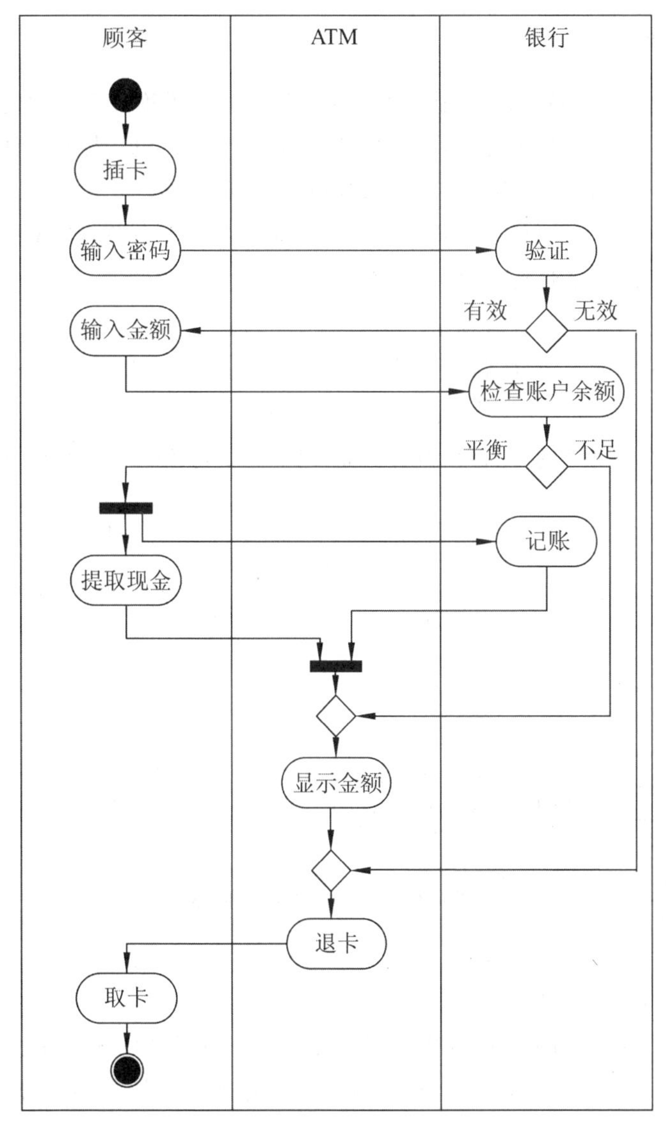

图 6-21　ATM 系统取款活动图

6.4.11　包图

在开发软件系统时,如何将系统的模型组织起来,即如何将一个大系统有效地分解成若干较小的子系统并准确地描述它们之间的关系是一个必须解决的重要问题。在 UML 的建模机制中，模型中的组织是通过包(Package)来实现的。包可以把所建立的各种模型组织起来，形成各种功能或用途的模块，并可以控制包中元素的可见性及描述包之间的依赖关系。总之，建立包图(Package Diagram)是为了降低复杂度。

在 UML 中，包的图形可以表示为类似书签卡片的形状，由两个矩形组成，小矩形位于大矩形的左上角，包的名称位于大矩形的中间。图 6-6(d)给出了包的图形符号。

6.4.12 构件图

构件图(Component Diagram)显示构件及它们之间的依赖关系。构件图专注于系统的静态实现视图。它与类图相关，通常把构件映射为一个或多个类、接口或协作。

一般来说，构件就是一个实际文件，可以有以下几种类型。

(1)源代码构件：一个源代码文件或与一个包对应的若干个源代码文件。

(2)二进制构件：一个目标码文件、一个静态的或动态的库文件。

(3)可执行构件：在一台处理器上可运行的一个可执行的程序单位。

构件图可以用于显示编译、链接或执行时构件之间的依赖关系，以及构件的接口和调用关系。

构件图包含的事物有构件、接口及其关系。图 6-22 是 ATM 系统的构件图。

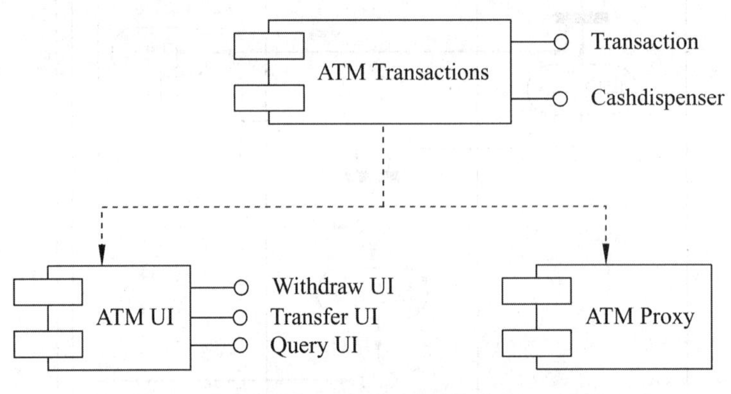

图 6-22 ATM 系统的构件图

6.4.13 部署图

部署图(Deployment Diagram)描述了运行时处理节点(Node)和在这些节点上制品(Artifact)的配置。部署图显示了系统的硬件、安装在硬件上的软件，以及用于连接异构计算机之间的中间件。

部署图包含的事物有节点、包、构件、接口及它们之间的关系等。图 6-23 是 ATM 系统的部署图。

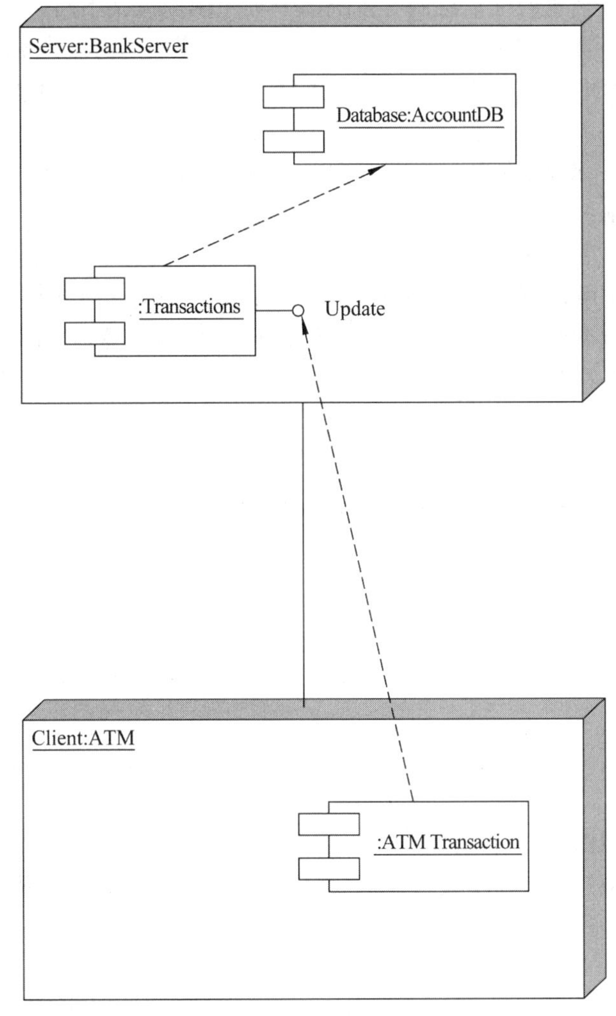

图 6-23　ATM 系统的部署图

习　题　6

一、选择题

1. 类描述了一组对象共同的特性，下列叙述中正确的是(　　)。
   A. 类本身不能具有变量　　B. 对象具有类定义的所有变量的一份拷贝
   C. 对象间不能共享类定义的变量　　D. 可通过类名访问静态变量(类变量)
2. (　　)反映了类间的一种层次关系，而(　　)反映了一种整体与部分的关系。
   A. 继承　　B. 组合　　C. 封装　　D. 多态
3. 下面关于面向对象方法中消息的叙述，错误的是(　　)。
   A. 键盘、鼠标、通信端口、网络等设备一有变化，就会产生消息
   B. 应用程序之间可以相互发送消息

C. 发送与接收消息的通信机制与传统的子程序调用机制不同

D. 操作系统不断向应用程序发送消息,但应用程序不能向操作系统发送消息

4. 面向对象技术中,对象是类的实例,对象有三种成分:(　　)、属性和方法(或操作)。

A. 标识　　B. 规则　　C. 封装　　D. 消息

5. 在面向对象技术中,多态有多种不同的形式,其中(　　)和(　　)称为通用多态,(　　)和强制多态称为特定多态。

A. 参数多态　B. 过载多态　C. 隐含多态　D. 重置多态　E. 包含多态

6. 在某信息系统中,存在如下的业务陈述:一个用户提交 0 个或多个订单;一个订单由一个且仅由一个用户提交。系统中存在两个类:"用户"类和"订单"类。对应每个"订单"类的实例,存在(　　)"用户"类的实例;对应每个"用户"类的实例,存在(　　)"订单"类的实例。

A. 0 个　　B. 1 个　　C. 1 个或多个　　D. 0 个或多个

7. 在 UML 提供的图中,(　　)用于描述系统与外部系统及用户之间的交互;(　　)用于按时间顺序描述对象间的交互。

A. 用例图　　B. 类图　　C. 对象图　　D. 部署图

E. 构件图　　F. 状态图　　G. 合作图　　H. 顺序图

8. 面向对象的开发方法中,(　　)将是面向对象技术领域内占主导地位的标准建模语言。

A. Booch 方法　　B. Coad 方法　　C. OMT 方法　　D. UML 语言

二、综合题

阅读下列说明和图 6-24,回答问题(1)至(3)。

【说明】已知某唱片播放器不仅可以播放唱片,而且可以连接计算机并把计算机中的歌曲刻录到唱片上(同步歌曲)。连接计算机的过程中还可自动完成充电。关于唱片,还有以下描述信息。

(1)每首歌曲的描述信息包括歌曲的名字、谱写这首歌曲的艺术家及演奏这首歌的艺术家。只有当两首歌曲的这三部分信息完全相同时,才认为它们是同一首歌曲。艺术家可能是一名歌手或一支由 2 名或 2 名以上的歌手所组成的乐队。一名歌手可以不属于任何乐队,也可以属于一个或多个乐队。

(2)每张唱片由多条音轨构成;一条音轨中只包含一首歌曲或为空,一首歌曲可分布在多条音轨上;同一首歌曲在一张唱片中最多只能出现一次。

(3)每条音轨都有一个开始位置和持续时间。一张唱片上音轨的次序是非常重要的,因此对于任意一条音轨,播放器需要准确地知道它的下一条音轨和上一条音轨是什么(如果存在的话)。

根据上述描述,采用面向对象方法对其进行分析与设计,得到了如表 6-5 所示的类列表和如图 6-24 所示的初始类图。

表 6-5　类列表

类　　名	说　　明	类　　名	说　　明
Artist	艺术家	Musician	歌手
Song	歌曲	Track	音轨
Band	乐队	Album	唱片

(1)使用表 6-5 给出的类名称,给出图 6-24 中 A～F 所对应的类。

(2)根据说明中的描述,给出图 6-24 中的①～⑥处的多重度。

(3)图 6-24 中缺少了一条关联,请指出这条关联两端所对应的类以及每一端的多重度。

类	多　重　度
(1)	(2)
(3)	(4)

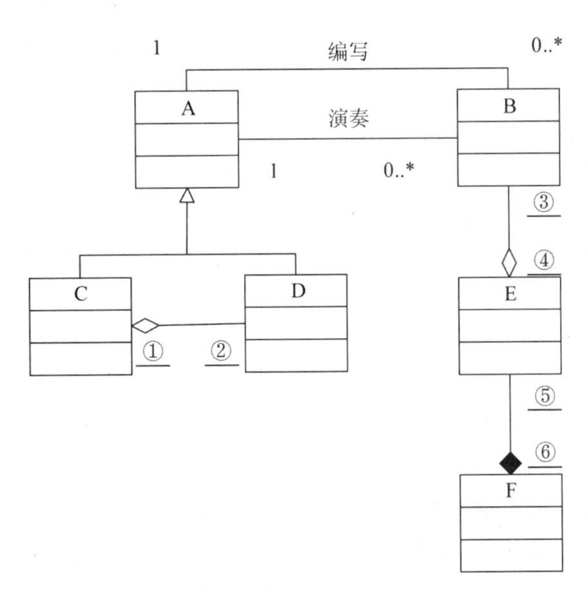

图 6-24　初始类图

第 7 章　面向对象开发过程

7.1　面向对象的分析

面向对象分析(Object Oriented Analysis,OOA)方法是需求建造模型的方法。它是用面向对象的概念和方法为软件需求建造模型。分析的过程是提取和确定系统需求的过程。首先,分析人员通过与用户及领域专家交流,力争全面地理解用户需求。在提取需求的过程中,由于问题域的复杂性,分析人员和用户之间交流时的随意性、非形式性,要求分析人员必须完全理解用户需求,理解问题域中的关键性背景知识,并用某种无二义性的方式把这种理解表达成文档资料,即需求规格说明,一旦发现问题就及时进行修正。然后,分析人员要与领域专家反复交流和多次修正,理解和验证的过程交替进行,确保分析的正确性。最后,通过用户、领域专家、系统分析人员和系统设计人员评审后,确定需求规格说明。该文档就成为面向对象设计的依据。

面向对象分析的关键是识别问题域内的对象及其关系,最终建立起模型。模型主要包括对象模型、动态模型和功能模型等三种子模型。其中,对象模型描述软件系统的静态结构,动态模型描述软件系统的控制结构,功能模型描述软件系统必须完成的功能。

7.1.1　需求陈述

用户需求陈述是面向对象分析过程的第一步。需求陈述可以由用户单方面写出,也可以由系统分析人员配合用户通过需求研讨共同写出。当软件项目采用招标方式确定开发单位时,“标书”往往可以作为初步的需求陈述。

需求陈述的内容通常包括问题范围、功能需求、性能需求、应用环境及假设条件等。总之,需求陈述应该阐明“做什么”而不是“怎么做”。它应该描述用户的需求而不是提出解决问题的办法;应该指出哪些是系统必要的性质,哪些是任选的性质;应该避免对设计策略施加过多的约束,也不要描述系统的内部结构,因为这样做将限制实现的灵活性。对系统性能及系统与外界环境交互协议的描述,是合适的需求。此外,对采用的软件工程标准、模块构造准则、将来可能做的扩展及可维护要求等方面的描述,也都是适当的需求。

大多数需求陈述都是用自然语言书写的,很容易产生二义性,内容往往不完整、不一致。有些需求有明显的错误,还有一些需求虽然陈述准确,但是它们对系统的行为存在着不良的影响,或者实现起来造价昂贵。另外,一些需求乍看起来合理,但却没有真正地反映用户的需要。因此,要求系统分析人员必须理解用户需求,抽象出目标系统的本质属性,并用模型准确地表示出来。分析模型应该成为对问题的精确而又简洁的表示。后继的设计阶段将以分析模型为基础。更重要的是,通过建立分析模型,能够纠正在开发期对问题域的误解。

应该强调的是,领域知识在面向对象建模的过程中非常重要,尤其是建模过程中的分类工作往往有很大难度。继承关系的建立实质上是知识抽取，它必须反映出一定深度的领域知识，这不是单方面努力所能做到的。因此，系统分析人员必须与领域专家密切配合，共同地整理用户需求。同时，在需求陈述过程中，与用户的有效交流也是非常重要的。

在面向对象建模过程中的重用问题也很重要，系统分析人员应该仔细研究以前对类似的问题域进行面向对象分析所得到的结果。由于面向对象分析结果的稳定性和可重用性，这些结果在当前项目中往往有许多是可以重用的。

7.1.2　小型的教务管理系统

本章以一个小型的教务信息管理系统为例讲述面向对象的开发过程，下面是对教务信息管理系统需求的陈述。

某大学拟开发一个教务信息管理系统，有如下需求。

每个用户登录该系统时，都需要一个账号，这个账号由系统管理人员进行管理。

在每个学年开始都会有新生入学。系统管理员需要将这些新生的基本信息，如姓名、性别、年龄、身份证号、家庭住址、身高等录入到系统的数据库中，并且为每个学生分配唯一的编号（这个编号可以是学生证号，也可以是别的 ID 号）。系统管理员可以随时随地添加、修改、删除和查询学生的信息。

当学校的教师和领导出现人事变动时，系统管理员需要对教师和学校领导的相关信息进行添加、修改、删除和查询等操作。

当学校申请到新专业时，系统管理员需要在系统中创建新专业；在专业的相关信息不准确或发生变化时，系统管理员需要对专业的信息进行修改；当某个专业不能满足学校或社会需要时可以删除此专业。

系统管理人员需要对课程信息进行添加、修改、删除和查询等操作。学校领导可以查询课程的基本信息，包括课程编号、所属专业、课程名称、开课学期、学时、学分、任课教师等。

学校领导可以通过本系统查看任课教师、学生、专业、班级等相关的基本信息。系统管理人员可以建立新的班级，可以对班级的基本信息进行添加、修改、删除和查询等操作。

学生可以通过网络登录本系统，来选择自己的选修课程。学生通过系统能够看到课程的基本信息：课程编号、课程名称、所属专业、开课学期、学时、学分、任课教师等。每个学期学生选修课的数量不多于 6 门。在规定的时间内，学生可以取消对课程的选择。系统管理人员负责添加、修改、删除课程信息。在选修课的选修人数不足 10 人时，取消该课程。

在考试结束后，任课教师可以将学生的考试成绩录入系统，可以对学生的成绩进行修改或查询。学生也可以通过本系统查询到自己的成绩。

7.1.3　建立对象模型

面向对象分析首要的工作，是建立问题域的对象模型。对象模型是三个模型中最关键的一个模型，这个模型表示静态的、结构化的、系统的“数据”性质。它是对客观世界实体中对象及其相互之间关系的映射，描述了系统的静态结构。这种静态数据结构对应用细节依赖较少，比较容易确定，当用户的需求变化时，静态数据结构相对来说比较稳定。因此，用面向对象方法开发绝大多数软件时，都要首先建立对象模型，然后再建立另外两个子模型。

1. 发现和定义类和对象

利用面向对象软件技术可以显著提高软件开发的质量和效率，但它必须在正确识别了对象集合的基础上才得以体现。对于一个给定的应用领域，一个合适的对象集合能够确保软件的可重用性，提高可扩展性，并能借助面向对象的开发模式，提高软件开发的质量和效率。没有科学的发现和定义类对象的客观方法，就不能充分地发挥面向对象设计程序方法的优势。

在对象识别中最为关键的是正确运用抽象原则。面向对象分析用对象来映射问题域中的事物，但并不是问题域中的所有事物都需要用对象来映射。系统分析员应该紧密围绕系统责任这个目标去对问题域中的事物进行抽象，对这些事物进行取舍，识别出反映系统特征的对象。取舍的标准是看问题域中的事物及其特征是否与当前的目标有关。

首先要舍弃与系统责任无关的事物，保留与系统责任有关的事物。其次，还要舍弃与系统责任有关的事物中与系统责任无关的特征。判断事物及其特征是否与系统责任相关的准则是：该事物是否向系统提供了一些服务或需要系统描述它的某些行为，同时还要考虑将问题域中的事物映射成什么对象及如何对对象进行分类。

为了尽可能地识别出系统所需的对象，在系统分析的过程中应采用“先松后紧”的原则。系统分析员应首先找出各种可能有用的候选对象，尽量避免遗漏，然后对所发现的候选对象逐个进行严格的审查，筛选掉不必要的对象，或者将它们进行适当的调整与合并，使系统中的对象和类尽可能地紧凑。在寻找各种可能有用的候选对象时，主要的策略是：从问题域、系统边界和系统责任这些方面出发，考虑各种能启发人们发现对象的因素，找到可能有用的候选对象。

(1)在问题域方面，可以启发分析员发现对象的因素包括人员、组织、物品、设备、事件、表格、结构等。

(2)在系统边界方面，应该考虑的因素包括人员、设备和外部系统，它们可以启发分析员发现一些系统与外部活动所进行的交互，并处理系统对外接口的对象。

(3)对系统责任的分析是基于对象识别的遗漏的考虑，对照系统责任所要求的每一项功能，查看是否可以由已经找出的对象来完成该功能，在不能满足要求时增加相应的对象，可以使系统分析员尽可能完全地找出所需的各种对象。

下面来发现上述的教务信息管理系统中的类对象。首先在用户需求中分检出候选的类对象。通常需要通读需求报告，在问题域中发现其中的名词，将其分捡出来作为候选的类对象。在教务信息管理系统中，可能作为候选类对象的有：系统、用户、新生、系统管理员、学生、基本信息、姓名、性别、年龄、身份证号、家庭住址、身高、学号、学生证号、学校领导、学生信息、相关部门、新专业、学校、社会、课程信息、课程编号、所属专业、课程名称、开课学期、学时、学分、授课教师、专业、班级、报表、网络、选修课、时间、数量、人数、考试、考试成绩、账号、密码、账号信息。

显然，仅通过一个简单、机械的过程不可能正确地完成分析工作。上述分析仅仅帮助我们找到一些候选的类和对象，接下来应该严格考察每个候选对象，从中去掉不正确的或不必要的对象，仅保留确实应该记录其信息或需要其提供服务的对象。

1)冗余

对于若干个表达相同信息的类和对象，应只保留那些在问题域中最富有描述力的名称。例如，在教务信息管理系统中，新生和学生、学号和学生证号都表达了相同的信息，可以去掉新生和学生证号，只保留学生和学号。

2)无关和模糊

在初步分析时，有一些与问题无关的对象和需求陈述中使用到的一些含义比较模糊、泛指的名词会被挑选出来，这些对象和名词，要么与当前要解决的问题无关，要么是可有可无的。因此，应该把这些与当前要解决的问题无关和含义比较模糊的候选类对象去掉。例如，在教务信息管理系统中，系统、相关部门、学校、社会、网络、基本信息等是一些与解决问题无关或比较笼统的候选类对象，可以将它们去掉。

3)属性

对象是用属性来描述的，若有些名词只是其他对象的属性描述，则应该把这些名词从候选类对象中去掉。当然，如果某个性质具有很强的独立性，则应把它作为类而不是作为属性。例如，在教学信息管理系统中，姓名、性别、年龄、身份证号、家庭住址、身高、学号、学生证号都属于学生的特征，作为学生的属性即可。

4)操作

在需求陈述中，有时可能使用一些既可作为名词又可作为动词的词，此时应根据它们在本问题中的含义来决定它们是作为类还是作为类中定义的操作。例如，通常把电话“拨号”当做动词，当构造电话模型时，确实应该把它作为一个操作，而不是一个类。但是，在开发电话的自动记账系统时，把“拨号”作为重要的一个类，因此，它有自己的日期、时间、受话地点等属性。总之，当一个操作具有属性而需要独立存在时，应该作为类对象而不是作为类的操作。

5)实现

在分析阶段不应该过早地考虑怎样实现目标系统。因此，应该去掉仅与实现有关的候选的类与对象。在设计和实现阶段，这些类与对象可能是重要的，但在分析阶段过早地考虑它们反而会分散我们的注意力。

综上所述，在教务信息管理系统中，筛选的候选类对象包括学生、教师、账号、课程、成绩、班级、专业和选修课，其示意图如图7-1所示。

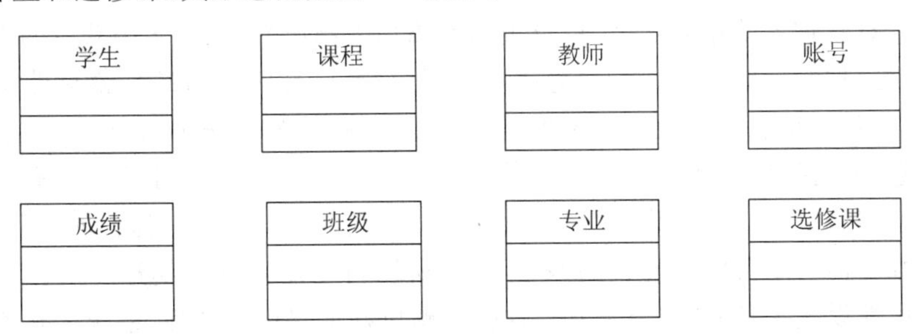

图7-1　教务信息管理系统初步类图

2. 确定属性

1)为何确定属性

属性是用于描述类对象的特性的。一个属性是一个数据项(状态信息),类中对象都有相应的值(状态)。目前,面向对象分析模型越来越专业化,而且更加详细,每个类对象都由属性描述,而属性则按照类对象的规范来描述。属性放在类对象中表示符号的中间部位。

在面向对象分析中,属性用于反映问题和系统的任务。属性能帮助我们更深入、更具体地认识类对象和结构。换句话说,属性能为类对象和结构提供更多的细节。因此,在一个系统中,确定属性是非常重要的。

2)如何确定属性

可以从如下角度确定对象应具有的属性:

(1) 按照一般常识,对象应该具有哪些属性;

(2)在当前问题域中,对象应具有哪些属性;

(3)根据系统责任的要求,对象应具有哪些属性;

(4)建立该对象是为了保存和管理哪些信息;

(5)为了在服务中实现其功能,对象需要增设哪些属性;

(6)是否需要增设属性来区别对象的不同状态;

(7)用什么属性来表示对象的整体-部分联系和实例连接。

3)审查与筛选

对于找到的对象属性,还应进行严格的审查和筛选,才能最终确定对象应具有的属性。在审查和筛选中,应考虑的问题有:

(1)该属性是否体现了以系统责任为目标的抽象;

(2)该属性是否描述了该对象本身的特性;

(3)该属性是否破坏了对象特征的"原子性";

(4)该属性是否已通过类的继承得到;

(5)该属性是否可以从其他属性推导得到。

4)命名

在确定了对象属性之后,应对各个属性命名加以区别。属性的命名在词汇中的使用方面与类的命名原则基本相同。在工作的最后,应在类描述模板中给出每个属性的详细说明,包括属性的解释、数据类型、属性所体现的关系、属性的实现要求等。

在教务信息管理系统中,以学生信息类为例添加内部属性,从需求中获得的学号、姓名、年龄、家庭住址、性别、身高、身份证号等属性,但是身高属性对本系统来说显然是没有意义的,因此去掉。学生信息类还应包含学生所属的专业编号、班级编号,用于记录学生所在的专业班级信息,同时还应该增加学生的入学年份属性,这样便于了解学生的学籍情况。又如需求中的课程编号、所属专业、课程名称、学时、学分、任课教师都属于课程的特征,所以作为课程类的属性。但由于每学期开设的课程不同,所以再增加开课学期这一属性。在这里将类中的所有属性设置为私有的(private),这样能够更好地保证封装性,系统内其他对象对该类属性的访问只能通过对应的方法。此时,类图中所有的类都是只有属性而没有方法。如图 7-2 所示为学生、课程和班级的类图。

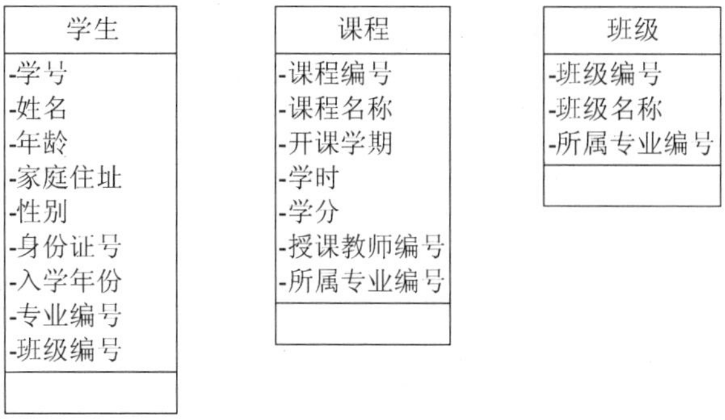

学生
-学号 -姓名 -年龄 -家庭住址 -性别 -身份证号 -入学年份 -专业编号 -班级编号

课程
-课程编号 -课程名称 -开课学期 -学时 -学分 -授课教师编号 -所属专业编号

班级
-班级编号 -班级名称 -所属专业编号

图7-2　学生、课程和班级的类图

3. 定义对象的服务

对象是描述它的属性的数据和作用在其数据上的操作(即服务)的封装体。在对象模型中,已经确定了类中应有的属性,但是还需要定义类中应有的服务。从下面几个方面考虑定义类中应有的服务。

1)发现需求中的动词

系统分析员之前在系统需求中分检出相应的名词作为候选的类对象。可以使用类似的方法,在系统需求中分检出相应的动词,作为类中可能使用的服务,通过这种方法能够发现类对象的一些服务。

2)访问对象属性的操作

在对象模型中,对类中定义的每个属性都是可以访问的,应该提供访问这些属性的服务。因此,需要定义访问这些属性的读/写操作。这些操作在对象模型中没有显式表示出来,但隐含在属性内。

3)来自事件驱动的操作

发往对象的事件驱动修改对象状态(属性值),对象被驱动后的行为可定义为一个操作,并通过执行该操作提供相应的服务。也就是说,在对象接收到事件后,在事件驱动下完成相应的服务。

在教务管理系统中,在学生信息类中,我们拥有添加学生信息、修改学生信息、删除学生信息和查询学生信息等服务。在账号类中,我们拥有添加登录、修改密码、新建账号、分配权限等服务。图7-3列出了添加了服务的完整类图。

4. 确定关联

在确定了问题域中类对象的属性和服务之后,接下来的工作就是分析确定对象之间的关联关系。所谓关联是指两个或两个以上对象之间的相互依赖、相互作用的关系,即通过对象属性来表示一个对象对另一个对象的依赖关系。在OOA模型中,关联关系是一种结构关系,表达模型元素之间的一种语义联系,它是对具有共同的结构特性、行为特性、关系和语义的描述。为了建立关联关系,应进行如下分析:

(1)分析对象之间的静态联系;

(2)分析连接的属性和操作;

(3)分析关联关系的多重性;

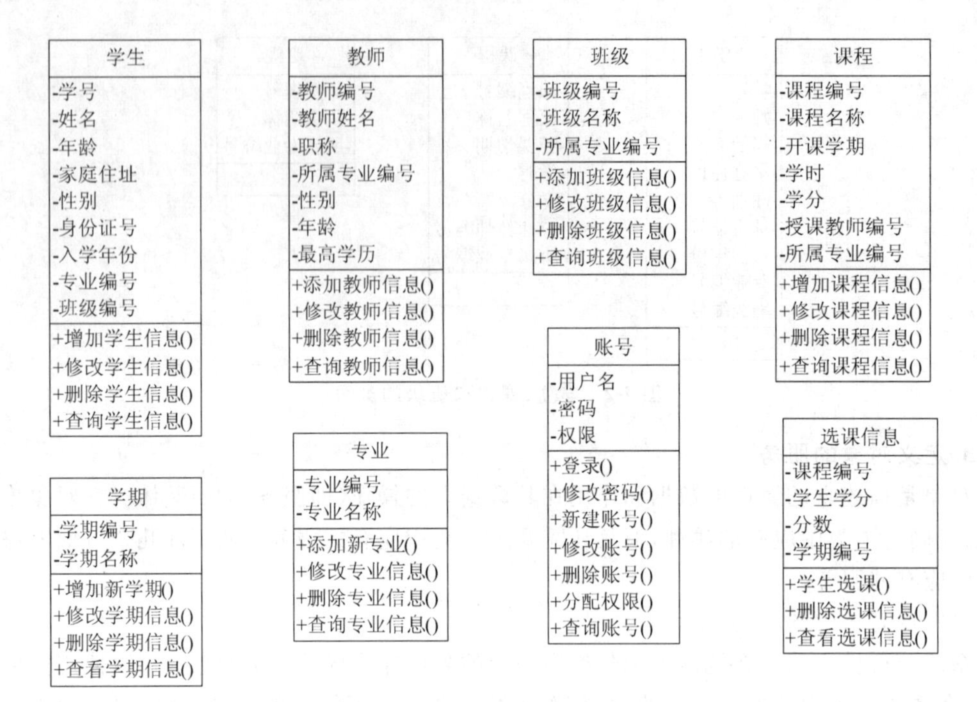

图 7-3　添加了服务的完整类图

(4)分析多元关联的多对多关联等异常情况的处理。

如在建立关联关系的过程中可能增加一些新的对象类，应把这些新增的类补充到类图中，并建立它们的类描述模板。由于仅依靠 OOA 模型中的一条关联线并不能详尽地表达出该连接，所以需要附加必要的详细说明。

在教务信息管理系统中，学生与课程之间的关系为选修关系，一个学生可以选修一门或多门课程，每门课程可以被多个学生所选修，所以课程和学生两个类之间的多重性为多对多的关系。多对多的关联相对比较复杂且不好描述，通常情况也会将这种关联关系描述为类，称为关联类。通过这样的方式，能够让两个类更好地关联和导航。在本系统中，选修信息这个类就是学生与课程两个类之间的关联关系，用于描述和映射两者之间的选修关系。通过选修信息这个类，将学生与课程的多对多的关联关系，转换为一对一的关联关系，选修信息类作为关联类，关联类通过一条虚线与关联连接，如图 7-4 所示。

教师与课程之间具有讲授的关系，这种关系也是多对多的关系。因此也增加一个关联类，即课程安排，用于记录课程的安排情况。通过这种方式将教师与课程之间的关联关系，转换为一对一的关联关系。这个思路与学生和课程之间的关系是一致的。

此外，账号能够支持学生的登录，也能够支持教师的登录，还可以支持系统管理员的登录。无论是学生还是教师实体相关的信息都需要系统来进行管理，而学生和教师登录到系统的时候，往往能够浏览和操作的功能一般也都与自身相关。也就是说，他们在使用账号登录时，必须通过账号找到对应的学生或教师的相关信息才行。因此，账号与学生信息、教师信息之间具有关联关系。它们的多重性都是 1 对 0..n。也就是说，一个账号可以与 0 个或多个学生信息实体相对应，而每个学生对象必然有一个账号与之相对应。账号与教师信息

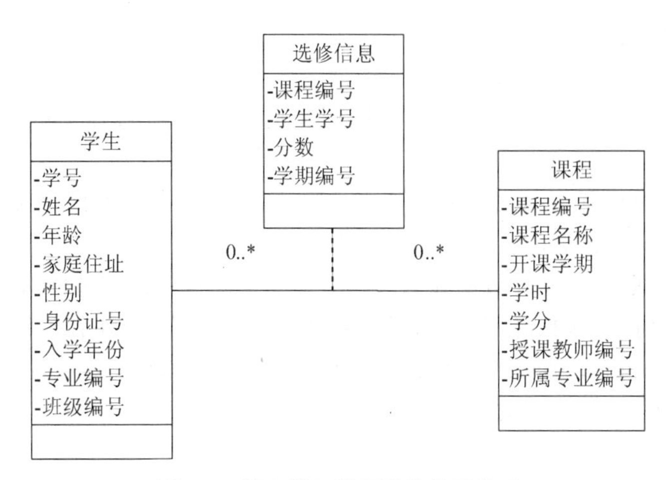

图 7-4　学生类与课程类的关联关系

实体之间的关系也是如此，这里不再赘述。图 7-5 所示为增加了关联关系的系统类图。为了方便起见，服务部分省略掉，没有进行显示。

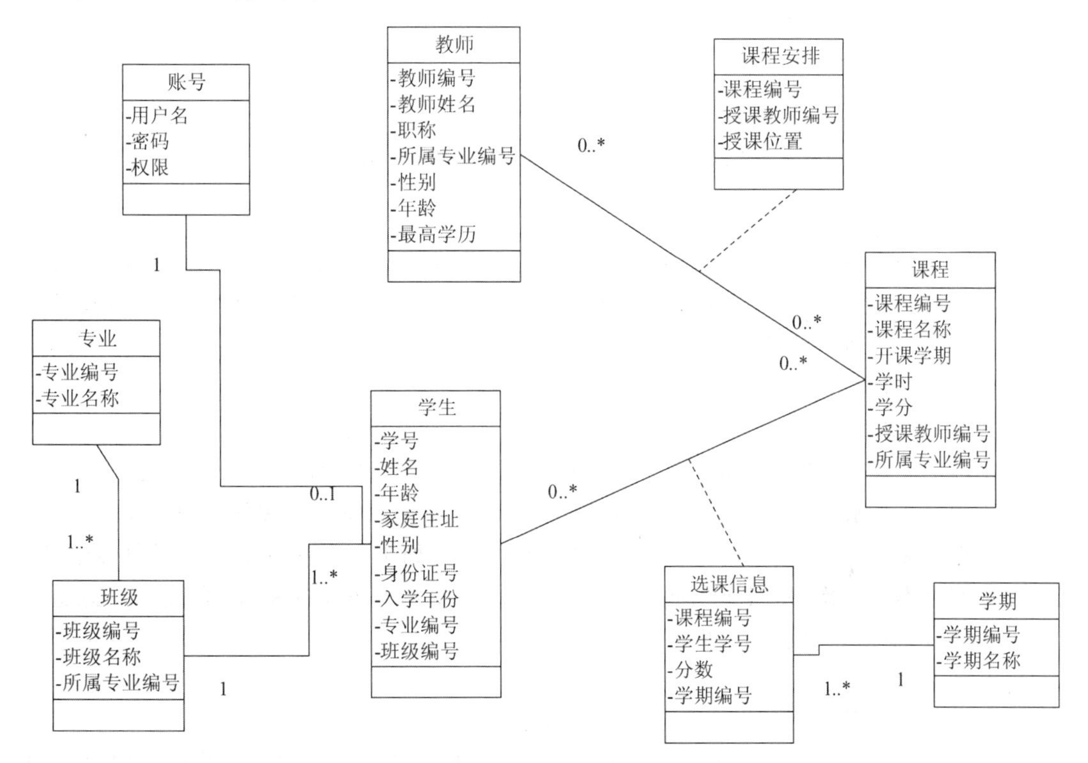

图 7-5　添加了关联关系的系统类图

5. 识别继承关系

确定了类中应该定义的属性之后，就可以利用继承机制共享公共性质，并对系统中的类加以组织。继承关系的建立实质上是知识抽取过程，它应该反映出一定深度的领域知识，因此必须要有领域专家密切配合才能完成。通常，许多归纳关系都是根据客观的分类模型建立起来的，只要有可能，就应该使用现有的概念。

一般来说，可以使用两种方式建立继承关系。

(1)自底向上：抽象出现有类的共同性质，泛化出父类，这个过程实际上模拟了人类归纳思维过程。

(2)自顶向下：把现有类细化成更具体的子类，这模拟了人类的演绎思维过程。从应用域中常常能明显看出应该做的自顶向下的具体化工作。

在教务信息管理系统中，比较明显的继承关系的是课程信息与选修课之间的关系，选修课具有课程的全部特征，包括课程编号、课程名称、学时、学分、授课教师编号、开学学期、所属专业编号等属性，还有添加课程、修改课程、删除课程、查询课程等服务（这里为了表达清晰，服务被忽略掉了）。选修课类可以继承课程类，如图 7-6 所示。

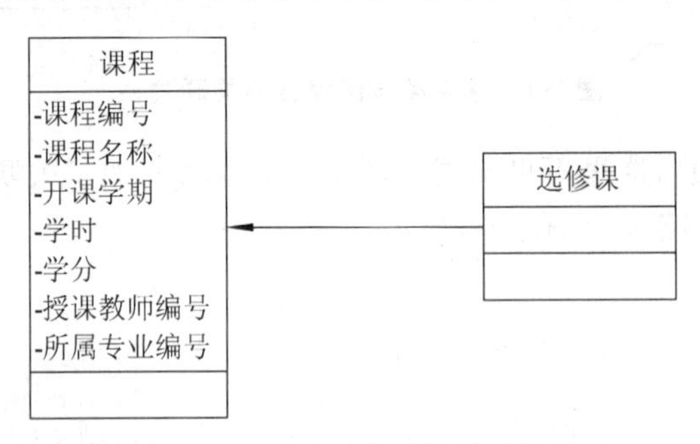

图 7-6　课程类和选修课类的继承关系

6. 反复修改

仅仅经过一次建模过程很难得到完全正确的对象模型。事实上，软件开发过程就是一个多次反复修改、逐步完善的过程。在建模的任何一个步骤中，如果发现模型的缺陷，都必须返回到前期阶段进行修改。由于面向对象的概念和符号在整个开发过程中都是一致的，因此远比使用结构分析、设计技术更容易实现反复修改、逐步完善的过程。

实际上，有些细化工作（如定义服务）可以在建立了动态模型之后进行。

在实际的工作中，建模的步骤不一定严格按照前面讲述的次序进行。分析员可以将合并几个步骤的工作放在一起完成，也可以按照自己的习惯交换前面讲述的各项工作的次序，还可以先初步完成几项工作，再返回来加以完善。但是，如果是初次接触面向对象方法，则最好先按照书本所述次序，尝试用面向对象的方法，开发几个较小的系统，取得一些实践经验后，再总结出更适合自己的工作方式。

7.1.4　建立动态模型

建立对象模型后，就需要考察对象和关系的动态变化情况。面向对象分析设定对象和关系都具有生存周期。生存周期由许多阶段组成，每个阶段都有一系列的运行规律和规则，这些规律和规则用于调节和管理对象的行为。对象和关系的生存周期由动态模型来描述。模型描述对象和关系的状态、状态转换的触发事件，以及对象的服务（行为）。

(1)状态：对象在其生存周期中的某个特定阶段所具有的行为模式。

状态是对影响对象行为的属性值的一种抽象。状态规定了对象对输入事件的响应方式。对象对输入事件的响应，既可以做一个或一系列的动作，也可以仅仅改变对象本身的状态。

(2)事件：事件是引起对象状态转换的控制信息。

事件是某个特定时刻所发生的事情，是引起对象从一种状态转换到另一种状态的事情的抽象。事件没有持续时间，是瞬间完成的。

(3)服务：也称为行为，是对象在某种状态下所发生的一系列处理操作。行为是需要消耗时间的。

建立动态模型首先编写脚本，从脚本中提取事件，画出 UML 图的顺序图(也称为事件跟踪图)，再画出对象的状态转换图。

1. 编写脚本

当系统与用户交互时，为了对目标系统的行为有更具体的认识，常用脚本表示系统的行为。脚本描述用户(或其他外部设备)与目标系统之间的一个或多个典型的交互过程，利用脚本来建立动态模型。在建立动态模型的过程中，为了确保整个交互过程的正确性和清晰性，不遗漏重要的交互步骤，首先要编写脚本，为建立动态模型奠定基础。

脚本是事件序列，当系统中的对象与外部用户交换信息时，就产生一个事件，所互换的信息值就是该事件的参数。对于事件来说，确定触发事件的动作对象和该事件的参数是非常重要的。

有时，在需求陈述中已经描写了完整的交互过程，但还需要花很大精力去构思交互的形式。例如，教务信息管理系统的需求陈述虽然表明了账号需要管理，但是没有详细说明用户注册、修改密码等行为的具体过程。因此，编写脚本的过程，是分析用户对系统交互行为的需求的过程，需要用户参与、提出意见，并审查和更改。

首先，编写正常情况的脚本。然后，考虑特殊情况的脚本，如输入/输出的数据的值域。最后，考虑用户出错情况的脚本 ，如非法输入值或响应失败。此外，还应该考虑在基本交互行为之上的“通用”交互行为、帮助要求和状态查询等。

表 7-1 和表 7-2 分别给出了用户查询成绩的正常情况脚本和异常情况脚本。

表 7-1　用户查询成绩的正常情况脚本

序　号	脚　本
1	系统要求用户输入用户名和密码
2	用户输入用户名和密码
3	系统在数据库中查询该用户名和密码是否为有效用户名和密码
4	系统确认用户名和密码
5	用户进入成绩查询功能模块
6	系统要求用户输入查询条件，用户输入相应的查询条件
7	系统在数据库中搜索并显示符合条件的记录
8	用户退出系统

表 7-2 用户查询成绩的异常情况脚本

序 号	脚 本
1	系统要求用户输入用户名和密码
2	用户输入用户名和错误的密码
3	系统在数据库中查询该用户名和密码是否为有效用户名和密码
4	系统显示“输入密码”错误，并要求用户重新输入密码
5	用户重新输入正确的密码，系统验证通过
6	用户进入成绩查询功能模块
7	系统要求用户输入查询条件
8	用户改变主意不想查询了，则退出程序查询功能模块
9	用户退出系统

2. 设计用户界面

大多数交互行为都可以分为应用逻辑和用户界面两部分。通常，系统分析员首先集中精力考虑系统的信息流和控制流，而不是首先考虑用户界面。动态模型着重表示应用系统的控制逻辑。

但是用户界面的美观、方便、易学及效率，是用户使用系统时首先感受到的。用户界面的好坏往往对用户是否喜欢、是否接受一个系统起很重要的作用，所以在分析阶段不能忽略用户界面的设计。应该快速建立用户界面原型，供用户试用与评价。

3. 事件跟踪图

完整、正确的脚本为建立动态模型奠定了必要的基础。但是，用自然语言书写的脚本往往不够简明，而且有时在阅读时会有二义性。为了有助于建立动态模型，可以借助事件跟踪图。在画事件跟踪图之前需要进一步明确事件及事件与对象的关系。

1）确定事件

前面准备的脚本，理解时不是很简明，可能存在二义性。为了有助于建立动态模型，应该认真分析脚本的各个步骤，以便从中确定所有外部事件。事件包括系统与用户（或外部设备）交互的所有信号、输入、输出、中断和动作等。从脚本中容易发现正常事件，但是，应注意不要遗漏了出错条件和异常事件。

经过分析，在应用系统中找出系统所有的事件后，还需要确定事件与对象的关系。也就是对于一个事件来说，哪个对象是事件的发送者，哪个对象又是事件的接收者。某事件对于发送者来说是输出事件，对于接收者来说则是输入事件。有时，一个事件可能既是输出事件又是输入事件，这是因为对象将事件发给了自己。

2）画出事件跟踪图

从脚本中提取出各类事件并确定了每类事件的发送对象和接收对象之后，就可以用事件跟踪图把事件序列及事件与对象的关系，形象、清晰地表示出来。事件跟踪图实际上是扩充的脚本，可以认为事件跟踪图是简化的 UML 顺序图。

在事件跟踪图中，一条竖线代表一个对象，每个事件用一条水平的箭头线表示，箭头方向从事件的发送对象指向接收对象。时间从上向下递增。也就是说，画在最上面的水平箭头线代表最先发生的事件，画在最下面的水平箭头线所代表的事件最晚发生。箭头线之间的间距并没有具体含义。教师查询学生信息的事件跟踪图如图 7-7 所示。

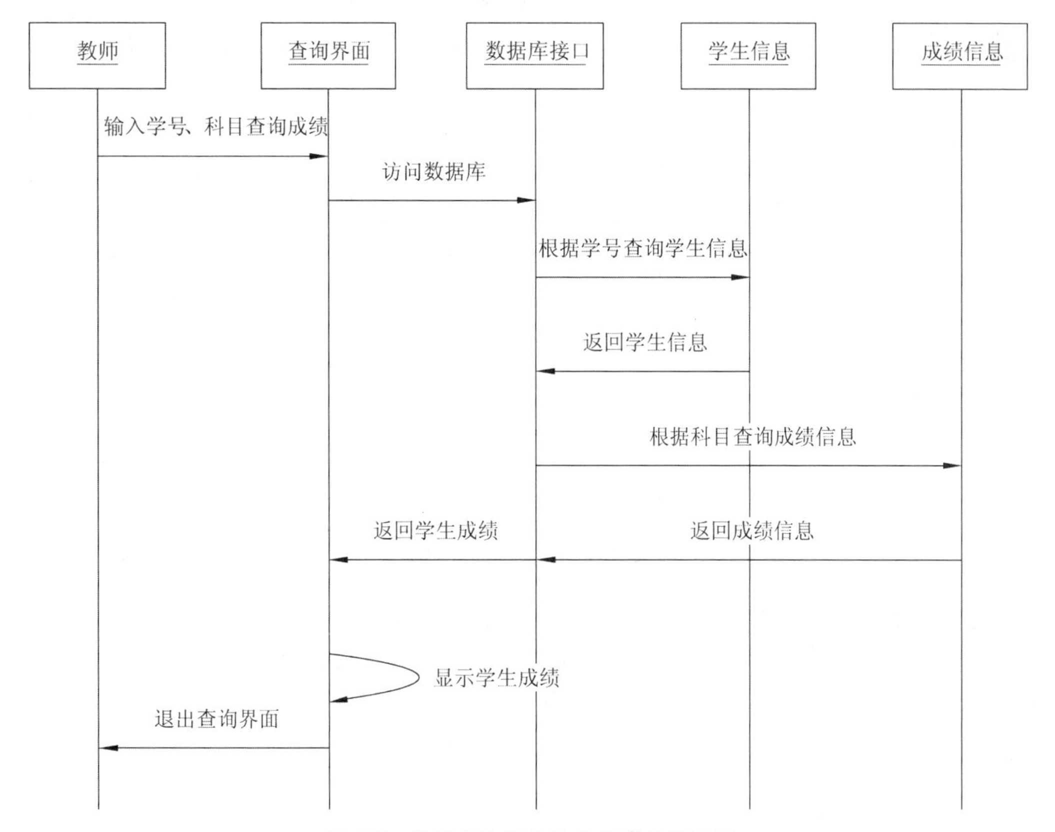

图 7-7　教师查询学生信息的事件跟踪图

4. 状态图

在画出事件跟踪图后，可根据事件跟踪图再画出状态图。状态图用于描述对象对外部事物所做出的响应的状态序列。状态图侧重于描述某个对象生命周期中的动态行为，包括对象在各个不同状态间的转移及触发这些状态转移的外部事件，即从状态到状态的控制流。

一般情况下，状态图确定了由事件序列引出的状态序列，因而，可用一个状态图描绘一类对象的行为。在动态模型中，并不是任何一个类对象都需要用一个状态图来描述，我们只需考虑那些具有重要交互行为的类就可以了。

一个状态图反映对象发送和接收的事件：每个脚本或事件跟踪图都对应状态图中的一条路径（箭头线），路径上应标以事件名；两个事件之间的间隔就是一个状态，应给每个状态取一个有意义的名字。图 7-8 描述了教师类的状态图。

根据一个事件跟踪图画出状态图以后，再把其他脚本的事件跟踪图合并到已画出的状态图中。为此需要在事件跟踪图中找出以前考虑过的脚本的分支点，然后把其他脚本中的事件序列并入已有的状态图中，作为一条可选的路径。

状态图不但要考虑正常事件，还需要考虑边界情况、特殊情况和异常情况。当发生了异

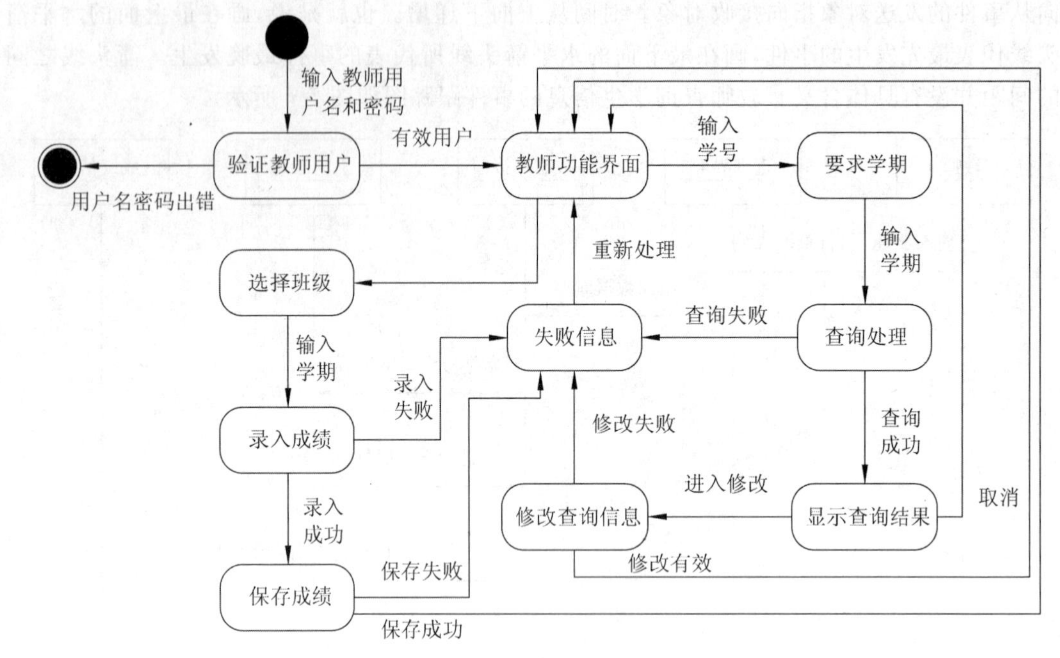

图 7-8 教师类的状态图

常情况时，系统应给出出错处理的脚本，并且并入已有的状态图中。

状态图的构造应考虑所有脚本，并且包含影响某类对象状态的全部事件。因而，在完成初始状态图后，应进一步检查状态图，发现有遗漏的情况，应该立即补充遗漏脚本，并且并入已有的状态图中。

7.1.5 建立功能模型

功能模型描述了系统内的"功能"性质，说明系统发生了什么，因此更直接地反映了用户对目标系统的需求。功能模型表示系统内的计算过程中如何根据输入值推导出输出值，而无须考虑其计算值的次序。功能模型不仅说明了在对象模型中操作的意义和在动态模型中的动作，而且说明了在对象模型中的约束。

功能模型由一组数据流图组成。在面向对象分析方法中为动态模型的每个状态画数据流图，可以清楚地说明与状态有关的处理过程。在建立系统对象模型和动态模型的基础上，分析其处理过程，将数据和处理结合在一起而不是分离开来。这就是面向对象分析的独特之处。数据流图的处理对应于状态图中的活动或动作，数据流对应于对象图中的对象或属性。

1. 建立功能模型的步骤

建立功能模型的步骤是：确定输入/输出值，画数据流图。

（1）确定输入/输出值。

数据流图中的输入/输出值是系统与外部之间进行交互的事件的参数。

（2）画数据流图。

前面已经介绍了数据流图的画法，本节结合小型教务管理系统中的成绩管理部分再复习一遍有关数据流图的概念和画法。成绩管理数据流图如图7-9所示。

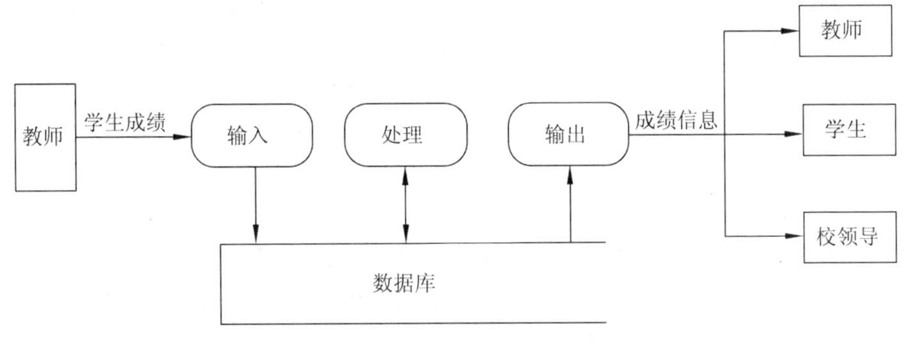

图7-9　成绩管理数据流图

2. 数据流图的基本元素

数据流图主要有四个基本元素，即数据流、数据处理、数据存储和外部实体。

1)数据流

数据流表示在计算和数据处理中的中间数据值，常用箭头表示数据流，箭头方向表示数据流向，数据流名称标在数据流线上。数据流由一组数据项组成，在数据流图中只有其名称，所以应尽量准确地给数据流命名。

2)数据处理

数据处理是对数据进行处理的单元，是在对象类上操作方法的实现。数据处理常用包含其名称的椭圆表示，一般用于完成对数据的计算或数据值的转换。

3)数据存储

数据存储由若干数据元素组成，用于表示处于静止状态的数据，如数据库文件。数据存储可用一段平行线或一个右边开口的方框和一个箭头表示，输入箭头表示要写入文件，即要修改现有文件的内容；输出箭头则表示从存储文件中检索并读出数据。

4)外部实体

系统之外的实体称为外部实体，可以是人、物或其他软件系统。对系统提供数据流的外部实体称为数据源点，接收系统输出数据流的外部实体称为数据终点。源点和终点可以是同一个外部实体。外部实体的实际结构必须在对象模型中描述，同时具有修改描述和允许访问操作。

功能模型中所有的数据流图往往形成一个层次结构。在这个层次结构中，一个数据流图中的过程可以由下一层的数据流图做进一步的说明。一般来讲，高层的过程代表作用在组合对象上的操作，而低层的过程则代表作用于一个简单对象上的操作。

7.2　面向对象设计

面向对象设计(Object Oriented Design，OOD)是从面向对象分析到实现的一个桥梁。面向对象分析是将用户需求经过分析后，建立问题域精确模型的过程；而面向对象设计则是根据面向对象分析得到的需求模型，建立求解域模型的过程。也就是说，分析必须搞清楚系统“做什么”，而设计必须搞清楚系统“怎样做”。求解域模型是系统实现的依据。

尽管分析和设计的定义有明显区别，但是在实际的软件开发过程中两者的界限是模糊的。许多分析结果可以直接映射成设计结果，而在设计过程中又往往会加深和补充对系统需求的理解，从而进一步完善分析结果。因此，分析和设计活动是一个多次反复迭代的过程。面向对象方法学在概念和表示方法上的一致性，保证了在各项开发活动之间的平滑(无缝)过渡，领域专家和开发人员能够比较容易地跟踪整个系统开发过程，这是面向对象方法与传统方法比较起来所具有的一大优势。

面向对象设计可分为系统设计和类设计。系统设计是高层设计，主要确定实现系统的策略和目标系统。类对象设计是低层设计，主要确定解空间中的类、关联、接口形式及实现服务的算法。高层设计主要确定系统的结构、用户界面，即用于构造系统的总的模型，并把任务分配给系统的各个子系统。

本章主要介绍面向对象设计的设计准则、任务和方法。

7.2.1 面向对象的设计准则

系统设计的优劣直接影响软件的质量。在设计阶段一定要遵循设计准则，按照设计策略设计出优秀的方案。下面按照指导传统设计方法的基本设计原理，给出面向对象设计对应的准则和策略。

1. 模块化

对于复杂的系统而言，降低复杂性的方法是将系统模块化，也就是将一个复杂的大系统分解为若干个相对简单的较小部分，称为子系统(Subsystem)。如果一个子系统仍然是复杂的，那么继续分解子系统直到其易于开发和管理为止。这种“分而治之，各个击破”的策略来自于人们处理复杂事物的经验，也同样适用于软件开发过程。

子系统是一个定义明确的软件组件，它向其他子系统提供服务。一个服务是一组有着共同目标的相关操作，这些提供给其他子系统的操作形成了子系统的接口。子系统接口只对外部提供操作的名称、参数、类型和返回值等，而对操作的实现进行了封装，因此，在接口不变的情况下，子系统内部实现的修改对外部调用影响很小，从而增加了系统的可维护性。图 7-10 给出了一个系统进行层次分解的例子。其中，子系统可以划分为不同的层次，每一层使用底层所提供的服务，并为高层提供服务。需要注意的是，子系统的层数最好在 3～7 层之间，同一层子系统的数量为 5～9 个比较合适。

系统分解的另一种形式是将系统分解为对等的子系统，每一个子系统负责不同类型的服务，子系统之间相互独立。

2. 抽象

面向对象方法不仅支持过程抽象，而且支持数据抽象。类实际上是一种抽象的数据模型，它对外开放的公共接口构成了类的规格说明(协议)，这种接口规定了外界可以使用的合法操作符，利用这些操作符可以对类实例中包含的数据进行操作。使用者无须知道这些操作符的实现算法和类中数据元素的具体表示方法，就可以通过这些操作符使用类中定义的数据。通常把这类抽象称为规格说明抽象。

此外，某些面向对象的程序设计语言还支持参数化抽象。所谓参数化抽象，是指当描述

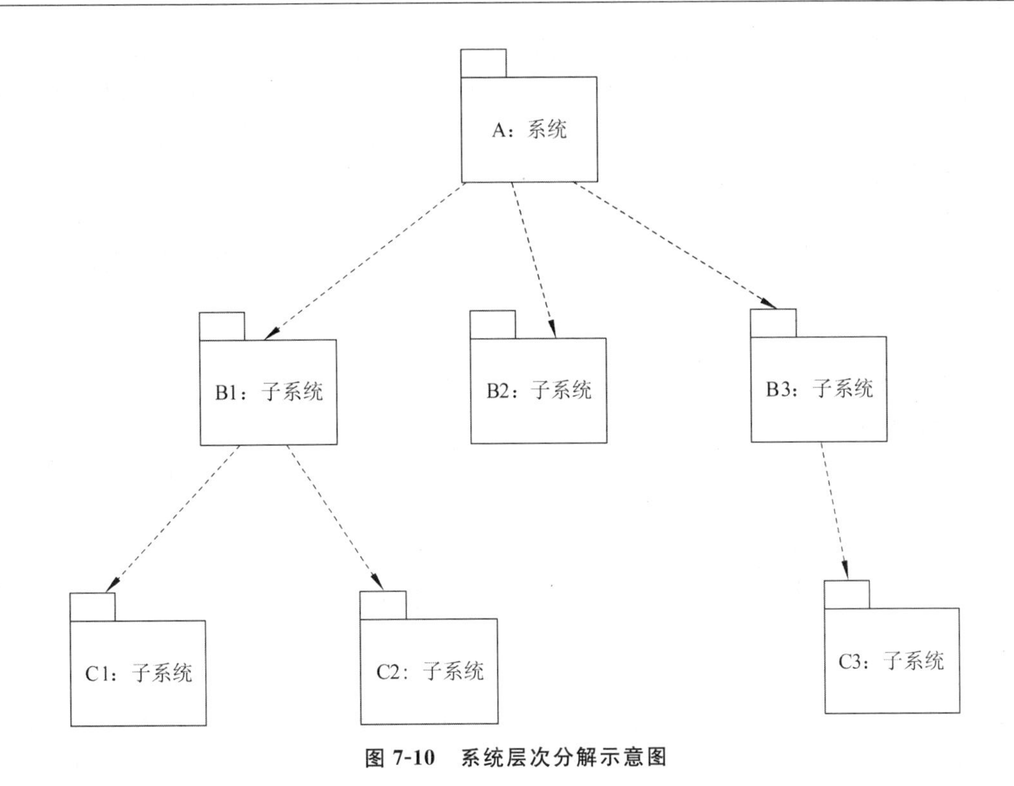

图 7-10　系统层次分解示意图

类的规格说明时，并不具体指定所要操作的数据类型，而是把数据类型作为参数。这使得类的抽象程度更高，应用范围更广，可重用性更高。例如，C＋＋语言提供的“模板”机制就是一种参数化的抽象机制。

3. 耦合性

耦合性表示两个子系统之间的关联程度。如果一个子系统发生变化对另一个子系统的影响很小，则称它们是松散耦合的；如果变化的影响很大，则称它们是紧密耦合的。显然，耦合越松散越好。

松散耦合是优秀设计的一个重要标准，因为这有助于使系统中某一部分的变化对其他部分的影响降到最低程度。在理想情况下，对某一部分的理解、测试或修改无须涉及系统的其他部分。

一般说来，对象之间的耦合可分为以下两大类。

1)交互耦合

如果对象之间的耦合通过消息连接来实现，则这种耦合就是交互耦合。为使交互耦合尽可能松散，应该遵守下述准则：尽量降低消息连接的复杂程度。应该尽量减少消息中包含的参数个数，降低参数的复杂程度，减少对象发送(或接收)的消息数。

2)继承耦合

与交互耦合相反，设计中应该提高继承耦合程度。继承是一般化类与特殊类之间耦合的一种形式。从本质上看，通过继承关系结合起来的基类和派生类，构成了系统中粒度更大的模块。因此，它们彼此之间应该结合得越紧密越好。

为获得紧密的继承耦合，特殊类应该确实是对它的一般化类的一种具体化。因此，如果一个派生类摒弃了其基类的许多属性，则它们之间是松耦合的。在设计时应该使特殊类尽量多继承并使用其一般化类的属性和服务，从而更紧密地耦合到其一般化类。

4. 内聚性

所谓内聚，是一个模块内各个元素彼此结合的紧密程度。结合得越紧密内聚越强，结合得越松散内聚越弱。强内聚也是衡量设计优良的一个重要标准。在面向对象设计中，内聚可分为下述三类。

1)服务内聚

一个服务应该是单一的，即只完成一个任务。

2)类内聚

类内聚要求类的属性和服务应该是高内聚的，而且它们应该是系统任务所必需的。一个类应该只有一个功能，如果某个类有多个功能，通常应该把它分解成多个专业的类。

3)一般-特殊内聚

一般-特殊内聚表示一般-特殊结构符合领域知识的表示形式，也就是说，特殊类应该尽量地继承一般类的属性和服务。这样的一般-特殊结构是高内聚的。

例如，虽然表面看起来飞机与汽车有相似的地方(都用发动机驱动，都有轮子，……)，但是，如果把汽车和飞机都作为"机动车"类的子类，则不符合领域知识的表示形式，这样的一般-特殊结构是低内聚的。高内聚的一般-特殊结构应该是，设置一个抽象类"交通工具"，把飞机和机动车作为交通工具类的子类，而汽车又是机动车类的子类。

5. 复用性

对于建立软件系统而言，所谓复用就是利用某些已开发的、对建立目标系统有用的软件元素来生成新的软件系统。在一个新系统中，大部分的内容是成熟的，只有小部分内容是新的。一般地，可以相信成熟的东西总是比较可靠的，而大量成熟的工作可以通过复用快速实现，人们应该把大部分精力用于小比例的创新工作中，而把小部分精力用于大比例的成熟工作中，这样才能把系统完成得又快又好。复用有两方面的含义：一是尽量使用已有的类(包括开发环境提供的类库，及以往开发类似系统时创建的类)，二是如果确实需要创建新类，则在设计这些新类的协议时，应该考虑将来的可重复使用性。

将具有一定集成度并可以重复使用的软件组成的单元称为软件构件。软件复用是直接使用已有的软件构件，通过组装或合理的修改生成新系统。一方面，软件复用方法合理化并简化了软件开发过程，减少了总的开发工作量与维护代价，既降低了软件的成本又提高了生产效率；另一方面，由于软件构件是经过反复使用验证的，自身具有较高的质量，因此，由软件构件组成的新系统也具有较高的质量。除此之外，设计模式也是一种复用，它通过为对象协作提供思想和范例来强调方法的复用，这些思想都是复用性的体现。

7.2.2 系统设计

系统设计是对问题的解和建立解法的高层策略。系统设计解决的问题有将整个系统划分为子系统的软件和硬件部分分配，为详细设计指定框架等。也就是说，系统设计是将系统划分为几个子系统，建立系统的基本框架，每个子系统使用与面向对象分析一致的表示法建立模型。可以说，系统设计是逐步扩充面向对象分析模型的扩充过程。系统设计就是软件总体结构的设计，也就是进行子系统的划分及子系统之间的通信。在系统设计过程中，需要完成的主要任务有子系统划分、问题域子系统设计、人机界面子系统设计、任务管理子系统设计和数据管理子系统设计等相关工作。

1. 子系统划分

在现实生活中，人们解决一个复杂的问题常常采用“分而治之”的策略。这种策略同时适用于软件系统的设计。一个复杂的软件系统可以按照一定的策略分解成若干个子系统，每个子系统又可以分解为若干个软件组件。系统设计的任务之一就是把分析模型中紧密相关的类、关系等设计元素包装成子系统，这样，分析模型被划分为若干个子系统。

一个子系统不是一个对象，也不是一种功能，而是类、管理、服务（操作）、事件和约束的一个包，它们是相互联系的，并在进行合理定义接口后，希望其他子系统有很少的接口。通常，一个子系统由它所提供的服务来识别，一个服务是一组具有共同目标的相关功能，如I/O处理、画图等。一个子系统定义了观察问题的一个方面解的本质方式，如操作系统中的文件系统是一个子系统，它相对于抽象集合来说是很大的，但不是全部，它独立于另外的子系统，如进程管理或存储管理。

每个子系统和其他子系统之间有一个很好定义的接口，这个接口指明了原有交互的形式和通过子系统边界的信息，但是不指出这个子系统的内部实现。每个子系统能够独立进行设计，这些设计并不影响其他子系统。

两个子系统之间的关系可以是客户-供应商关系或平等伙伴关系。在客户-供应商关系中，“供应商”子系统提供的接口作为“客户”子系统的调用，并返回结果给“客户”。整个调用过程是由“客户”子系统所驱动的，所以它必须了解“供应商”子系统提供的接口，而“供应商”子系统无须了解“客户”子系统的接口。在平等伙伴关系中，每个子系统可以调用其他子系统，一个子系统与另一个子系统的通信不必立即紧跟着一个响应。相对于客户-供应商关系来说，平等伙伴关系中的子系统之间交换复杂，存在难以理解和容易出错的通信环路。因此，建议尽可能采用客户-供应商关系。

一个软件系统的结构通常可以有层次（水平切片）组织和块状（垂直切片）组织两种方式。

1)层次组织

这种组织方式把软件系统组织成一个层次系统，每一层是一个子系统。上层子系统在下层的基础上，下层子系统为实现上层功能而提供必要的服务。系统的每一层可以包含一个或多个子系统，并且表示了完成系统功能所需功能性的不同抽象层次。

每一层子系统所包含的对象，彼此相互独立。而处在不同层次上的对象，彼此间往往有联系。显然，在上、下层子系统之间存在着客户-供应商关系。下层子系统提供服务，相当于供应商；上层子系统使用下层子系统提供的服务，相当于客户端。

在设计中，顶层是用户看到的目标系统，底层则是可以使用的资源。为了减少不同层次之间的概念差异，设计者还必须设计一些中间层子系统。

例如，计算机系统的层次结构如图 7-11 所示。

层次结构的模式又可进一步划分为封闭模式和开发模式。封闭模式就是每层子系统仅

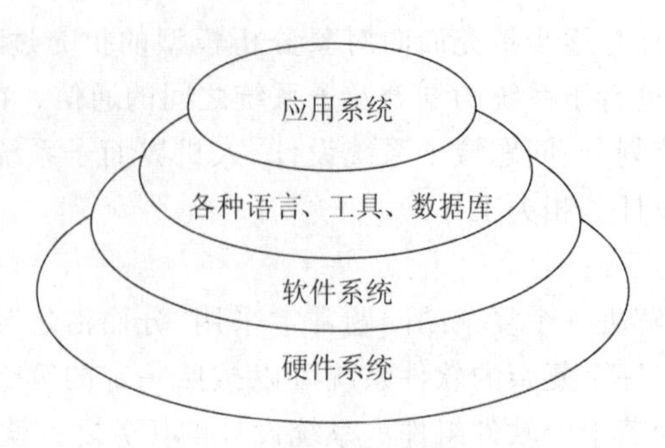

图 7-11　计算机系统的层次结构

仅使用其直接(直属)下层子系统提供的服务。由于一个层次的接口只影响与其相邻的上一层,因此,这种模式降低了各层次之间的相互依赖性,容易理解和修改。

开发模式就是某一层子系统可以使用处于它下面的任何一层子系统所提供的服务。这种模式的优点是减少了需要在每层子系统重新定义的服务数目,使得整个系统更高效、更紧凑。但是,开放模式的系统不符合信息隐藏原则,对任何一个子系统的修改都会影响处在更高层次的子系统。设计软件系统时到底采用哪种结构模式,需要全面权衡效率和模块独立性等因素。

组织层次结构子系统时,可以采用以下的步骤。

(1)建立分层的标准,决定子系统将如何被组合成层次的体系结构。

(2)确定层次(子系统)的数量,层次(子系统)太多,将导致不必要的复杂性,层太少则可能破坏功能的独立性。

(3)命名层(子系统)。在这一过程中,将子系统及其封装的类分配到某一层;确立在同一层的子系统(类)之间,以及与其他层子系统(类)的通信机制。在一个封闭式体系结构中,一个层次(子系统)的消息只发送到相邻的低层。在一个开放的体系结构中,一个层次(子系统)的消息可以发送至任意层。

(4)定义每一层的接口。

(5)精化子系统以建立每个层的类结构。

(6)定义层通信的消息模型。

(7)评审层设计以保证层间的耦合度最小(客户机/服务器协议可以帮助达成此目标)。

(8)迭代以精化分层设计。

2)块状组织

这种组织方式把软件系统垂直地分解成若干个相对独立的、低耦合的子系统,一个子系统相当于一块,每块提供一种本地的服务。

当然,可以使用层次和块状的混合结构,即利用层次和块的各种可能的组合成功地由多个子系统组成一个完整的软件系统。

划分子系统的原则有很多,人们通常是按照功能来划分的,而且子系统的数目应该与系统规模基本匹配。例如,一个操作系统可以划分为进程管理、存储管理、设备管理、文件管理、作业管理、中断处理等子系统。下面是划分子系统时应该遵循的一些原则。

(1)子系统应该具有良好的接口,接口尽可能简单、明确。接口确定了交互形式和通过子系统边界的信息流。

(2)子系统之间应尽可能减少依赖性。

(3)子系统数量不应太多,子系统的数目应该与系统的规模基本匹配。

(4)子系统可以在内部再划分以得到较低复杂性。

(5)无须规定子系统内部的实现算法。

2. 问题域子系统设计

在面向对象设计中,面向对象分析的结果恰好符合面向对象设计的问题域部分,这个结果是面向对象设计模型中的一个完整部分,而且,分析结果可以被改动和增补,在分析和设计之间不存在宽大的、不可回溯、不可追踪的鸿沟。因此,对面向对象分析结果的改动和增补是设计的开端。

从面向对象分析到面向对象设计是一个平滑的过渡,即没有间断和没有明确的分界线。面向对象分析是建立系统的问题域对象模型,而面向对象设计是建立求解域的对象模型。它们虽然都是建模,但两者的性质不同,分析建模可以与系统的具体实现无关,设计建模则要考虑系统的具体实现环境的约束,如需要考虑系统准备使用的编程语言、可用的软件构件库及程序员的编程经验等约束问题。

面向对象方法中的一个主要目标是保持问题域组织框架的完整性、稳定性,这样可提高分析、设计到实现的追踪性。因为系统的总体框架都是建立在问题域基础上的,所以,在设计与实现过程中无论做怎样的修改,如增加具体类、属性或服务等,都不会影响开发结果的稳定性。对于需求可能随时间变化的系统来说,稳定性是至关重要的。稳定性是在类似系统中实现重用分析、设计和编程结果的关键因素。为了更好地支持系统的补充,也同样需要稳定性。面向对象分析和面向对象设计结果的稳定性是系统评估的基础,所以,在问题域部分进行的修改必须经过仔细的检查和验证。

下面介绍在面向对象设计过程中,可能对面向对象分析所得出的问题域模型做的补充和修改。

1)需求变更

当用户需求或外部环境发生了变化,或者分析员对问题域理解不透彻或缺乏领域专家帮助,以致建立了不能完整、准确地反映用户真实需求的面向对象分析模型时,需要对面向对象分析所确定的系统需求进行修改。通常,首先需要修改面向对象分析的结果,然后再把这些修改反映到问题域子系统中。

2)重新设计编程类

首先,考虑如何从自己的或别人的源程序中把现成的类增加到问题域部分。现成的类可能是用面向对象方法编写的,也可能是用某种非面向对象方法编写的可用软件,在后一种情况中,把软件封装在一个特意设计的、基于服务的界面中,改造成类的形式,把现成的类增加到问题域中。

其次,划掉现成类中任何不用的属性和服务,并增加一个现成类到问题域类之间的一般-特殊关系。

接着,划掉问题域类中不需要的属性和服务,这些属性和服务现在是从现成类中继承的,并修正问题域类的结构和连接,必要时把它们移向现成类。

3)组合问题域类

在面向对象的分析中,没有引进一个类放在所有类的上层。在面向对象设计中,通常先引入一个类以便把问题域专用的类组合在一起,它仅仅起到“根”类的作用,把全部下层的类组合在一起。为什么需要这样做呢?因为它可以形成一个一般/特殊结构,从而概括面向对象分析模型中的几乎所有的类及对象。

当没有一个更满意的组合机制可用时,这实际上就是一种把类库中的某些类组织在一起的方法,而且这样的类可以用于建立一个协议。

4)增加一般化类以建立协议

当若干个类存在着一组类似的服务(也许还需要相应的属性)时,可考虑引入一个新类(如把抽象类作为父类)提供公共操作协议(如对象创建、删除等),而把各个服务具体的实现细节由子类完成,可以简化软件设计并提高编码的效率。

5)调整继承层次

如果面向对象分析的一般-特殊结构包括多继承,在使用一种只有单继承或无继承性的编程语言时,就需要对面向对象分析的结果作一些修改。

(1)多继承模式。

第一种多继承模式可称为狭义的菱形,如图 7-12 所示。这个模式中属性与服务命名的冲突比较频繁,使用者必须注意这种冲突。

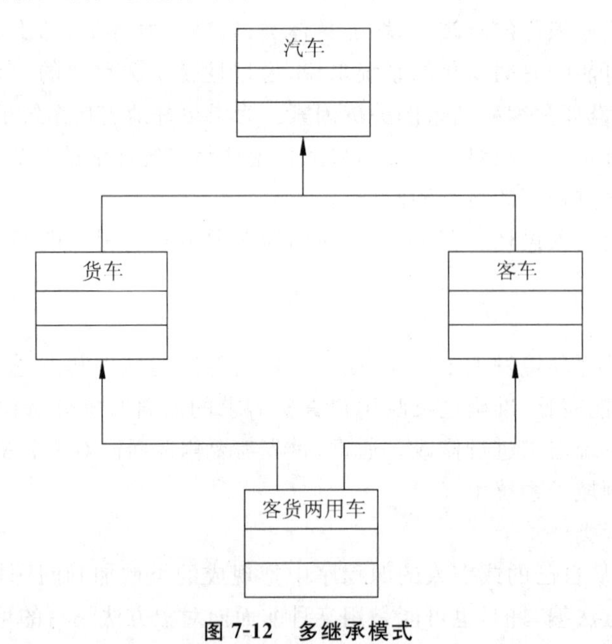

图 7-12　多继承模式

第二种多继承模式可称为广义菱形模式,如图 7-13 所示。这里,菱形开始于最高的一般类,即通常称为“根”类的地方。这里,属性和服务命名的冲突比较少,但它需要更多的类表示设计。

(2)针对单继承语言的调整。

对于单继承语言可用两种方法从多继承结构转换为单继承结构。一种是分解多继承,

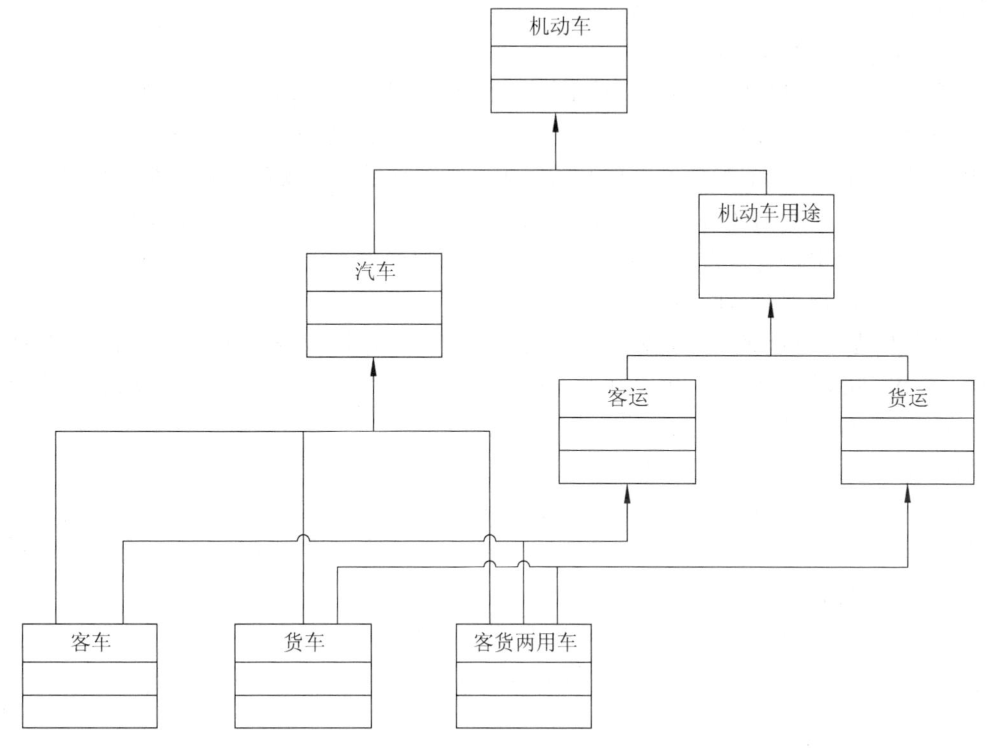

图 7-13　广义菱形模式

使用它们之间的映射。这种方法把多继承模式分为两个层次结构,使它们之间的映射用一个整体-部分结构或一个实例连接。另一种是展开为单继承,这种方法把多继承的层次结构展平而形成一个单继承的层次结构,这意味着,有一个或者多个一般-特殊结构在设计中就不再那么清晰了。同时也意味着,有些属性和服务在特殊类中会重复出现,容易造成冗余。图 7-14 为多继承简化为单一层次的单继承的示意图。

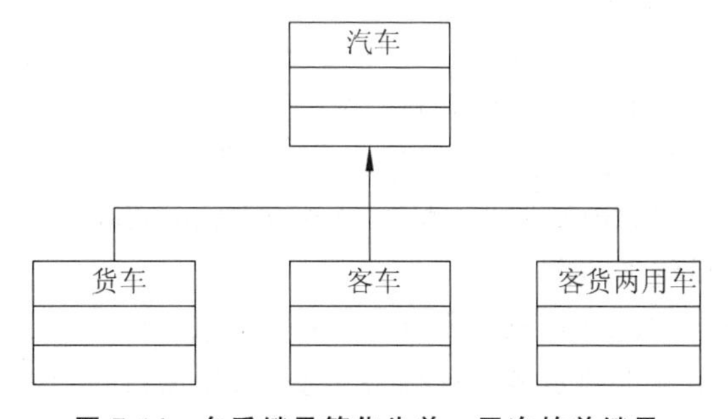

图 7-14　多重继承简化为单一层次的单继承

6)增加低层细节

为了设计和编程的方便,可以在低层成分中分离出一些独立的类,这种方法有助于把与计算机细节有关的内容放在低层类中隔离起来。

7)对面向对象分析结果的增补进行重新审查

考察所做的选择,重新审查对问题域部分的内容所做的任何修改。无论何时何地,要尽可能地保持建立的基本问题域的结构。

3. 人机界面子系统设计

人机界面子系统提供用户界面，是系统与用户直接打交道的部分，是实现系统的外部表现。人机界面子系统的设计结果将决定用户界面的美观程度、方便程度、易学程度等，这些将对用户情绪和工作效率都会产生重要的影响。如果该子系统提供的人机交互界面设计得好，会使系统对用户产生吸引力，用户在使用系统的过程中会感到兴奋，能够激发用户的创造力，提高工作效率；相反，人机界面设计得不好，用户在使用过程中就会感到不方便、不习惯，甚至会产生厌烦和恼怒的情绪。

设计人机界面子系统的任务是提供使用方便、友好的用户界面，设计工作的内容包括用户分类、描述交互场景、设计人机交互操作命令层次和操作顺序、设计详细交互过程、设计人机交互类(如窗口、对话框、菜单等)。

1)设计用户界面应遵循的原则

设计用户界面应当密切结合业务领域的特点，要符合业务应用的习惯，同时要利用计算机的优点，使所设计的用户界面具有现代化气息，生动活泼，富有吸引力。一般来说，用户界面的设计可以遵循以下原则。

(1)一致性。采用一致的术语、一致的步骤和一致的活动。

(2)操作步骤少。尽可能地减少敲击键盘和点击鼠标的次数，减少完成某件事情所需下拉菜单的次数。

(3)及时反馈信息。当用户在等待系统完成某一项活动时，应不时地在屏幕上显示一些信息，向用户反馈工作的进展情况。

(4)响应时间快。界面操作的响应时间是很重要的，用户一般要求系统的响应时间比较迅速，以提高生产率。例如，一个优秀打字员每分钟可以键入大约1000个字符，如果交互响应时间为0.1～0.2秒/字符，那么，该打字员在击键时就有可能丢失数据，因此不得不降低其输入效率。

(5)要有联机帮助。联机帮助是用户界面友好的一个重要特征。所谓联机帮助是指，无论用户工作在任何进程或任何时刻，均能得到系统和应用程序提供的帮助信息。系统应通过联机帮助减少用户的学习时间，提高学习效果。

(6)要有错误处理机制。在操作出现错误时，应提供错误警告提示和出错恢复的手段，如提供复原(Undo)、终止(Abort)、取消(Cancel)、校正(Correct)等功能。

2)设计人机界面子系统的步骤

(1)从定义应用语句的对象中分离出形成用户界面的对象。

(2)如果可能的话，用预定的对象与外部作用交互，如窗口、菜单、按钮、表单、对话框和适合应用的其他类型对象。

(3)用动态模型作为程序的结构。最好用并发控制或事件驱动控制方式来实现。

(4)区分物理事件和逻辑事件。通常一个逻辑事件对应于多个物理事件，如一个图形接口能从一个表格、弹出式菜单、一个命令序列或一个间接的命令文件中获取输入。

(5)完整说明由接口调用应用功能，确保实现功能的信息已经存在。

人机界面子系统中的类与所使用的操作系统与编程语言密切相关。现在的软件系统一般都采用图形界面(GUI)和人机应答方式，力求界面友好，操作简单。面向对象程序设计语言提供了丰富的预定义的动态链接库DLL，如C++语言的MFC类库，这些类库一般都能提供窗口、菜单、对话框等。设计人机界面子系统时，通常只要从预定义的动态链接库中选择合适的类，再从这些类派生出实现人机交互所需的类。

原则上讲，用户界面与系统的功能要求是分离的。一个用户的界面有多种选择，但是系统要完成的业务处理功能和用户界面要保持相对独立，这样，当用户的场景发生微小变化时，重用处理功能，只需修改界面。例如，在图书管理系统中，为借阅者提供查询图书目录的功能，当开发B/S结构上的图书查询功能时，希望重用C/S结构上的查询图书代码，只需要修改用户界面即可。保持系统功能和用户界面分离的方法是分离信息的内容和形式。信息的内容由应用程序的功能来决定，信息的形式由用户界面来决定。

由于对人机界面的评价在很大程度上由人的主观因素决定，因此，使用由原型支持的系统化的设计策略是成功地设计人机交互子系统的关键。

基于以上的分析，教务信息管理系统不宜采用命令语言，而应该采用图形化的界面，因为系统需要运行在因特网上，因此界面应该采用网页风格，要体现简洁、实用的特点。网页运行速度快、简单的操作和友好的界面易让用户第一时间捕获重点内容等。图7-15为教务信息管理系统中学生信息管理的界面，其风格简洁、实用，界面左侧提供系统的导航功能，系统管理员可以通过左侧的导航，很方便地进入到相关的管理模块中去，界面右侧集成了添加学生基本信息、搜索学生基本信息、删除学生基本信息、修改学生基本信息等功能，为学生基本信息管理提供了集成的界面和平台，同时系统管理员可以按照所在班级、学生姓名、学号等方式来检索学生信息，简化和方便了信息查找的步骤。

学号	详细资料	所在班级	性别	已修学分	家庭住址	联系电话	选择删除
091901	陈亮	09计算机系	男	40	永州市	15211461233	□
091902	张堡	09计算机系	男	37	郴州市	15211461758	□
091903	张浩	09计算机系	男	41	河南郑州	15211461265	□
091904	陈晓燕	09计算机系	女	35	河北	15211451234	□
091905	韩敬近	09计算机系	男	37	湖北	15211452233	□
091906	程皓	09计算机系	男	32	上海	15211467233	□
091907	唐美美	09计算机系	女	39	永州市	15211461733	□
091908	章子夜	09计算机系	男	38	承德	15211461239	□
091909	廖娟花	09计算机系	女	41	郴州	15211461293	□
091910	唐婧	09计算机系	女	40	永州市	15211461133	□
091911	谭全葵	09计算机系	男	43	衡水	15211469852	□
091912	张伟	09计算机系	男	32	北京	15211469632	□
091913	李琴	09计算机系	女	40	保定	15211469852	□
091914	龙钦泽	09计算机系	男	38	郴州	15211469456	□
091915	关霎珊	09计算机系	女	35	永州市	15211468521	□
091916	杨斌	09计算机系	男	36	永州市	15211468599	□
091917	杨苏	09计算机系	女	45	新疆	15211467781	□
091918	李香	09计算机系	女	38	安徽	15211468523	□
091919	欧阳成	09计算机系	男	38	广州	15211468121	□
091920	司马禅	09计算机系	女	39	广西	15211467521	□

图7-15　教务信息管理系统人机界面示例

4. 任务管理子系统设计

一般来说，任务是处理进程的别名，通常把多个任务的并发执行称为多任务。为什么要进行任务管理呢？原因有两个：一个是多用户、多任务或多线程操作上开发应用程序的需要；一个是可以通过任务描述目标软件系统中各个子系统间的通信和协同。

在任务管理子系统设计中，需要进行并发性分析，要识别和确定哪些是必须同时活动的对象，哪些是独立活动的对象。可以在动态模型中分析识别并发性任务(多任务)。如果两个类(或者子系统)不是同时活动的，则不需要并发处理。相反，两个类(或者子系统)彼此间不存在交互(数据通信)或异步同时接收事件，则视它们为并发的。

当子系统存在并发行为时，且这种并发行为可以在不同的处理器(多处理器)上实现，即把每一个子系统分配到各自独立的处理器；也可以在同一个处理器，并利用多任务操作系统仿真实现。例如，采用多线程仿真多处理器。

下面介绍任务管理子系统设计的步骤与策略。

1)识别任务的类型和特征

任务类型有事件驱动任务、时间驱动任务、优先任务、关键任务、协调任务(又称为任务协调器)。

(1)识别事件驱动任务。

事件驱动任务由中断激活，并且主要来自于某些外部源的中断，如处理器、传感器等。这类任务可能主要完成通信工作，如与设备、屏幕窗口、其他任务、子系统、另一个处理器或其他系统的通信。

在系统运行时，这类任务的工作过程是：任务处于休眠状态(不消耗处理器时间)，等待来自数据线或其他数据源的中断，一旦接收到中断就唤醒该任务，接收数据并把数据存入缓冲区或其他地方，通知需要知道这项任务的对象，然后该任务又回到休眠状态。

(2)识别时间驱动任务。

时间驱动任务也是由中断激活，被系统时钟控制。某些任务每隔一定时间间隔就被触发，用于执行某些处理。

时钟驱动型任务的工作过程是：任务设置唤醒时间后进入休眠状态，等待来自系统的中断，一旦接收到这种中断，任务就被唤醒并做它该做的工作，通知有关的对象，然后该任务又回到休眠状态。

(3)识别优先任务。

任务的优先级别可以分成高优先级和低优先级。

高优先级任务必须能够立即访问系统资源，在严格限定的时间内完成这种服务；低优先级任务与高优先级相反，有些服务是低优先级的，如背景处理等。

识别和确定优先任务就是满足高优先级或低优先级的不同处理需求。设计时可以把高优先级任务的服务分离成独立的任务；把低优先级任务用额外的任务把这样的服务分离出来。

(4)识别关键任务。

关键任务是关系到系统成功或失败的关键，识别和确定关键任务，保证在资源可用性减少或系统在退化的状态下也能得到处理。

这类处理通常都有严格的可靠性要求，对高可靠性处理应该精心设计，严格测试。

(5)识别协调任务。

当系统中存在 3 个或 3 个以上任务时,就应该增加一个任务,即任务协调器。任务协调器负责任务之间的调度和协同。由于引入协调任务会增加系统的开销,所以它应该仅做协调工作。

2)任务定义

一旦确定任务特征,就应该对任务进行定义。任务定义的模板可以是任务名称、任务功能描述、优先级、服务、任务与其他任务的协调方式、通信方式等。任务模板定义如下:

```
Task Name
Task Description
Task Priority
Task Services included
     Coordinates by
        Communicates by
End Task
```

3)集成协调者和其他任务,尽量减少任务数量

通过分类、整合、提取等有效的方法,确定需要的任务,使系统包括的任务尽可能少。

4)确定资源需求

通常,使用多处理器或硬件可以满足高性能的需求。一些实时控制系统或时间性很强的系统,对硬件的要求要高一些。但是,应该综合考虑各种因素,决定哪些子系统用硬件实现,哪些子系统用软件实现。有两个因素可能是使用硬件实现某些子系统的主要原因:

(1)现有的硬件完全能满足某些方面的需求;

(2)专用硬件比通用的 CPU 性能更高。

5. 数据管理子系统设计

数据管理子系统为面向对象设计模式提供了在特定的数据管理系统之上,存储或检索对象的基本结构。设计数据管理子系统的目的是,将目标软件系统中依赖开发平台的数据存取部分与其他功能分离,数据存取通过一般的数据存储管理模式(文件、关系数据库或面向对象数据库)来实现,但实现细节集中在数据管理子系统中。这样既有利于软件的扩充、移植和维护,又简化了软件设计、编码和测试的过程。

1)选择数据存储管理模式

选择数据存储管理模式是数据管理子系统设计的首要任务。可供选择的数据存储管理模式有三种:文件管理系统、关系数据库系统和面向对象管理系统。设计者应该根据应用系统的特点,选择一种合适的数据存储管理模式。

(1)文件管理系统。

文件管理系统提供了基本的文件处理和分类能力,它的特点是能长期保持数据,成本低而且简单。但文件操作烦琐,实现比较困难,必须编写大量的代码。此外,文件管理系统是操作系统的一个组成部分,不同操作系统的文件管理系统往往有明显的差异。

(2)关系数据库管理系统。

关系数据库管理系统建立在关系理论的基础上。它用若干个表来管理数据,表中的每一行表示表中的一组值,每一列有一个单一的(原子)值在其中。它具有以下优点。

① 提供了各种最基本的数据管理功能，如中断恢复、多用户共享、多应用共享、完整性和事务支持等。

② 为多种应用提供了一致的接口。

③ 支持标准化的 SQL 语言。

关系数据库管理系统为了做到通用性和一致性，实现起来相当复杂而且存在一定不足，以致限制了它的普遍使用。它具有以下缺点。

① 运行开销大。即使只完成简单的事务(如只修改表中的一行)，也需要较长的时间。

② 不能满足高级应用的需求。关系数据库管理系统是为商务应用服务的，商务应用中数据量虽然大，但数据结构却比较简单。一般来说，在数据类型丰富或操作不标准的应用中，很难用关系数据库管理系统来实现。

③ 与程序设计语言的连接不自然。大多数程序设计语言本质上是过程性的，每次只能处理一个记录，而 SQL 语言支持面向集合的操作，是一种非过程性语言，两者之间存在差异，连接不方便。

(3)面向对象数据库管理系统。

面向对象数据库管理(Object Oriented Data Base，OODB)系统是一种新技术，它的扩展设计途径如下。

① 在关系数据库基础上，增加了一些操作功能。例如，增加了抽象数据类型和继承性，以及创建及管理类和对象的通用服务。这种面向对象数据库管理系统称为扩充的关系数据库管理系统。

② 面向对象程序设计语言中扩充了数据库的功能。例如，扩充了存储和管理对象的语法和功能。这种面向对象程序设计语言称为扩充 OODB 的面向对象程序设计语言。

③ 从面向对象方法本身出发设计数据库。开发人员可以用统一的面向对象观点进行设计，不再需要区分存储数据结构和程序数据结构(生存周期短暂的数据)。

首先保留对象值，然后在需要时创建该对象的一个副本。这是大多数对象管理模式都采用的“复制对象”的方法。扩充的面向对象程序设计语言支持“永久对象”方法：确切地存储同样的对象，包括对象的内部标识，而不是仅仅存储一个对象的副本。当从存储库检索到一个对象时，该对象与先前存在的那个对象是完全相同的。“永久对象”方法，为在多用户环境下的对象服务器中共享对象奠定了基础。

2)选择数据管理子系统

无论基于哪种数据管理模式，设计数据管理子系统都包括设计数据格式和设计相应的服务两部分。

(1)设计数据格式。

不同的数据存储管理模式，其设计数据格式的方法也不同。下面分别介绍几种数据存储管理模式的数据格式设计方法。

① 文件系统。

文件系统设计数据格式的步骤如下：

- 列表给出每个类的属性(既包括类本身的定义属性，又包括继承的类的属性)；
- 将所有属性表格规范为第一范式；

- 为每个第一范式表定义一个文件；
- 测量性能和需要的存储容量能否满足实际性能要求；
- 若文件太多时，则把一般-特殊结构的对象文件合并成一个文件，以减少文件数量。必要时把某些属性组合起来，并用某些编码值表示这些属性，而不再分别使用独立的域表示每个属性。这样做可以减少所需的存储空间，但是增加了处理时间。

② 关系数据库管理系统。

关系数据库管理系统设计数据格式的步骤如下：

- 列出每个类的属性表；
- 将所有属性表格规范为第三范式；
- 为每个类定义一个数据库表；
- 测量性能和需要的存储容量能否满足实际性能要求；
- 若不满足再返回第二步设计规范，修改原来设计的第三范式，以满足性能和存储需求。

③ 面向对象数据库管理系统。

面向对象数据库管理系统设计数据格式的步骤如下：

- 对于在关系数据库上扩充的面向对象数据库管理系统，其处理步骤与基于关系数据库的处理步骤类似；
- 由面向对象程序设计语言扩充而来的面向对象数据库管理系统，不需要对属性进行规范化，因为数据库管理系统本身具有把对象值映射为存储值的功能。

(2)设计相应的服务。

如果某个类的对象需要存储起来，则在该类中应该增加一个属性和服务，用于完成存储对象自身的操作。通常把增加的属性和服务与对象中其他的属性和服务分离，作为“隐含”的属性和服务，在类对象的定义中描述，不在面向对象设计模式的属性和服务层中显示地表示出来。

“存储自己”的属性和服务形成了问题域子系统与数据管理子系统之间必要的桥梁。若系统支持多继承，那么用于“存储自己”的属性和服务应该专门定义在一个基类“Object Server”(对象服务器)中，通过继承关系使那些需要存储对象的类从基类中获得该属性和服务。

同设计数据格式一样，不同的数据存储管理模式，其设计相应服务的方法也不同。下面分别介绍每种数据存储管理模式的相应服务的设计方法。

① 文件系统。

采用文件系统设计时，对象需要确定打开哪个文件，在文件中如何定位，如何检索出旧值(如果存在)及如何更新值。因此，需要定义一个“Object Server”类，该类应该提供两个服务：

- 告知对象如何存储自己；
- 检索已存储的对象(查找、取值、创建或初始化对象)，以便把这些对象提供给其他子系统使用。

② 关系数据库管理系统。

采用关系数据库管理系统设计时，对象需要确定访问哪些数据库表，如何检索到所需的行(元组)，如何检索出旧值(如果存在)及如何更新值。因此，还应该专门定义一个“Object Server”类，并声明它的对象。该类应该提供下列服务：

- 告知对象如何存储自己；
- 检索已存储的对象(查找、取值、创建或初始化对象)，以便由其他子系统使用这些对象。

③ 面向对象数据库管理系统。

- 在关系数据库上扩充的面向对象数据库管理系统，与使用关系数据库管理系统时的方法相同。
- 对于由面向对象程序设计语言扩充而来的面向对象数据库管理系统，没有必要定义专门的类；因为该系统已经提供了为每个对象“存储自己”的行为。只需给需要长期保存的对象加个标记，这类对象的存储和恢复由面向对象数据库管理系统负责完成即可。

7.2.3 类设计

类设计针对某个子系统中某个类的作用、类的内部构成及类之间的关系进行清晰、具体的描述，使得实现阶段的程序员能够根据描述很容易地转换为程序代码。类设计主要完成问题域中的对象及其相互交互的设计。在类设计期间需要完成如下工作：

(1)创建属性数据结构和所有操作过程的详细规约；

(2)定义所有属性的可见性(公共的、私有的或保护的)，精化对象间的接口，以便定义完整的消息模型的细节。

面向对象设计的对象设计是对面向对象分析的结果进行改进和增补。根据实现条件，对面向对象分析产生模型的类与对象、结构、属性、操作进行组合与分解，增加必要的类、属性和关系。

1. 类设计的目标

面向对象的类设计的目标是代码重用、良好设计的类和方法及数据的完整性。

1)代码重用

代码重用在面向对象的系统开发中，始终都是关注的目标。在系统需求分析中最初主要考虑的是类及类之间的继承层次。在类设计阶段，系统分析的结果可以作为代码重用的基础，协作图是模式提取的一种应用。所谓模式提取就是研究类图、交互图和对象图，识别交互中的模式，评估这些模式以确定相似协作中这些交互机制是否可以重用，而不再去重新开发。应根据类的共性对类进行评估，确定是否可以抽象出一个公共的基类来共享方法。最后随着设计的展开要对该方法的特征进行标记，对类似的可重用的方法要进行评估。

在教务信息管理系统中，无论是学生基本信息的管理，还是教师基本信息的管理，抑或是课程相关信息的管理都需要对数据库中的数据信息进行访问和使用，这里都需要对相应的数据库进行操作。例如，与数据库建立连接、与指定表建立连接、关闭连接等操作。因此，可以提取出一个公共使用的类(公共类)以用于对数据库进行相关的操作。

2)良好设计的类和方法

良好设计的类和方法关系到软件的可扩充性、可靠性、可维护性和灵活性。下面给出保证良好设计的类和方法的设计原则。

(1)始终保持数据的私有化,即尽量将所有的字段(又称为域、成员变量)声明为私有的。

(2)始终在构造函数内初始化数据,可以定义不同重载版本的构造函数,用于对不同需要的数据进行初始化工作。

(3)不要使用太多的相关联的原始数据类型。如果多个相关联的属性是原始数据类型,则尽可能把它们聚集到自己的类中。例如,年级类中与其相关联的专业属性就可以在年级类中加入专业编号来表示。

(4)不是所有的属性都需要单独的存取程序、更换程序方法,或者称为获取和设置方法。存取程序方法就是某个对象中返回一个特定的属性值的方法,而设置方法就是修改某个对象的单个属性值。换句话说,不是所有的属性都需要用 set 和 get 访问器来获取和设置。

(5)一致的排列构成每个类的元素。例如,首先是定义常量,然后是构造函数,再是静态方法,接着是其他方法、实例变量,最后是静态变量。

(6)对类、方法、属性给出有意义的名字,以便见名知义。

3)数据的完整性

一个结构良好的、模块化的健壮性软件,依然有数据完整性的问题,即使所有的算法和计算都经过了测试。在独立的方法调用中,更新相互关联的数据时会产生潜在的问题。相互关联的数据是指为维护数据的完整性,必须同时更新的多重数据。例如,如果在班级类中存放专业的相关信息,如果专业的信息在专业类中被修改了,而年级类中没有修改的话,那么专业类中的信息与班级类中的信息就会出现不一致的现象,这样会造成按照专业查找班级信息或按照专业查找学生信息时,导致查找失败的现象。因此,在进行类设计时,必须充分考虑数据的完整性和一致性问题。

还有可能因为恶意用户或不合法用户存取数据造成数据的完整性问题。在绝大多数系统中,并不是所有的用户都有同样的权限来存取数据和使用系统功能,所以系统设计有安全性设计。当然,安全性问题有很多是操作系统或系统管理员应该处理的问题,不应该是应用层次负责解决的。

2. 类设计的内容

在类设计阶段需要对类的名称、属性、方法进行详细的描述,其中包括属性描述、方法描述、接口描述等。

1)类信息描述

(1)类的命名。

类的命名原则采用“className”的形式,需要注意的是,在为类进行命名时一定要为类起一个见名知义的名字。

(2)类的修饰符。

比较常用的类的修饰符有 public、private、protected、internal、abstract、sealed 等。在定义类时,需要根据系统的需要来确定类的修饰符。下面对这几个修饰符进行说明。

①pubic:公共类。

它可以被任何类访问,包括同一包中的类和其他包中的类。该修饰符只能用于顶层类和成员类(如某类的子类)。

②private:私有类。

这样的类只能由自身进行访问,它对外部类没有任何的贡献,但是它可以用于对嵌套类的声明进行定义。

③protected:受保护类。

这样的类只能由同一类或该类的派生类中的代码才可以访问该类型或其成员。

④internal:内部类。

这样的类只能由同一程序集中的任何代码才可以访问该类型或成员,其他程序集中的代码不可以访问。

⑤abstract:抽象类。

该类不能被实例化,只能用于继承。

⑥sealed:密封类。

该类不能由其他的类来继承,只能用于实例化。

(3)类的成员。

类的成员可以有常量、成员变量、属性、方法、构造函数、析构函数、其他数据类型等。在排列构成类的成员时,需要注意排列的次序,这样能够让类的层次结构更加清晰。

2)属性描述

类的属性描述首先要命名和设置可见性。

(1)属性的命名。

属性的命名使用"attributeName"的形式,字段的命名采用"fieldName"的形式。例如,定义学号字段可以定义为studentID。

(2)属性的数据类型。

在为类定义和属性描述时,非常重要的一个部分就是为属性指定数据类型,在设计阶段这个数据结构必须能够满足系统对属性的使用要求,并且尽量地为操作提供方便。例如,在教务信息管理系统中,定义学生信息类的属性时,需要将学生的学号studentID字段设置为private,将数据类型设置为字符串,也可以将此字段设置为整型或长整型的。这需要根据系统的需要来决定,一般情况下,将学生的学号设置为字符串类型,其扩展性和通用性会更好,这是因为有的学号除了数字还可能有用于表达专业信息的字符等信息,另外使用字符串可以固定学号的位数,这样便于更好地表达和操作。如果希望外部类对学号这个字段进行读/写,就需要定义一个与学号字段对应的属性(如studentID属性),通过get和set方法来控制字段的读/写。

(3)属性建模的原则。

一般情况下,为了降低类之间的耦合度,要遵循属性建模的以下原则。

①可以将所有域(也称为字段、成员变量)的可见性设置为private。

②仅通过set方法更新属性。在set方法中,实现简单的有效性验证,而在独立的验证方法中实现复杂的逻辑验证。

③仅通过get方法访问属性。在get方法中,实现域的访问。

④不是所有的属性都需要设置set和get方法,除非需要对这个属性进行读/写。

3)方法描述

方法描述需要确定方法的可见性、名称、参数、返回值等。其中,方法也称为操作、服务或成员函数。方法的可见性是指外部对象对该方法的访问级别。

(1)方法的命名。

方法要使用完整的描述进行命名,使用"方法名+()"形式。例如,在教务信息管理系统中需要查询学生信息,可以用 findStudent()来命名。

(2)方法的可见性。

一个方法如何被其他方法访问是由方法的可见性定义的,在 UML 中,方法的可见性有3种级别:

①private 只能在定义它的类中可以使用,使用"-"表示;

②protected 只能在类的内部或其派生类中可以使用,使用"#"表示;

③public 在程序的任何地方都可以使用,使用"+"表示。

为了降低系统的耦合,建立方法的可见性应遵循"让方法按照需要提供可见性,不要超过限度"的原则。例如,如果一个方法的可见性只需 protected,就将方法设置为 protected,而不必设置为 public。

7.3　面向对象的实现

原则上,面向对象实现阶段是在测试阶段之后进行的。但实际工作中,并不严格划分设计与实现阶段,有时甚至颠倒它们的顺序。设计和实现的不同主要在于对系统结构的抽象程度不同。设计是要阐述系统的概念结构,而实现需要包括有关系统运行的所有细节问题。无论采取何种方法,最后设计都是要阐明和验证实际的实现过程。

面向对象实现主要包括以下两项工作。

(1)把面向对象设计的结果,翻译成用某种程序语言编写的面向对象程序。

与结构化实现技术中先以模块为单位进行过程设计和编码调试相似,面向对象实现技术是先以类为单位进行操作设计、编码调试,然后实现类与类之间的关联定义。

(2)测试并调试面向对象的程序。

目前,软件测试仍然是保证软件可靠性的主要措施,对于面向对象的软件来说,情况依然如此。在采用面向对象语言编码实现后,进行系统测试,最后交予用户使用并根据使用情况进行维护。在每一个阶段都必须按照有关规范编写相应的说明书或报告。

面向对象程序的质量基本上由面向对象设计的质量决定,但是所采用的程序语言的特点和程序设计风格,也将对程序的可靠性、可重用性及可维护性产生深远影响。

7.3.1　面向对象编程

1. 面向对象语言的特征

面向对象语言(Object-Oriented Language)是一类以对象作为基本程序结构单位的程序设计语言,用于描述的设计是以对象为核心,而对象是程序运行时的基本成分。面向对象语言中提供了类、继承等成分。

面向对象语言借鉴了20世纪50年代的人工智能语言Lisp引入的动态绑定和交互式开发环境的思想，始于20世纪60年代的离散事件模拟语言Simula67引入的类的概念和继承，以及成形于20世纪70年代的Smalltalk。面向对象语言的发展有两个方向：一种是纯面向对象语言，如Smalltalk、EIFFEL、C#和Java等；另一种是混合型面向对象语言，即在过程式语言及其他语言中加入类、继承等成分，如C++、Delphi和Objective-C等。这些语言尽管在程序和方法上存在一定的差异，但是它们都支持诸如对象、类、继承等面向对象的核心概念，并在不同程度上支持以下一些重要的特性。

1)多重继承

C++、Java等许多面向对象语言支持多重继承，但是也有一些其他面向对象语言并不支持多重继承。支持多重继承的语言能把设计直接转换成实现。但是需要注意的是，多重继承机制引入可能会在属性和操作名之间导致名字的冲突。

2)封装

不同的语言对封装的支持程度存在一定的差异。当代码允许一个类直接访问另一个类的属性时，继承使用不当就可能会导致违反封装原则的事情发生。

3)重用性

面向对象程序中的软件构件是用类来实现的，它具有很高的独立性，为软件的重用提供了良好的基础和保证。

4)类库

大多数面向对象语言包含一个可使用的通用类库，它可以被程序员直接使用，或通过某些子类创建所定制的特殊需要的类库。类库的可用性意味着许多类库中的组件不需要程序员重新实现。

类库中往往包含实现通用数据结构(如动态数组、表、队列、栈、树等)的类，通常把这些类称为包含类。在类库中还可以找到实现各种关联的类。

更完整的类库通常还提供独立于具体设备的接口类(如输入/输出流)，此外，用于实现窗口系统的用户界面类也非常有用，它们构成一个相对独立的图形库。

5)强类型语言和弱类型语言

强类型语言要求每个变量和属性都必须精确地属于某一个特定的类。弱类型语言则仅将变量和属性看做广义的对象。例如，C++语言是强类型语言，Smalltalk语言是弱类型语言。

强类型语言主要有两个优点：一是有利于在编译时发现程序错误，二是增加了优化的可能性。通常使用强类型编译型语言开发软件产品，使用弱类型解释型语言快速开发原型。总的来说，强类型语言有助于提高软件的可靠性和运行效率。现代的程序语言理论支持强类型检查，大多数新语言都是强类型的。

6)内存管理

所有面向对象语言都允许用户动态创建对象，并且可以用指针引用动态创建的对象。允许动态创建对象，就意味着系统必须处理内存管理问题，如果不及时释放不再需要的对象所占用的内存，动态存储分配就有可能耗尽内存。

有两种管理内存的方法，一种是由语言的运行机制自动管理内存，即提供自动回收“垃圾"的机制;另一种是由程序员编写释放内存的代码。自动管理内存不仅方便而且安全,但是必须采用先进的垃圾收集算法才能减少开销。某些面向对象的语言(如C++)允许程序员自己定义析构函数(Destructor)。每当一个对象超出范围或被显式删除时,就自动调用析构函数。这种机制使得程序员能够方便地构造和唤醒释放内存的操作,却又不是垃圾收集机制。

7)打包

大多数面向对象语言都缺少类与类之间控制可见性的分区机制,为此,可在分析阶段使用包含类模块的结构机制。在Ada语言中,包构造提供了把一个系统的结构分割成具有它们自己名字空间独立组建的手段。一个系统嵌套打包组件的能力可以对可见性形成较好的控制。

8)元数据

元数据是描述有关数据的数据。在运行程序时允许合理的应用出现的元数据,甚至允许改变对象支持的操作、属性的拥有或属性类型的结构和能力等。Smalltalk语言包含有关类的元数据。

9)可视化开发环境

目前,许多面向对象语言提供了功能强大、使用方便的可视化集成开发环境,它不仅大大提高了软件开发的效率,而且有效地减少了错误,提高了软件的质量。开发环境至少应该包含下列一些最基本的软件工具:编译程序、编译程序或解释程序、浏览工具、调试器(Debugger)等。

编译程序或解释程序是最基本、最重要的软件工具。编译与解释的差别主要是速度和效率的不同。利用解释程序解释执行用户的源程序,虽然速度慢、效率低,但却可以更方便、更灵活地进行调试。编译型语言适合于开发正式的软件产品,优化工作做得好的编译程序能生成效率很高的目标代码。有些面向对象语言(如Objective-C)除提供编译程序外,还提供一个解释工具,从而给用户带来很大方便。

当开发大型系统时,需要有系统构造工具和变动控制工具,因此应该考虑语言本身是否提供了这种工具,或者该语言能否与现有的这类工具很好地集成起来。经验表明,传统的系统构造工具(如UNIX的Make)目前对许多应用系统来说都已经太原始了。

程序设计语言是人与计算机进行交流的重要工具,其特性必然会影响人们的思维和解决问题的方式,也会影响人与计算机通信过程的质量和效率。因此,选择一种合适的程序设计语言是面向对象开发过程中一项非常重要的工作。

2. 面向对象语言的选择

在使用面向对象的软件开发过程中,面向对象语言明显优于非面向对象语言。因此,除了在很特殊的应用领域,开发人员一般应该选择面向对象的程序设计语言,但是,目前面向对象的程序设计语言种类繁多,究竟应该选择何种语言才能更有利于系统的开发和维护呢?在充分考虑到程序设计语言特点(如应用领域、算法与计算的复杂性、数据结构的复杂性和效率等)的同时,还应该着重考虑以下一些实际因素。

1)未来能否占主导地位

在若干年以后,哪种面向对象的程序设计语言将占主导地位呢?为了使自己的产品在若干年后仍然具有很强的生命力，人们可能希望采用将来占主导地位的语言来编程。

根据目前占有的市场份额，以及专业书刊和学术会议上所做的分析和评价，人们往往能够对未来哪种面向对象语言将占据主导地位做出预测。但是，最终决定选择哪种面向对象语言的实际因素，往往是诸如成本之类的经济因素，而不是技术因素。

2)可重用性

采用面向对象方法开发软件的基本目的，是通过重用来提高软件质量和软件生产率，增强系统的可维护性。面向对象语言的主要优点是能够最完整、最准确地表达问题域语义，因此在开发系统时，应该优先选择面向对象语言。

3)类库和开发环境

语言、开发环境和类库是决定可重用性的三个因素。可重用性除了依赖于面向对象程序语言本身以外，同时还依赖于开发环境优劣和类库内容的丰富程度。只有语言、开发环境和类库这三个因素综合起来，才能共同决定可重用性。

考查程序语言不但应该考查是否提供了类库，更重要的是考查类库中提供了哪些有价值的类。类库的日益成熟和丰富，会给开发应用系统带来很大的方便，需要开发人员自己编写的代码将越来越少，以致会有事半功倍或更高的效率。

为便于积累可重用的类和重用已有的类，在开发环境中，除了提供前述的基本软件工具外，还应该提供使用方便的类库编辑工具和类库浏览工具，其中类库浏览工具应该具有强大的联想功能。

4)其他因素

在选择编程语言时，应该考虑的其他因素还有：对用户学习面向对象分析、设计和编码技术所能提供的培训服务；在使用这个面向对象语言期间所能提供的技术支持；能提供给开发人员使用的开发工具、开发平台、发行平台；对计算机性能和内存的需求；集成已有软件的容易程度等。

5)几种常见的面向对象程序设计语言

目前，有不少的面向对象程序设计语言，这里主要介绍以下几种。

(1)C++。

算法研究、数据计算、各种底层系统等传统领域中，C++被广泛采用，尤其在 Unix 类计算机上。由于编程资源非常集中，以致很难不选择 C++。C++有统一的标准，各种硬件平台都有其编译器。理论上，C++能做任何事情。C++有强大的类型定义能力，如无所不包的对象模型、算符重载、模版、宏，可以对自己做扩充和定义；另一方面，也导致 C++异常复杂、难以维护，且编译速度很慢。在新兴领域中，C++的处境就比较艰难，没有统一的高层工具库，而且工作量很大。

(2)Delphi。

确切地说，Delphi 就是 Object Pascal。简单、直观而又强大是其最大的特点。不需要去花费过多心思考虑语言实现，想什么就写什么，而又不失 C++的高效，甚至某些功能的执行速度比 C++还快，如部分字符串操作和文件读/写缓冲等，编译速度快(由语言特性决定)。Delphi 包含大量好的新语言特性，拥有既简洁又强大的运行库和对象库，直接集成 COM、Corba、网络组件、数据库，支持 Windows 和 Linux 平台。虽然 Delphi 提供了大部分的系统 API 接口，但也有很多缺点。

(3)Smalltalk。

Smalltalk 是第一个流行的、最具有代表性的面向对象程序设计语言，由 Xerox DARC 研究小组开发，并且它成功地产生了许多其他的面向对象语言。它将所有数据结构和控制结构表示为对象和消息，实现了集成化、交互式的程序设计环境，在扩充性和可重用性方面独具特色。Smalltalk 语言系统所有方面均通过联机解释器和类浏览器来使用。Smalltalk 语言的语法、句法和语义都比较简单，对象、类、消息和方法等少数几个概念就构成了 Smalltalk 的编程基础，比较容易学习和使用。Smalltalk 所提供的高度交互的开发环境允许程序的快速开发，避免了传统的编译型程序语言的编辑-编译-连接周期的延迟。Smalltalk 的另一个长处是提供了一个类库，这个类库可以扩充设计并随着应用的需要添加子类，因为 Smalltalk 是无类型语言，所以库的组件可以组合成快速原型来应用。

(4)Java。

Java 由 C＋＋简化而来。Sun 在 Java 的设计上有很大创新。Java 由虚拟机执行 Java 程序，不依赖于平台。Java 的口号是“一次编写，到处运行”，这意味着用 Java 编写的程序不用修改就可以在不同类型的计算机系统上运行。在 Web 开发方面，Java 占据了主导地位。但由于 Sun 的一些失误，也使 Java 有了些不好的名声并导致 Java 没有达到预期的前景。一是 Sun 的虚拟机速度太慢，且不好的垃圾收集算法导致宝贵的内存资源被极度浪费，除非空闲物理内存大于程序所需全部内存，否则系统就会严重受到垃圾收集的影响，这个弊病遭到了强烈的抨击。二是糟糕的类库，这个问题到发布 Java 1.2 时才有所改善。三是 Sun 拒绝将 Java 交给标准局，做虚拟机需要 Sun 的授权。因此，Java 现在集中在电子商务领域，由于其跨平台的能力，其地位基本上是不可替代的。

(5)C＃。

C＃即新品种的 C＋＋，被称为“C Sharp”(Sharp 的中文译音为“夏普”)，可以说迎合了大部分 C＋＋程序员的愿望，既保持了 C＋＋的强大功能又做了适度的简化，同时加入了流行的语言特性——基于.NET 平台。由于 C＃出现相对较晚，可利用资源相对较少。C＃是微软的主要开发工具，它是 Java 的劲敌。

在前面的教务信息管理系统的开发中，选择 C＃作为主要的程序设计语言，采用 Asp.net 技术，以 Visual Studio 2008 作为开发工具，有如下原因。

①完全面向对象的程序设计语言。

C＃吸收了 C＋＋、Visual Basic、Delphi、Java 等语言的优点，体现了当今最新的程序实现技术的功能和精华。C＃继承了 C 语言的语法风格，同时又继承了 C＋＋的面向对象特性。

②强大的类库支持。

.NET 平台为系统开发人员提供了一个统一的、面向对象的、分层的、可扩展的、庞大类库，能够帮助系统开发人员完成常见的编程任务。开发人员只要重用这些类库中的类，就能很快地实现功能，能够大大地提高开发系统的工作效率。

③跨平台性。

.NET 在原理上具有跨平台的特性。所有的编程语言首先都编译成 IL(软中间语言)，然后IL通过CLR(公共语言运行库)的JIT(即时编译器)编译成本地字节码。IL本身与平台无关,能在装有CLR的任何一台计算机上运行。

④强大性和适应性。

因为Asp.net是基于通用语言的编译运行的程序,所以它的强大性和适应性可以使它运行在Web应用软件开发人员的几乎全部的平台上。通用语言的基本库、消息机制、数据接口的处理都能无缝地整合到Asp.net的Web应用中。

⑤简单易学。

Asp.net使运行一些很平常的任务变得非常简单,如表单的提交、客户端的身份验证、分布系统和网站配置。例如,Asp.net页面构架允许建立自己的用户分界面,使其不同于常见的VB-Like界面。

⑥世界级工具支持。

Asp.net可以用微软公司最新的产品Visual Studio.net开发环境进行开发,所见即所得的编辑方式让开发过程更简单、快捷。

3. 面向对象程序设计的风格

程序是软件设计的自然结果,程序的质量主要取决于设计的质量。根据设计的要求选择了程序设计语言之后,编程风格在很大程度上影响着程序的可读性、可测试性和可维护性。保证程序质量的重要方法是要有良好的程序设计风格。对于面向对象实现来说,良好的程序设计风格也是非常重要的,它不仅能够减少系统维护或扩充所带来的系统开销,而且更有助于在新项目或工程中重用已有的程序代码。因此,良好的面向对象程序设计风格,既要遵循传统的结构化程序设计风格和设计准则,同时也要遵循为适应面向对象方法所特有的概念(如继承性)而必需的一些新的风格和准则。

1)提高可重用性

软件重用是提高软件开发生产率和目标系统质量的重要方法。因此,设计面向对象程序时,要尽量提高软件的可重用性。软件重用有多个层次,在编码阶段主要涉及代码重用问题。一般来说,代码重用有两种:一种是内部重用(本项目内的代码重用),另一种是外部重用(新项目重用旧项目的代码)。内部重用主要是找出设计中相同或相似的部分,然后利用继承机制共享它们;外部重用则必须反复精心设计。但是实现这两类重用的程序设计准则却是相同的,准则如下。

(1)提高方法的内聚,降低耦合。

一种方法应该只完成单个功能,如果某种方法涉及两种或多种不相关的功能,则应该把它分解成几种更小的方法。尽量不使用全局信息,尽量降低方法与外界的耦合程度。

(2)减小方法的规模。

如果某种方法的规模过大,则应该把它分解成几种更小的方法。一般每种方法的规模代码行数不应超过25行。

(3)保持方法的一致性。

这有助于实现代码重用。功能相似的方法应该有一致的名字、参数特征、返回值类型、使用条件及出错条件等。

(4)尽量做到全面覆盖。

如果输入条件的各种组合都可能出现,则应该针对所有组合写方法,而不能仅仅针对当前用到的组合情况写方法。另外,还应该考虑到一种方法不能只是处理正常值,也要处理空值、极限值及界外值等异常情况。

(5)分开采用策略方法和实现方法。

根据完成功能的不同,方法分为两种:一类是策略方法,这类方法负责做出决策,提供变元,管理全局资源;另一类是实现方法,这类方法只负责完成具体的操作,不做出任何决策,也不管理资源。为了提高可重用性,建议在编程时不要把策略和实现放在同一方法中,应该把算法的核心部分放在一个单独的具体实现方法中,从策略方法中提取具体参数,作为调用实现方法的变元。

2)使用继承机制

在面向对象程序中,使用继承机制是实现共享和提高重用程度的主要途径。具体准则有以下几种。

(1)调用子过程。

调用子过程就是把公共的代码分离出来,构成一个被其他方法调用的公用方法。可以在基类中定义这个公用方法,供导出类中的方法调用。

(2)分解因子。

有时提高相似类代码可重用性的一个有效途径是从不同类的相似方法中分解出不同的"因子"(不同的代码),把余下来的代码作为公用方法中的公共代码,把分解出的因子作为名字相同算法的不同方法,放在不同类中进行定义,并被这个公用方法调用。使用这种途径通常需要额外定义一个抽象基类,并在这个抽象基类中定义公用方法。把这种途径与面向对象语言提供多态性机制结合起来,让导出类继承抽象基类中定义的公用方法,可以明显降低为添加新子类而需付出的工作量,这是因为只需在新子类中编写其特有的代码即可。

(3)使用委托。

继承关系的存在意味着父类的所有方法和属性都应该适用于子类。如果继承机制使用不当,则会造成程序难以理解、修改和扩充。当对象之间逻辑上不存在一般-特殊关系时,为了重用已有的代码,可以利用委托机制。委托机制是把一类对象作为另一类对象的属性,从而在两类对象间建立组合关系。使用委托机制时,只有有意义的操作才委托另一类对象实现,因此,不会出现继承了无意义操作的问题。

(4)把代码封装在类中。

程序员往往希望重用其他方法编写的、解决同一类应用问题的程序代码。重用这类代码的一个比较安全的途径就是把被重用的代码封装在类中。例如,在开发一个数学分析应用系统的过程中,已知有现成的实现矩阵变换的商品软件包,程序员不想用C++语言重写这个算法,于是他可以定义一个矩阵类把这个商品软件包的功能封装在该类中。

3)提高可扩充性

用户的需求是容易发生变化的,时代也总在变化,设计实现手段也可能要变化升级,因此对于对象的理解、设计和实现有可能要进一步的完善。系统提供和实现的相关部件必须具有良好的可扩充性,让这种修改和变化比较容易实现,从而更好地满足系统的要求。以下的面向对象程序设计准则,将有助于提高系统的可扩充性。

(1)封装实现策略。

应该把类的实现策略(包括描述属性的数据结构、修改属性的算法等)封装起来,对外只提供公有的接口,否则将降低今后修改数据结构或算法的自由度。

(2)慎用公有方法。

方法根据所在位置的不同分为公有方法和私有方法。公有方法是向公众公布的接口,对这类方法的修改往往会涉及许多其他类,所以修改起来的代价比较高;私有方法是仅在类内使用的方法,通常利用私有方法来实现公有方法,修改私有方法所涉及的类少,所以代价比较低。为了提高可修改性,降低维护成本,应该精心选择和定义公有方法。

(3)控制方法的规模。

一种方法应该只包含对象模型中的有限内容。方法规模太大既不易理解,也不易修改扩充。一种方法表达一个功能上单一、独立的单元,代码规模一般在25行以内。

(4)合理利用多态性机制。

一般情况下,建议不要根据对象类型选择应有的行为,这样在增添新类时将不得不修改原有的代码,影响效率,不易扩充;可以利用多分支条件语句判断和测试对象的内部状态,合理利用多态性机制,根据对象的当前类型自动决定应有的行为。

4)提高稳健性

程序员在编写实现方法的代码时,既应该考虑效率,又应该考虑健壮性。对于任何一个软件来说,健壮性都是不可忽略的质量指标,为提高健壮性应当遵循以下几条准则。

(1)预防用户的错误操作。

软件系统必须具有处理用户操作错误的能力。当用户在输入数据时发生错误,不应该造成程序运行中断,更不应该造成“死机”。任何一种接收用户输入数据的方法,对其接收的数据必须进行检查,即使发现了非常严重的错误,也应该给出适当的提示信息,并准备再次接收用户的输入。

(2)检查参数的合法性。

对于公有方法,尤其应该着重检查其参数的合法性,因为用户在使用公用方法时可能违背参数的约束条件。

(3)不要预先确定限制条件。

在设计阶段,往往很难准确地预测到应用系统中使用的数据结构的最大容量需求,因此,不应该预先设定限制条件。必要时,应使用动态内存分配机制,创建未预先设定限制条件的数据结构。

(4)先测试后优化。

为在效率和健壮性之间作出合理的折中,应该在为提高效率而进行优化之前,先调试程序。应仔细研究应用程序的特点,以确定哪些部分需要着重测试。例如,最坏情况出现的次数及处理时间可能需要着重测试。经过测试得知,合理地提高性能是着重优化的关键部分。如果实现某个操作的算法有很多种,则应综合考虑内存需求、速度及实现的难易程度等因素,经过合理折中后再选定适当的算法。

7.3.2　面向对象测试

面向对象技术是目前一种主流的软件开发技术，已经基本代替了面向过程开发方法，被看成是解决软件危机的一种先进技术。但是无论采取什么样的方法开发软件，软件高质量的要求不会改变，因而软件测试的目标也不会改变。

面向对象的主要特性包括封装、继承、多态等，这些特性充分体现了分解、抽象、模块化、信息隐蔽等思想，使得软件的复用性提高，有效地控制了软件的复杂性，从而提高了生产效率，缩短了生产时间。然而，这些特性同时也带来了传统语言设计不可能引发的错误。显然，这些错误应用传统的软件测试方法、技术或经验很难发现。因此针对面向对象软件，要想达到测试的真正目的，就必须改变测试的策略和方法。

封装是对数据的隐藏，其他对象只能通过指定的操作访问和修改数据，这就降低了传统方法对数据非法操作的可能性，这一点是可以简化对数据的测试。继承是面向对象的重要特性，它提高了代码的复用，然而错误也会以同样的方式被复用，这无疑给测试带来了困难。例如，在面向过程程序中，对函数 y = Fun(x)的测试，只需考虑这个函数本身的行为特点；而在面向对象程序中，却必须同时考虑基类函数(Base::Fun())的行为和继承类函数(Derived::Fun())的行为。多态使得一个对象在不同上、下文条件下具有不同的意义或用法，多态属于运行时的问题，它无疑为程序提供了强大的处理能力，但多态行为的复杂性也给测试带来了前所未有的挑战。面向对象将系统的功能分解到各个类中实现，这种思想就使得软件的每一个错误都可以精确定位到某一个具体的类上；同时，对象间通过消息传递来协同工作，因此仅仅测试单个类的行为特性是远远不够的，还必须进行对象间的交互测试。针对面向对象系统的主要特征和开发特点，应该有一种新的测试模型。

1. 面向对象测试模型

面向对象的开发模型突破了传统的瀑布模型，将面向对象系统的开发分为面向对象分析(OOA)、面向对象设计(OOD)和面向对象编程(OOP)等 3 个阶段。分析阶段产生整个问题空间的抽象描述，在此基础上进一步归纳和设计出适用于面向对象编程语言的类和类结构，最后编码形成代码。采用这种开发模型能有效地将分析设计的文本或图表代码化，不断适应用户需求的变动。针对这种开发模型，结合传统的测试步骤的划分，下面介绍一种将开发阶段的测试与编码完成后的单元测试、集成测试、确认测试等测试工作结合成为一个整体测试的测试模型。

面向对象分析的测试和面向对象设计的测试是对分析结果和设计结果的测试，主要是针对分析设计产生的文本，是软件开发前期的关键性测试。面向对象编程的测试主要针对编程风格和程序代码实现进行测试，其主要的测试内容在面向对象单元测试和面向对象集成测试中体现。面向对象单元测试是对程序内部具体单一的功能模块的测试，是进行面向对象集成测试的基础。面向对象集成测试主要对系统内部的相互关系和服务进行测试，面向对象集成测试不但要基于面向对象单元测试，更要参见面向对象设计或面向对象设计的测试结果。面向对象系统测试是基于面向对象集成测试的最后阶段的测试，主要以用户需求为测试标准，需要借鉴面向对象分析或面向对象分析的测试结果。

上述各阶段的测试构成了一个相互作用的整体，但是各个测试的主体、方向和方法各不相同。接下来将介绍面向对象的面向对象分析的测试、面向对象设计的测试、面向对象编程的测试、面向对象的单元测试、面向对象的集成测试和面向对象的系统测试。

1)面向对象分析的测试

面向对象分析是把 E-R 图和语义网络模型,即信息造型中的概念与面向对象程序设计语言中的重要概念结合在一起而形成的分析方法,最后通常是得到问题空间的图表形式的描述。面向对象分析直接映射问题空间,全面地将问题空间中实现功能的现实抽象化。将问题空间中的实例抽象为对象,用对象的结构反映问题空间的复杂实例和复杂关系,用属性和方法表示实例的特征和行为。面向对象分析的结果是为后面阶段类的选定和实现、类层次结构的组织和实现提供平台。因此,面向对象分析对问题空间分析抽象的不完整,最终会影响软件的功能实现,导致软件开发后期出现大量不可避免的修补工作;而一些冗余的对象或结构会影响类的选定和程序的整体结构,或增加程序员不必要的工作量。因此,面向对象分析的测试的重点在于其完整性和冗余性。

面向对象分析的测试是一个不可分割的系统过程。其测试划分为以下 4 方面。

(1)对对象的测试。

认定组成系统的对象是否全面,问题域中所有涉及的事物是否都被反映出来,对象的名称是否准确、适用。

(2)对对象的属性和方法的测试。

认定的对象是否具有多个属性和方法,如果只有一个属性或方法的对象是否可以作为其他对象的属性或方法,而不认为是一个独立的对象;是否对象具有相似的共同属性或服务,是否可以抽象出一个共同的基类来表现这种特征;每个属性的定义是否完整,属性能否不依赖其他属性独立存在,属性的位置是否恰当,是定义在基类中还是定义在派生类中合适;定义的操作是否重复,是否定义了能够得到的操作;等等。

(3)对对象外部联系的测试。

对于一般-特殊关系,是否在问题域中含有不同于其他对象的特殊特征,是否需要派生下一层的对象,是否能够抽象更一般的上层对象。对于整体-部分关系,需要考虑在问题域中是否遗漏了有用的对象,各个组成部分是否能组装成有意义的整体对象。

(4)对对象之间交互的测试。

对象交互过程中是否对所有的消息都进行了定义,是否具有合理的实现过程。沿着消息关联执行的线程是否合理,是否符合现实过程等。

2)面向对象设计的测试

面向对象设计则以面向对象分析为基础归纳出类,并建立类结构或进一步构造成类库,实现分析结果对问题空间的抽象。面向对象设计归纳的类,可以是对象简单的延续,也可以是不同对象的相同或相似的服务。由此可见,面向对象设计是在面向对象分析上进行了细化和更高层的抽象,所以两者的界限通常是难以严格区分的。面向对象设计确定类和类结构不仅是为了满足当前需求分析的要求,更重要的是通过重新组合或加以适当的补充,能方便实现功能的重用和扩充,以不断适应用户的要求。因此,对面向对象设计的测试,建议针对功能的实现和重用及对面向对象设计结果的拓展,下面从 3 个方面加以考虑。

(1)对认定的类的测试。

面向对象设计认定的类可以是面向对象分析中认定的对象,也可以是对象所需服务的抽象,以及对象所具有的属性的抽象。认定的类原则上应该具有一般性,这样才便于维护和重用。测试认定的类需要考虑的因素有:是否涵盖了面向对象分析中所有认定的对象;是否能体现面向对象分析中定义的属性;是否能实现面向对象分析中定义的服务;是否对应着一个含义明确的数据抽象;是否尽可能少地依赖其他类;类中的方法功能是否是独立的、单一的。

(2)对构造的类层次结构的测试。

为能充分发挥面向对象的继承共享特性面向对象设计的类层次结构,通常基于面向对象分析中产生的分类结构的原则来组织,着重体现父类和子类之间的一般性和特殊性。在当前的问题空间,对类层次结构的主要要求是能在解空间构造实现全部功能的结构框架。为此,测试如下几个方面:类层次结构是否涵盖了所有定义的类;是否能体现面向对象分析中所定义的实例关联;是否能实现面向对象分析中所定义的消息关联;子类是否具有父类没有的新特性;子类间的共同特性是否完全在父类中得以体现。

(3)对类库支持的测试。

对类库支持虽然也属于类层次结构的组织问题,但其强调的重点是软件再次开发的重用。由于它并不直接影响当前软件的开发和功能实现,因此,将其单独提出来测试也可作为对高质量类层次结构的评估。对类库支持的测试点如下:一组子类中关于某种含义相同或基本相同的操作,是否有相同的接口(包括名字和参数表);类中的方法、功能是否较单纯,相应的代码行数是否较少(建议为不超过25行);类的层次结构是否是深度大、宽度小。

3)面向对象编程的测试

典型的面向对象程序具有继承、封装和多态的新特性,这使得传统的测试策略必须有所改变。封装是对数据的隐藏,外界只能通过被提供的操作来访问或修改数据,这样降低了数据被任意修改和读/写的可能性,降低了传统程序中对数据非法操作的测试。继承是面向对象程序的重要特点,继承使得代码的重用率提高,同时也使错误传播的概率提高。继承使得传统测试遇到了这样一个难题:对继承的代码究竟应该怎样测试?多态使得面向对象程序对外呈现出强大的处理能力,但同时却使得程序内"同一"函数的行为复杂化,测试时不得不考虑不同类型具体执行的代码和产生的行为。

面向对象程序是把功能的实现分布在类中。能正确实现功能的类,通过消息传递来协同实现设计要求的功能。正是这种面向对象程序风格,将出现的错误能精确地确定在某一具体的类。因此,在面向对象编程阶段,忽略类功能实现的细则,将测试的注意力集中在类功能的实现和相应的面向对象程序风格上,主要体现为以下两个方面。

(1)数据成员是否满足数据封装的要求。

数据封装是数据和数据有关的操作的集合。检查数据成员是否满足数据封装的要求,其基本原则是数据成员是否被外界(数据成员所属的类或子类以外的调用)直接调用。更直观的说,当改变数据成员的结构时,是否影响了类的对外接口,是否会导致相应外界的改动。值得注意的是,有时强制的类型转换会破坏数据的封装特性。

(2)类是否实现了要求的功能。

类所实现的功能都是通过类的成员方法实现的。在测试类的功能实现时,应该首先保证类成员函数的正确性。单独地看待类的成员函数，与面向过程程序中的函数或过程没有本质区别，几乎所有传统的单元测试中所使用的方法，都可在面向对象的单元测试中使用。类函数成员的正确行为只是类能够实现要求的功能基础，类成员函数间的作用和类之间的服务调用是单元测试无法确定的。因此，需要进行面向对象的集成测试。

4)面向对象的单元测试

由于对象的“封装”特性，面向对象软件中单元的概念与传统的结构化软件的模块概念已经有较大的区别。面向对象软件的基本单元是类和对象，包括属性(数据)及处理这些属性的操作(方法或服务)。因此，对于面向对象的软件来说，面向对象的单元测试的含义发生了很大变化，其最小的可测试单元是封装起来的类和对象。一个类可以包含一组不同的操作，而一个特定的操作也可能存在于一组不同的类中。

让我们举例来说明上述论点：考虑一个类层次，操作 X 在超类中定义并被一组子类继承，每个子类都使用操作 X，但是，X 调用子类中定义的操作并处理子类的私有属性。由于在不同的子类中使用操作 X 的环境有微妙的不同，因此有必要在每个子类的语境中测试操作 X。这就意味着，当测试面向对象软件时，传统的单元测试方法是无效的，我们不能再孤立地测试操作 X。

面向对象的单元测试分为两个层次测试：方法级测试和类级测试。方法级测试主要测试类和对象中所有的操作算法，其测试技术同传统的过程式软件测试相同。类级测试则面临一些新问题，需要考虑属性的数据，需要考虑对象的继承、多态、重载、消息传递等关系。驱动程序和存根程序的概念也相应是一些“驱动对象”和“存根对象”。

5)面向对象的集成测试

传统的集成测试是采用自顶向下或自底向上或两者结合的两头逼近策略，通过用渐增方式集成功能模块进行的测试。但是由于面向对象程序没有层次的控制结构，相互调用的功能也是分散在不同的类中，类通过消息的相互作用申请和提供服务，所以这种集成测试的策略就没有意义了。此外，由于面向对象程序具有动态性，程序的控制流往往难以确定，因此只能做基于黑盒方法的集成测试。

面向对象的集成测试主要关注于系统的结构和内部的相互作用。面向对象软件的集成测试有两种方法。

(1)基于线程的测试。

基于线程的测试是指把响应系统的一个输入或一个事件所需的一组类集成起来进行测试。应当分别集成并测试每个线程，同时为了避免产生副作用再进行回归测试。

(2)基于使用的测试。

基于使用的测试首先测试几乎不使用服务器类的那些类(称为独立类)，把独立类都测试完之后，接着测试使用独立类的最下层的类(称为依赖类)。然后，根据依赖类的使用关系，从下到上一个层次一个层次地持续进行测试，直至把整个软件系统测试完为止。

除了上述两种测试方法，集群测试是面向对象软件集成测试的一个步骤。为了检查一群相互协作的类，用精心设计的测试用例，力图发现协作错误。通过研究对象模型可以确定协作类。

为减少测试工作量，在进行集成测试时，可参考类关系图或实体关系图，确定不需要被重复测试的步骤，从而优化测试用例，使测试能够达到一定的标准。

6)面向对象的系统测试

面向对象的单元测试和集成测试仅能确认软件开发的功能是否正确，但是不能确认在实际运行时，它是否满足用户要求，是否大量存在与实际使用条件下的各种应用相矛盾的错误，为此，还必须经过规范的系统测试。系统测试通常包含以下5种。

(1)功能和性能测试。

功能和性能测试用于测试软件是否满足开发要求，是否能够提供设计所描述的功能，用户的需求是否都得到满足，用户界面是否友好等。测试人员要认真研究动态模型和描述系统行为的脚本，以确定最有可能发现用户交互需求错误的情景。功能测试是系统测试最常用和必需的测试，通常还会以正式的软件说明书作为测试标准。在嵌入式和实时系统等实时要求比较高的系统中，软件运行性能是测试的重要内容。性能测试常和压力测试同时进行，需要建立特定的硬件环境和软件测试环境，在比较苛刻的环境中测试软件的执行效率和故障情况。

(2)强度测试。

强度测试用于测试系统的最高实际限度，即软件在一些超负荷的情况下功能的实现情况。强度测试是在一种超常数量、频率、容量方式下检测系统是否能够正常运行。

(3)安全测试。

安全测试用于验证安装在系统内的保护机构确实能够对系统进行保护，使之不受各种非常因素的干扰。安全测试时需要设计一些测试用例，试图突破系统的安全保密措施，检验系统是否有安全保密的漏洞。

(4)恢复测试。

恢复测试用于采用人工干扰的方法使软件出错，中断使用，检测系统的恢复能力，特别是通信系统。恢复测试时，应该参考性能测试的相关测试指标。

(5)安装/卸载测试。

安装/卸载测试用于系统测试，需要结合需求分析对被测的软件进行安装/卸载的测试，并设计测试用例。

2. 面向对象测试用例设计

测试方案的设计是软件测试阶段的关键技术问题。所谓测试方案包括预定要测试的功能、应该输入的测试数据和预期的结果，最困难的是设计测试用的输入数据，即测试用例。

目前，面向对象软件的测试用例的设计方法还处在研究、发展阶段。与传统软件测试不同的是，面向对象测试关注于适当的操作序列以检查类的状态。

1)面向对象概念对测试用例设计的影响

封装性和继承性是类的重要特性，这给面向对象的软件开发带来了很多好处，同时它又对面向对象的软件测试带来了负面影响。

类的属性和操作是被封装的，而测试需要了解对象的详细状态。同时，需要考虑当改变数据成员的结构时，是否影响了类的对外接口，是否导致相应外界的改动。例如，强制的类型转换会破坏数据的封装性，请看下面的这段程序：

```
    class Hd
{private:
Int a= 1;
Char * h= "HD";}
class Vb
{public:
  int b= 2;
  char * v= "Vb";}
     ⋮
Hd p;
Vb * q= (Vb * )&p;
```

程序中,p的数据成员可以通过q被随意访问。

此外,继承不会减少对子类的测试,相反,会使测试过程更加复杂化。因此,继承也给测试用例的设计速度带来了负面影响。当父类与子类的环境不同时,父类的测试用例对子类没有什么使用价值,必须为子类设计新的测试用例。

在设计面向对象的测试用例时应注意下面三点。

(1)继承的成员函数需要测试。

对于在父类中已经测试过的成员函数,根据具体情况仍需在子类中重新测试。一般在下面两种情况下要对成员函数重新进行测试:

①继承的成员函数在子类中有所改动;

②成员函数调用了改动过的成员函数。

(2)子类的测试用例可以参照父类。

例如,有两个不同的成员函数的定义如下。

①father::B()中定义为

```
  if (value< 0) message("equal");
  else if (value== 0) message("equal");
     else message("more");
```

②son::B()中定义为

```
  if (value< 0) message("less");
  else if (value== 0) message("It is equal");
     else
        {message("more");
         if (value== 99) message("Luck");}
```

在原有的测试上,对son::B()的测试只需作如下改动:将value==0的测试结果期望改动,并增加value==99这一条件的测试。

(3)设计测试用例时,不但要设计确认类功能满足的输入,而且还应有意识地设计一些被禁止的用例,确认类是否有不合法的行为产生。

2)测试类的方法

一般为类设计测试用例时,需要按照以下步骤进行:

①确定覆盖标准;

②利用结构关系图确定待测试类的所有关联；

③根据程序中类的对象构造测试用例，确认使用输入激发类的状态，使用类的服务和期望产生的行为，等等。

值得注意的是，设计测试用例时，不但要设计确认类功能满足的输入，还应该有意识地设计一些被禁止的用例，以确认类是否有不合法的行为产生，如发送与类状态不相适应的消息，要求不相适应的服务等。下面介绍几种常用的类测试用例的设计方法。

(1)随机测试。

如果一个类有多个操作(功能)，那么这些操作(功能)序列就有多种排列。而这种不变化的操作序列可随机产生，用这种可随机排列的序列来检查不同类实例的生存史称为随机测试。

例如，前面的教学信息管理系统，其中有一个类：教师。该教师的操作有登录、添加信息、修改信息、删除信息、查询信息、总记录数、注销等。这些操作中的每一项都可用于计算，但登录和注销必须在其他计算的任何一个操作前后执行。即使登录和注销有这种限制，这些操作仍有许多排列。所以一个不同变化的操作序列可因应用不同而随机产生。如一个教师实例的最小行为转换器可包括以下操作：

登录＋查询＋注销

这表示了对学生信息的最小测试序列。然而，在下面序列中可能发生大量的其他行为：

登录＋查询＋[添加 修改 删除 查询 总记录数]＋注销

由此可以随即产生一系列不同的操作序列，例如：

测试用例1：登录＋查询＋添加＋总记录数＋查询＋删除＋注销

测试用例2：登录＋查询＋修改＋添加＋总记录数＋查询＋注销

可以执行这些测试和其他的随机顺序测试，以测试不同的类实例生存史。

(2)划分测试。

与传统测试软件采用等价划分方法类似，采用划分测试(Partition Testing)方法可以减少测试类时所需测试用例的数量。首先，把输入和输出分类，然后设计测试用例以测试划分出的每个类别。下面介绍划分类别的方法。

① 基于状态的划分。

这种方法根据类操作改变类状态的能力来划分类操作。这里仍以教师类为例，改变状态的操作有添加、修改和删除，不改变状态的有查询和总记录数。如果测试按检查类操作是否改变类状态来设计，则结果如下。

测试用例1：执行操作改变状态(在最小测试序列中的操作除外)

登录＋查询＋添加＋修改＋删除＋注销

测试用例2：执行操作不改变状态(在最小测试序列中的操作除外)

登录＋查询＋总记录数＋注销

② 基于属性的划分。

这种方法根据类操作使用的属性来划分类操作。对于教师类，属性总记录数被分割为三种操作：用总记录数的操作、修改总记录数的操作、不用也不修改总记录数的操作。这样，测试序列就可按每种分割来设计。

③ 基于功能的划分。

这种方法根据类操作所完成的功能来划分类操作。在教师类的操作中，可以分割为

初始操作：登录

计算操作：添加、修改和删除

查询操作：查询、总记录数

终止操作：注销

(3)基于故障的测试。

基于故障的测试的目的是设计最有可能发现“似乎可能的故障”的测试。例如，软件工程师经常在问题的边界处犯错误。因此，当测试 SQRT(计算平方根)操作(该操作对负数返回错误)时，应着重检查边界情况：一个靠近零的负数和零本身。其中，“零本身”用于检查程序员是否犯了如下错误。

把正确的语句：

```
if(x> = 0) calculate_the _square_root();
```

误写成：

```
if(x> 0) calculate_the _square_root();
```

对于每个可能的故障，应设计出迫使不正确的表达式失败的测试用例。当然，这些技术的有效性在很大程度上依赖于测试人员的经验和如何感觉“似乎可能的故障”。如果面向对象软件中的真实故障被感觉为“难以置信的故障”，则本方法实质上不比任何随机测试技术好。然而，如果仔细研究了分析模型和设计模型，对那些可能出错的地方进行了深入分析，那么基于故障的测试可以以相对低的工作量来发现大量的错误。

(4)基于场景的测试设计。

基于场景的测试侧重于关心用户做什么，它捕获用户必须完成的任务，然后应用它们或它们的变体作为测试。基于场景的测试将揭示交互错误，为此，测试用例必须比基于故障的测试更复杂和更现实。例如，教学信息管理系统软件的基于场景测试的用例设计。

测试用例：添加学生信息。

背景：添加学生信息，并能从查询中发现添加的信息。

其执行事件序列：添加学生信息；对添加的学生信息进行查询。

测试人员希望可以查询到添加的学生信息，否则说明添加学生信息的操作产生了错误。

3. 面向对象测试工具简介

面向对象测试是整个软件生存周期中至关重要的环节，没有进行测试的软件系统是危险的，甚至是有害的，不能投入实际使用。软件测试必须是合理的、有效的，并能够尽可能的发现系统各阶段错误，高效的面向对象测试工具是面向对象测试的有利保证。下面介绍几种面向对象测试的工具。

1)Logiscope

Logiscope 是法国 Telelogic 公司推出的专用于软件质量保证和软件测试的产品，其主要功能是对软件做质量分析和测试以保证软件的质量，并可做认证、反向工程和维护，特别是针对高可靠性要求和高安全性要求的软件项目和工程。

Logiscope 应用于软件的整个生存周期，它贯穿于软件需求分析阶段、设计阶段、代码

开发阶段、软件测试阶段(代码审查、单元测试、集成测试和系统测试)、软件维护阶段的质量验证要求。

在设计和开发阶段,使用Logiscope可以对软件的体系结构和编码进行确认。可以在尽可能早的阶段检测那些关键部分,寻找潜在的错误,并在禁止更改和维护工作之前做更多的工作。在构造软件的同时定义测试策略。可帮助编写符合企业标准的文档,改进不同开发组之间的交流;在测试阶段用Logiscope使测试更加有效。可针对软件结构度量测试覆盖的完整性,评估测试效率,确保满足要求的测试等级。特别是Logiscope还可以自动生成相应的测试分析报告,在软件的维护阶段用Logiscope验证已有的软件是不是质量已得到保证的软件。对于状态不确定的软件,Logiscope可以迅速提交软件质量的评估报告,大幅度地减少理解性工作,避免非受控修改引发的错误。

Logiscope包括以下3个工具。

(1)Logiscope RuleChecker。

Logiscope RuleChecker根据工程中定义的编程规则自动检查软件代码中的错误,并可直接定位错误;包含大量的标准规则,用户也可定制创建规则,并自动生成测试报告。

(2)Logiscope Audit。

Logiscope Audit定位错误模块,可评估软件质量及复杂程度;提供代码的直观描述,自动生成软件文档。

(3)Logiscope TestChecker。

测试覆盖分析,显示没有测试的代码路径,基于源码结构进行分析。直接反馈测试效率和测试进度,协助进行衰退测试。既可在主机上测试,也可在目标板上测试。支持不同的实时操作系统、支持多线程,可累积合并多次测试结果,自动鉴别低效测试和衰退测试,自动生成定制报告和文档。

目前Logiscope产品在全世界的26个国家的众多国际知名企业中得到了广泛的应用,其用户涉及通信、电子、航空、国防、汽车、运输、能源及工业过程控制等众多领域。

2)LoadRunner

LoadRunner是一种预测系统行为和性能的工业标准级负载测试工具。通过模拟上千万用户实施并发负载及实时性能监测的方式来确认和查找问题,LoadRunner能够对整个企业架构进行测试。通过使用LoadRunner,企业能最大限度地缩短测试时间,优化性能和加速应用系统的发布周期。

目前企业的网络应用环境都必须支持大量用户,网络体系架构含有各类应用环境,且由不同供应商提供软件和硬件产品。难以预知的用户负载和越来越复杂的应用环境,使公司时时担心发生用户响应速度过慢、系统崩溃等问题。这些都不可避免地导致公司利益的损失。

LoadRunner是一种适用于各种体系架构的自动负载测试工具,它能预测系统行为并优化系统性能。LoadRunner的测试对象是整个企业的系统,它通过模拟实际用户的操作行为和实行实时性能监测来帮助测试人员更快地查找和发现问题。此外,LoadRunner能支持广泛的协议和技术,为特殊环境提供特殊的解决方案。

对于一个具体的测试案例而言,首先应该创建虚拟用户。使用LoadRunner的Virtual

User Generator 创建系统负载。该引擎能够生成虚拟用户，以虚拟用户的方式模拟真实用户的业务操作行为。它先记录下业务流程（如下订单或机票预订），然后将其转化为测试脚本。利用虚拟用户，可以在 Windows、UNIX 或 Linux 操作系统上同时产生成千上万用户访问，所以 LoadRunner 能极大地减少负载测试所需的硬件和人力资源。另外，LoadRunner 的 TurboLoad 专利技术能提供很高的适应性。TurboLoad 可以产生每天几十万在线用户和数以百万计的点击数的负载。

用 Virtual User Generator 建立测试脚本后，可以对其进行参数化操作，这一操作能让用户利用几套不同的实际发生数据来测试应用程序，从而反映出本系统的负载能力。以一个订单输入过程为例，参数化操作可将记录中的固定数据（如订单号和客户名）用可变值来代替。在这些变量内随意输入可能的订单号和客户名，来匹配多个实际用户的操作行为。

LoadRunner 通过它的 Data Wizard 来自动实现其测试数据的参数化。Data Wizard 直接连接到数据库服务器，从中可以获取所需的数据，并直接将其输入到测试脚本。这样避免了人工处理数据的复杂性。

为了进一步确定 Virtual User 能够模拟真实用户，可利用 LoadRunner 控制某些行为特性。例如，只需要点击鼠标，就能轻易控制交易数量、交易频率和连接速度等。

建立 Virtual Users 后，还需要设定负载方案、业务流程组合和虚拟用户数量。用 LoadRunner 的 Controller 能很快组织起多用户的测试方案。Controller 的 Rendezvous 提供了一个互动的环境，在其中既能建立起持续且循环的负载，又能管理和驱动负载测试方案。而且，还可以利用它的日程计划服务来定义用户在什么时间访问系统以产生负载。这样，就能将测试过程自动化。同样，还可以用 Controller 来限定负载方案，在这个方案中所有用户同时执行一个动作，如登录到一个库存应用程序来模拟峰值负载的情况。另外，在能监测系统构架中，通过各个组件（包括服务器、数据库、网络设备等）的性能来帮助用户决定系统的配置。

LoadRunner 通过 AutoLoad 技术，提供更多的测试灵活性。使用 AutoLoad 可以根据当前的用户人数事先设定测试目标，优化测试流程。例如，目标可以是确定该应用系统承受的每秒点击数或每秒的交易量。

LoadRunner 内含集成的实时监测器，在负载测试过程的任意时间，用户都可以观察到应用系统的运行性能。这些性能监测器能够实时显示交易性能数据（如响应时间）和其他系统组件，包括 Application Server、Web Server、网络设备和数据库等的实时性能。同时，利用 LoadRunner 的 ContentCheck TM，可以判断负载下的应用程序功能正常与否。ContentCheck 在 Virtual Users 运行时，检测应用程序的网络数据包内容，从中确定是否有错误内容传送出去。它的实时浏览器可以帮助测试人员从终端用户的角度观察程序的性能状况。

一旦测试完毕后，LoadRunner 收集汇总所有测试数据，并为用户提供高级的分析和报告工具，以便迅速查找到性能问题并追溯缘由。使用 LoadRunner 的 Web 交易细节监测器可以了解到将所有的图像、框架和文本下载到每一个网页上所需的时间。例如，这个交易细节分析机制能够分析是否因为一个大尺寸的图形文件，或是第三方的数据组件，造成应用系统的运行速度减慢。另外，Web 交易细节监测器分解用于客户端、网络和服务器上端到端的反应时间，便于确认问题，定位查找真正出错的组件。例如，可以将网络延时进行分解，以判断DNS(Domain Name System)解析时间、连接服务器或SSL(Secure Sockets Layer)认证所花费的时间。通过使用LoadRunner的分析工具，就能很快地查找到出错的位置和原因并作出相应的调整。

3)WinRunner

Mercury Interactive公司的WinRunner是一种企业级的功能测试工具，用于检测应用程序是否能够达到预期的功能并能正常运行。通过自动录制、检测和回放用户的应用操作，WinRunner能够有效地帮助测试人员对复杂的企业级应用的不同发布版本进行测试，提高测试人员的工作效率和质量，确保跨平台的、复杂的企业级应用无故障地发布及长期稳定地运行。

WinRunner测试工具能够自动完成应用程序的功能性测试，确保复杂的企业级应用在不同的环境下都能正常可靠地运行。以下是它的功能。

(1)轻松创建测试。

用WinRunner创建一个测试，只需点击鼠标和敲击键盘完成一个标准的业务操作流程，WinRunner自动记录操作并生成所需的脚本代码。这样即使计算机技术知识有限的业务用户也能轻松创建完整的测试。它还可以直接修改测试脚本以满足各种复杂测试的需求。WinRunner提供这两种测试创建方式，满足测试团队中业务用户和专业技术人员的不同需求。

(2)插入检查点。

在记录一个测试的过程中，可以插入检查点检查在某个时刻/状态下应用程序是否运行正常。在插入检查点后WinRunner会收集一套数据指标，在测试运行时对其一一验证。WinRunner提供几种不同类型的检查点，包括文本、GUI、位图和数据库。例如，用一个位图检查点，你可以检查公司的图标是否出现于指定位置。

(3)检验数据。

除了创建和运行测试外，WinRunner还能验证数据库的数值，从而确保业务交易的准确性。例如，在创建测试时，可以设定哪些数据库表和记录需要检测；在测试运行时，测试程序就会自动核对数据库内的实际数值和预期的数值。WinRunner自动显示检测结果，在有更新、删除、插入的记录上突出显示以引起注意。

(4)增强测试。

为了彻底、全面地测试一个应用程序，需要使用不同类型的数据来测试。WinRunner的数据驱动向导(Data Driver Wizard)可以让你简单地点击鼠标，就可以把一个业务流程测试转化为数据驱动测试，从而反映多个用户各自独特且真实的行为。

习　题　7

一、选择题

1.(　　)不是面向对象程序设计的主要特征。

A.封装　　B.多态　　C.继承　　D.结构

2. 面向对象程序设计语言中提供的继承机制可将类组织成一个(　　)结构,以支持可重用性和可扩充性。

A. 栈　　B. 星形　　C. 层次　　D. 总线

3. 用例从用户角度描述系统的行为,用例之间可以存在一定的关系。在“某图书馆管理系统”用例模型中,所有用户使用系统之前必须通过“身份认证”。“身份认证”可以有“密码验证”和“智能卡验证”两种方式。“身份认证”、“密码验证”和“智能卡验证”之间是(　　)关系。

A. 关联　　B. 包含　　C. 扩展　　D. 泛化

4. 在面向对象分析的动态建模中,(　　)描述了对象之间动态的交互关系,还描述了交互的对象之间的静态链接关系,即同时反映系统的动态和静态特征。

A. 状态图　　B. 序列图　　C. 协作图　　D. 活动图

5. 在面向对象分析过程中,用概念模型来详细描述系统的问题域,用(　　)来表示概念模型;用(　　)描述对象行为。

A. 序列图　　B. 类图　　C. 协作图　　D. 用例图

E. 序列图和协作图　　F. 用例图和活动图

G. 状态图和活动图　　H. 用例图和构件图

6. 在面向对象技术中,对象是类的实例。对象有三种成分:(　　)、属性和方法(或操作)。

A. 标识　　B. 规则　　C. 封装　　D. 消息

7. 面向对象程序设计语言为(　　)提供支持。

A. 面向对象用例测试阶段　　B. 面向对象分析阶段

C. 面向对象需求分析阶段　　D. 面向对象实现阶段

8. 关于面向对象技术及其优点,有如下说法:

①采用面向对象技术开发软件系统,提高了软件的重用性,进而提高了软件开发的效率。

②根据面向对象的观点,可以将目标系统分割成各种对象,这比传统的自顶向下进行的功能分解的分析及设计方法更符合人们的思维习惯。

③面向对象技术中一个重要原则是封装,它有两层含义:第一,对象是其全部属性和全部服务紧密结合而成的一个不可分割的整体;第二,对象是一个不透明的黑盒子,表示对象状态的数据和实现操作的代码都被封装在黑盒子里面。使用一个对象时,只需知道它向外界提供的接口形式,无须知道它的数据结构细节和实现操作的算法。从外界看不见,也就更不可能从外界直接修改对象的私有属性了。这种封装的原则使得对象的使用者只关注其外部接口而不必关心其内部实现,对象之间的关系也清楚了许多,修改和维护软件也变得容易起来。

④面向对象技术只适合开发大型的软件系统。

以上说法正确的有(　　)。

A. ①②③　　B. ①②④　　C. ①②③④　　D. ③④

9. 面向对象的测试可分四个层次，按照从低到高的顺序，这四个层次是(　　)。

A. 类层—模板层—系统层—算法层　　B. 算法层—类层—模板层—系统层

C. 算法层—模板层—类层—系统层　　D. 类层—系统层—模板层—算法层

10. 下列关于面向对象的分析与设计的描述，正确的是(　　)。

A. 面向对象设计描述软件要做什么

B. 面向对象分析不需要考虑技术和实现层面的细节

C. 面向对象分析的输入是面向对象设计的结果

D. 面向对象设计的结果是简单的分析模型

二、简答题

1. 在需求分析中如何选出候选的类对象？
2. 如何发现对象的服务？
3. 什么是动态模型？如何建立动态模型？
4. 什么是功能模型？数据流图在功能模型建模中有什么作用？
5. 简述面向对象设计的准则。
6. 面向对象设计的主要技术有哪些？
7. 面向对象程序设计语言有哪些主要技术特点？
8. 如何选择面向对象程序设计语言？
9. 面向对象软件的测试有什么特点，有哪些测试工具？
10. 在一个客户信息系统中存在两种类型的客户：个人客户和集团客户。对于个人客户，系统保存了其客户标识和基本信息(包括姓名、住宅电话和 Email)；对于集团客户，系统中保存了其客户标识，以及与该集团客户相关的若干联系人的信息(包括姓名、住宅电话、Email、办公电话和职位)。

    请画出客户信息系统的类图。

第8章　软件项目管理

8.1　软件项目管理的范围和过程

技术与管理，是软件生产中不可缺少的两个方面。对于技术而言，管理意味着决策和支持。只有对生产过程进行科学的管理，做到技术落实、组织落实，才能达到提高生产率、改善产品质量的目的。国外的经验表明，有不少项目因管理不善，造成费用超支2～3倍、开发周期延长1倍或更长的严重后果。在对失败软件的原因分析后发现，因管理不善造成失败的软件竟占失败软件的半数以上。

软件项目管理是为了使软件项目能够按照预定的成本、进度、质量顺利完成，对人员(People)、产品(Product)、过程(Process)和项目(Project)进行分析和管理的活动。其对象是软件工程项目，所涉及的范围覆盖了整个软件工程的过程，包括需求分析阶段、设计阶段(概要设计和详细设计)、编码阶段、测试阶段及运行维护阶段。这种管理在技术工作开始之前就应开始，在软件从概念到实现的过程中继续进行，在软件工程过程结束后才终止。

本章将从整个软件生存周期出发，从软件项目计划、软件项目组织及软件项目控制三个主要方面对工程化生产中的管理工作进行一次比较全面的介绍。

8.2　软件项目计划

计划时期是软件生存周期的第一个时期，它包括的问题定义和可行性研究两个阶段。软件项目计划主要进行的工作包括确定详细的项目实施范围、定义递交的工作成果、评估实施过程中主要的风险、制订项目实施的时间计划、成本和预算计划、人力资源计划等。

8.2.1　软件度量

合理的计划是建立在对要完成的工作做出一个比较符合实际的估计，以及为完成该工作建立一些必要的、约定的基础上，而估算的基础是软件的度量。软件度量是一个对软件性质及其规格的量化测度，量化是管理的一个重要手段和基础，只有通过量化，才能深刻地了解所研究的对象。

1. 软件度量的困难

估计实现软件所要求的工作量是一件很困难的事情，这是由软件本身所固有的复杂性和不可见性所决定的。对于传统的工程项目而言，要创建的系统可能与先前构造的系统类似，这类项目的估计可以借鉴先前的经验。而在多数情况下，软件产品是该领域中创新的、唯一的，则往往缺乏同类项目的经验，使项目的估计充满了不确定性。另外，估计人员的主观特性和开发组中的角色因素也会对估计产生直接影响。

2. 软件的范围

软件项目计划的第一项活动就是确定软件的范围。应当从管理角度和技术角度出发，确定明确的和可理解的项目范围，明确地给出定量的数据（如同时使用该软件的用户数目、发送表格的长短、最大允许响应时间等），指明约束条件和限制（如存储容量）。此外，还要叙述某些质量因素（如给出的算法是否容易理解、是否使用高级语言等）。

软件范围包括功能、性能、限制、接口和可靠性。在估算开始之前，应对软件的功能进行评价，并对其进行适当的细化以便提供更详细的细节。由于成本和进度的估算都与功能有关，因此常常采用某种程度的功能分解。性能方面应考虑处理时间和响应时间的需求。约束条件则标识外部硬件、可用存储容量或其他现有系统对软件的限制。

功能、性能和约束必须在一起进行评价。当性能限制不同时，为实现同样的功能，开发工作量可能相差一个数量级。功能、性能和约束是密切联系在一起的。

3. 度量的方法

有效的度量应该满足以下的属性：

(1)简单且可以计算；

(2)结果是客观的非二义性；

(3)经验和直觉上有说服力；

(4)单位和维度的使用是一致的；

(5)独立于编程语言；

(6)能提供影响高质量产品的信息。

按照度量所使用的方法和侧重点，可以分为如下几类。

1)直接度量

软件工程过程的直接度量包括所投入的成本和工作量，侧重于理解和控制当前项目的情况和状态，如针对软件生产率的度量主要关注的是软件工程过程的结果，直接度量的参数一般包括代码行数、执行速度、在某段时间内所报告的错误数、花费的成本、文档的页数等。

2)间接度量

产品的间接度量包括功能性、复杂性、效率、可靠性、可维护性和许多其他的质量特性，它们很难用直接度量判明，只有通过间接度量才能推断。间接度量包括功能点、复杂度、生产率、正确性、可维护性、完整性、可使用性、错误排除率等。

3) 面向规模的度量

面向规模的度量是对软件和软件开发过程的直接度量。只要事先建立特定的度量规程，才能很容易做到直接度量开发软件所需的成本和工作量、产生的代码行数等。如可以建立一个如表 8-1 所示的面向规模的度量，记录过去几年完成的每一个软件项目和关于这些项目的相应面向规模的数据。

表 8-1 中，PM 表示工作量，KLOC 表示代码行数（千行计数）。对于每一个项目，可以根据表格中列出的基本数据进行一些简单的面向规模的生产率和质量的度量。例如，可以根据表 8-1 对所有的项目计算出平均值，即

表 8-1　面向规模的度量

项　目	PM(人·月)	总成本/(×10³ 元)	规模(KLOC)/千行	文档页数/页	错误数/个	开发人数/人
a-01	24.7	368	16.05	965	55	6
c-02	17.6	270	10.334	588	36	5
f-03	27.3	414	17.5	1050	64	6
⋮	⋮	⋮	⋮	⋮	⋮	⋮

生产率 = 规模/工作量　　平均成本 = 总成本/规模

质量 = 错误数/规模　　平均文档 = 文档页数/规模

如果项目负责人已经正确地估计了新项目的 KLOC,然后使用该项目开发组的原来平均生产率就可以估算出完成该项目所需的工作量等数据,但由于项目复杂度的不同,这种估计方法往往与实际工作量有一定的差距。

4)面向功能的度量

面向功能的软件度量是对软件和软件开发过程的间接度量。面向功能度量的关注点在于程序的"功能性"和"实用性",而不是对 KLOC 计数,该方法利用软件信息域中的一些计数度量和软件复杂性估计的经验关系式而导出功能点 FPs(Function Points)。

度量功能点的常用的项目包括以下几项。

(1)用户输入数:各个用户输入是面向不同应用的输入数据,对它们都要进行计数。输入数据应有别于查询数据,它们应分别计数。

(2)用户输出数:各个用户输出是为用户提供的面向应用的输出信息,它们均应计数。这里的输出是指报告、屏幕信息、错误信息等,在报告中的各数据项不应再分别计数。

(3)用户查询数:查询是一种联机输入,它导致软件以联机输出的方式生成某种即时的响应。每一个不同的查询都要计数。

(4)文件数:每一个逻辑主文件都应计数。这里的逻辑主文件,是指逻辑上的一组数据,它们可以是一个大的数据库的一部分,也可以是一个单独的文件。

(5)外部接口数:对所有被用于将信息传送到另一个系统中的计算机可读/写的接口(磁带或磁盘上的数据文件)均应计数。

一旦收集到上述数据,就可以统计出软件的总计数:对每一个计数乘以表示该计数复杂程度的加权因子再求和来得到。评定每个加权的尺度为 0~5:

0—没有影响;1—极轻影响;2—轻影响;3—普通影响;4—重要影响;5—极重要影响。

软件的功能点使用的关系式为

$$\text{FPs} = \text{总计数} \times [a + b \times \text{SUM}(F_i)]$$

其中,总计数是软件的总计数;F_i($i \in [1,14]$)是复杂性校正值,它们应通过逐一回答表 8-2 中所提的问题来确定;SUM(F_i)是求和函数;常数 a 和应用于信息域计数的加权因数 b 可以依据经验进行选择(如 a=0.65,b=0.01)。

表 8-2　计算功能点的校正值

F_i	描　述
1	系统是否需要可靠的备份和恢复?
2	是否需要数据通信?
3	是否有分布式处理的功能?
4	性能是否是关键?
5	系统是否将运行在现有的高度实用化的操作环境中?
6	系统是否要求联机数据项?
7	联机数据项是否要求建立在多重窗口显示或操作上的输入事务?
8	是否联机更新主文件?
9	输入、输出、文件、查询是否复杂?
10	内部处理过程是否复杂?
11	程序代码是否要设计成可复用的?
12	设计中是否包含变换和安装?
13	系统是否要设计成多种安装形式以安装在不同的机构中?
14	应用系统是否要设计成便于修改和易于用户使用?

功能点度量是为了商用信息系统应用而设计的。事实上,以上内容并非固定不变。例如,对某些算法复杂的应用问题,就应该对新的软件特征“算法”进行计数。因而,必须根据实际应用情况来决定功能点的度量方式,并进行计算。

针对这种情况,Jones 将其扩充,提出在功能点度量的基础上,增加对软件“算法”特征的计数,其中算法可以定义为“在一个特定计算机程序内所包含的一个有界的计算问题”。如矩阵求逆、二进制位串转换为十进制数、处理一个中断等都是算法,并称为特征点,它适合于实时处理、过程控制、嵌入式软件应用等算法复杂性高的应用。必须注意,特征点与功能点表示的是同一件事:由软件提供的“功能性”或“实用性”。事实上,对于传统的工程计算或信息系统应用,两种度量会得出相同的 FP 值。在较复杂的实时系统中,特征点计数常常比只用功能点确定的计数高出 20%～35%。

5）软件质量的度量

质量度量贯穿于软件工程的全过程及软件交付用户使用之后。在软件交付之前得到的度量提供了一个定量的根据,以做出设计和测试质量好坏的判断。这一类度量包括程序复杂性、有效的模块性和总的程序规模。在软件交付之后的度量则把注意力集中于还未发现的差错数和系统的可维护性方面。特别要强调的是,软件质量的售后度量可向管理者和技术人员表明软件工程过程的有效性达到什么程度。它包括以下几个特点。

(1)正确性:正确性的度量是时间周期,通常的度量是 1 年的每千代码行(KLOC)的差错数,其中将差错定义为已被证实是不符合需求的缺陷。

(2)可维护性:当发现程序中的错误时,要能够很容易地修正它;当程序的环境发生变化时，要能够很容易地适应它；当用户希望变更需求时，要能够很容易地增强它。可维护性的度量称为平均变更等待时间(Mean Time To Change，MTTC)。这个时间从开始分析变更要求到发送给所有的用户所需的时间。

(3)完整性：完整性度量是一个系统抗拒对它的安全性攻击(事故的和人为的)的能力。为了度量完整性，需要定义两个附加的属性：危险性和安全性。危险性是特定类型攻击在一给定时间内发生的概率，安全性是排除特定类型攻击的概率，可以估计或从经验数据中导出。一个系统的完整性可定义为

$$\text{完整性} = \sum[1-\text{危险性}\times(1-\text{安全性})]$$

其中，对每一个攻击的危险性和安全性都进行累加。

(4)可使用性：包括学习系统所需的体力和智力的要求，熟练使用系统所需的学习时间，用户对系统友好性的评价。

(5)错误排除率：错误排除率是对质量的过滤能力的一个测量。系统的错误排除率可定义为

$$E/(E+D)$$

其中，E 表示某软件活动(或工程活动)中所发现的错误数，D 表示该软件活动(或工程活动)中未能发现的错误却在接下来的软件活动(或工程活动)中被发现的错误数。

8.2.2 项目资源估算与成本分析

软件项目计划的第二个任务是对完成该软件项目所需的资源及开发成本进行估算。估算资源、成本和进度时需要经验、有用的历史信息、足够的定量数据和作定量度量的勇气。另外，估算本身也带有风险。

1. 项目开发中的资源

开发一个软件项目所需的资源可以分为三类：人力资源、硬件资源、软件资源。资源的估算需要对每一种资源说明 4 个特性：资源的描述、资源的有效性说明、资源在何时开始需要、使用资源的持续时间。最后两个特性统称为时间窗口。对每一个特定的时间窗口，在开始使用它之前就应说明它的有效性。

1)人力资源

在考虑各种软件开发资源时，人是最重要的资源。在安排开发活动时必须考虑人员的技术水平、专业、人数，以及在开发过程各阶段中对各种人员的需要。

计划人员要根据范围估算，选择为完成开发工作所需的技能，并在组织状况(如管理人员、高级软件工程师等)和专业(如通信、数据库、微型计算机等)两方面做出安排。

对于一些规模较小的项目(1 人/年或更少)，只要向专家做些咨询，也许一个人就可以完成所有的软件工程步骤。对于一些规模较大的项目，在整个软件生存周期，各种人员的参与情况是不一样的。图 8-1 画出了各类不同的人员随开发工作的进展在软件工程各个阶段的参与情况的典型曲线。

2)硬件资源

硬件是作为软件开发项目的一种工具而投入的，可考虑三种硬件资源：

(1)宿主机(Host Machine)，软件开发时使用的计算机及外部设备；

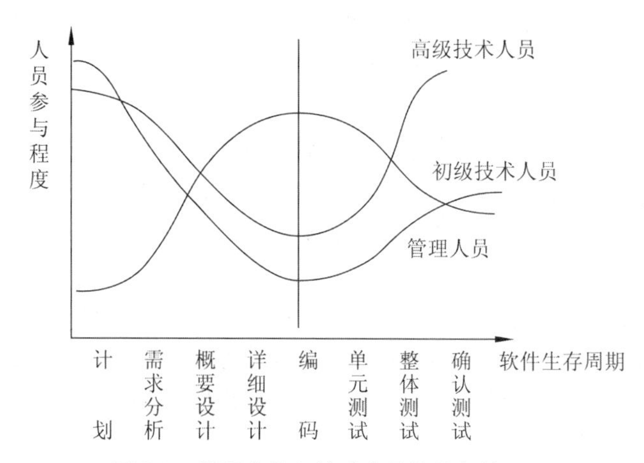

图8-1　管理人员与技术人员的参与情况

(2)目标机(Target Machine),运行已开发成功软件的计算机及外部设备;

(3)其他硬件设备,专用软件开发时需要的特殊硬件资源。

宿主机连同必要的软件工具构成一个软件开发系统。通常这样的开发系统能够支持多种用户的需要,且能保持大量的由软件开发小组成员共享的信息。但在许多情况下,除了那些很大的系统之外,不一定非要配备专门的开发系统。因此,所谓硬件资源,可以认为是对现存计算机系统的使用,宿主机与目标机可以是同一种机型。

可以定义系统中其他的硬件元素为软件开发的资源。例如,在开发自动排版软件的过程中,可能需要一台照相排版机。所有硬件元素都应当由计划人员指定。

3)软件资源

软件在开发期间使用了许多软件工具来帮助软件的开发。软件工程人员在许多方面都使用类似于硬件工程人员所使用的CAD/CAE工具的软件工具集。这种软件工具集称为计算机辅助软件工程(CASE)。主要的软件工具可做如下分类。

(1)业务系统计划工具。

业务系统计划工具借助特定的"元语言"建立一个组织的战略信息需求的模型,导出特定的信息系统。这些工具要解答一些简单但重要的问题,例如,业务关键数据从何处来?这些信息又向何处去?如何使用它们?当它们在业务系统中传递时又如何变换?要增加什么样的新信息?

(2)项目管理工具。

项目管理人员使用这些工具可生成关于工作量、成本及软件项目持续时间的估算。定义开发策略及达到这一目标的必要的步骤,计划可行的项目进程安排,以及持续地跟踪项目的实施。此外,管理人员还可使用工具收集建立软件开发生产率和产品质量的那些度量数据。

(3)支持工具。

支持工具可以分为文档生成工具、网络系统软件、数据库、Email、通报板,以及在开发软件时控制和管理所生成信息的配置管理工具。

(4)分析和设计工具。

分析和设计工具可帮助软件技术人员建立目标系统的分析模型和设计模型,这些工具还帮助人们进行模型质量的评价。它们靠对每一个模型进行执行一致性和有效性的检验，帮助软件技术人员在错误扩散到程序中之前排除它。

(5)编程工具。

系统软件实用程序、编辑器、编译器及调试程序都是 CASE 中必不可少的部分。而除这些工具之外，还有一些新的编程工具：面向对象的程序设计工具、第四代程序生成语言、高级数据库查询系统及一大批 PC 工具(如表格软件)。

(6)组装和测试工具。

测试工具为软件测试提供了各种不同类型和级别的支持。有些工具，如路径覆盖分析器为测试用例设计提供了直接支持，并在测试的早期使用。其他工具，如自动回归测试和测试数据生成工具，在组装和确认测试时使用，它们能帮助减少在测试过程中所需的工作量。

(7)原型化和模拟工具。

原型化和模拟工具是一个很大的工具集，它包括的范围从简单的窗口画图到实时嵌入系统时序分析与规模分析的模拟产品。原型化工具把注意力集中在建立窗口和使用户能够了解一个信息系统或工程应用的输入/输出域而提出的报告。使用模拟工具可建立嵌入式的实时应用，如为一架飞机建立航空控制系统的模型。在建立系统之前，可以对用模拟工具建立起来的模型进行分析，对系统的运行时间性能进行评价。

(8)维护工具。

维护工具可以帮助软件技术人员分解一个现存的程序，并帮助他们理解这个程序。软件技术人员必须利用直觉、设计观念和智慧来完成逆向工程过程及再工程。

(9)框架工具。

这些工具能够提供一个建立集成项目支撑环境(IPSE)的框架。在多数情况下，框架工具实际上提供了数据库管理和配置管理的能力与一些实用工具，能够把各种工具集成到 IPSE 中。

2. 资源估算模型

1)静态单变量资源模型

这种模型只需设定被开发软件的一种参数，它的一般形式如下：

$$资源 = C_1 \times (估计的软件特征)C_2$$

式中：资源可以是开发工作量(E)、开发时间(T)或开发人员(P)等；

估计的软件特征可以使用源程序长度(L)和开发工作量(E)；

C_1、C_2为依赖于开发环境和软件应用领域的经验常数。

在此模型中，一条机器指令一般为一行源代码。一个软件的源代码行数不包括程序注释、作业命令、调试程序。对于非机器指令编写的源程序，如汇编语言或高级语言程序，应转换成机器指令源代码行数来考虑。

根据 Walston 与 Felix 从 60 个软件项目(源程序长度从 4 至 467 千行，工作量从 12 至 11758 人-月，使用 28 种不同高级语言)的统计中导出以下的一组参数方程：

$$E(人\text{-}月) = 5.1 \times L(千行)^{0.91} \qquad T(月) = 4.1 \times L(千行)^{0.36}$$

$$T(月) = 2.47 \times E(人\text{-}月)^{0.35} \qquad T(月) = 0.54 \times E(人\text{-}月)^{0.6}$$

$$文档长度(页) = 49 \times L(千行)^{1.01}$$

注:E(人-月)表示开发工作量为人-月,此公式引用于高等教育出版社《软件工程——原理、方法与应用》。

这组方程在计算 E、T 时采用源程序长度(L)作为估计特征,然后,可以用计算出来的 E 来计算开发时间与所需人数。

这类模型简单易懂,常数 c_1 和 c_2 可以从历史数据导出,但是如果没有适用于所开发的软件情况的经验常数的话,就不能直接套用。

(1)Putnam 模型。

这是 1978 年由 Putnam 提出的模型,是一种动态多变量模型。它是假定在软件开发的整个生存周期中工作量所有的特定的分布。这种模型是依据在一些大型项目(总工作量达到或超过 30 人/年)中收集到的工作量分布情况而推导出来的,但也可以应用在一些较小的软件项目中。

Putnam 模型可以导出一个“软件方程”,把已交付的源代码(源语句)行数与工作量和开发时间联系起来,可以用下面的方程式来表示:

$$I = C_k \cdot K^{\frac{1}{3}} \cdot TD^{\frac{4}{3}}$$

其中,L(行)与 T(年)仍分别表示程序长度和开发时间,K 是软件开发与维护在内的整个生存周期所花费的工作量(人-年)。对于大型软件而言,其大小约为开发工作量的 2.5 倍,即 $E \approx 0.4K$。C_k是技术状态常数,它反映出“妨碍程序员进展的限制”,并因开发环境而异。其典型值的选取如表 8-3 所示。

表 8-3　技术状态常数 C_k 的取值

C_k 的典型值	开发环境	开发环境举例
6500	差	没有系统的开发方法,缺乏文档和复审,批处理方式
10000	好	有合适的系统开发方法,有充分的文档和复审,交互执行方式
12500	优	有自动开发工具和技术

Putnam 模型的特点,是在同一模型中给出了 K(或 E)、L 和 T 三者之间的关系。例如,给定了 L 和 T,就可以用于估计开发所需的工作量(E)。另外,Putnam 还开发了一个称为 SLIM 的软件工具,能根据这一模型自动计算开发所需的资源,使应用该模型变得更加方便。

(2)COCOMO 模型。

该模型是由 TRW 公司开发的。Boehm 提出的“结构型成本估算模型”(Constructive Cost Model,简称 COCOMO 模型)。它以静态单变量模型为基础,是一种精确、易于使用的成本估算方法,它在下列两个方面作了较大的改进。

①按照软件的应用领域和复杂程度,将软件开发项目的总体类型分为 3 种:组织型(Organic)、嵌入型(Embadded)和介于上述两种软件之间的半独立型(Semidetached)。每类使用不同的模型方程,如表 8-4 中,由上而下程序的复杂度逐步提高,E 和 T 的计算值也随之增大。

表 8-4　不同类型软件的 COCOMO 模型

总体类型	模型方程	使用范围
组织型	$E=3.2\times L^{1.05}$	高级语言应用程序，如科学计算、数据处理、企业管理程序等
	$T=2.5\times E^{0.38}$	
半独立型	$E=3.0\times L^{1.12}$	大多数实用程序，如编辑程序、连接程序等
	$T=2.5\times E^{0.35}$	
嵌入型	$E=2.8\times L^{1.20}$	与硬件相关的系统程序，如操作系统、数据库管理系统等
	$T=2.5\times E^{0.32}$	

②对 15 种影响软件工作量的因素 EFA 按等级打分，该因子反映各种有关因素对软件开发的影响。Boehm 把这些因素归纳为 4 类，如表 8-5 所示。

表 8-5　15 种影响软件工作量的因素 EFA 的等级分

工作量因素 F_i		非常低	低	正常	高	非常高	超高
产品因素	软件可靠性	0.75	0.88	1.00	1.15	1.40	
	数据库规模		0.94	1.00	1.08	1.16	
	产品复杂性	0.70	0.85	1.00	1.15	1.30	1.65
计算机因素	执行时间限制			1.00	1.11	1.30	1.66
	存储限制			1.00	1.06	1.21	1.56
	虚拟机易变性		0.87	1.00	1.15	1.30	
	环境周转时间		0.87	1.00	1.07	1.15	
人的因素	分析员能力		1.46	1.00	0.86	0.71	
	应用论域实际经验	1.29	1.13	1.00	0.91	0.86	
	程序员能力	1.42	1.17	1.00	0.86	0.70	
	虚拟机使用经验	1.21	1.10	1.00	0.90		
	程序语言使用经验	1.41	1.07	1.00	0.95		
项目因素	现代程序设计技术	1.24	1.10	1.00	0.91	0.82	
	软件工具的使用	1.24	1.10	1.00	0.91	0.83	
	开发进度限制	1.23	1.08	1.00	1.04	1.10	

每种因子的标准调节值为 1，根据实际情况在一定范围内上、下浮动。模型中的调节因子的计算就是 15 种因子的值的乘积，其表示为

$$EFA=\prod_{i=1}^{15}F_i \qquad (i=1,2,\cdots,15)$$

为了便于说明，下面引用 Boehm 书中的一个例子。

例 8-1　假定要在微处理器上开发一个嵌入型的电信处理程序，程序规模为 10000 行，试计算所需的工作量与开发时间。

解　采用表 8-4 的第三类方程组，可得

$$E=2.8\times10^{1.20}=44.4(\text{人-月})$$

$$T=2.5\times44.4^{0.32}=8.4(\text{月})$$

然后，对表 8-5 中 15 种调节因子逐项研究，假定所得到的 15 个因子分别为 1.00、0.94、1.30、1.11、1.06、1.00、1.00、0.86、0.86、1.00、1.10、1.00、0.91、1.10、1.00，则可以计算出 EFA，即

$$EFA=1.00\times0.94\times\cdots\times1.10\times1.00=1.17$$

最后，利用 EFA 对 E、T 进行修正，便得到以下修正值：

$$E'=44.4\times1.17=51.9(\text{人-月})$$

$$T'=8.4\times1.17=8.8(\text{月})$$

还需要说明的是，Boehm 把 COCOMO 模型分为基本、中间和详细 3 个等级。以上介绍的是它的中间模型。基本模型不使用 EFA，仅用于粗略估算。中间模型是从整个生存周期来衡量 EFA 的影响。而详细模型需要考虑各个调节因子对不同开发阶段的影响。需要深入了解的读者，可以参阅 Boehm 的原著。

3. 软件开发成本的估算方法

软件开发成本主要是指软件开发过程中所花费的工作量及相应的代价。它不同于其他物理产品的成本，也不包括原材料和能源的消耗，主要是人的劳动消耗。人的劳动消耗所需的代价就是软件产品的开发成本。另一方面，软件产品开发成本的计算方法不同于其他物理产品成本的计算。软件产品不存在重复制造过程，它的开发成本是以一次性开发过程所花费的代价来计算的。因此软件开发成本的估算，应是从软件计划、需求分析、设计、编码、单元测试、组装测试到确认测试，以整个软件开发全过程所花费的代价作为依据的。

对于一个大型的软件项目，要进行一系列的估算处理，这主要靠分解和类推的手段进行。基本估算方法分为如下三类。

1)自顶向下的估算方法

这种方法的主要思想是从项目的整体出发进行类推，即估算人员根据以前已完成项目所消耗的总成本(或总工作量)，来推算将要开发的软件的总成本(或总工作量)，然后按比例将它分配到各开发任务的单元中去。这种方法的优点是估算工作量小，速度快；缺点是对项目中的特殊困难估计不足，估算出来的成本盲目性大，有时会遗漏被开发软件的某些部分。

2)自底向上的估计法

这种方法的主要思想是把待开发的软件细分，直到每一个子任务都已经明确所需的开发工作量，然后把它们加起来，得到软件开发的总工作量。这是一种常见的估算方法。它的优点是估算各个部分的准确性高，缺点是缺少各项子任务之间相互联系所需的工作量，还缺少许多与软件开发有关的系统级工作量(配置管理、质量管理、项目管理)。所以往往估算值偏低，必须用其他方法进行检验和校正。

3)差别估计法

这种方法综合了上述两种方法的优点，其主要思想是把待开发的软件项目与过去已完

成的软件项目进行类比，从其开发的各个子任务中区分出类似的部分和不同的部分。类似的部分按实际量进行计算，不同的部分则采用相应的方法进行估算。这种的方法的优点是可以提高估算的准确程度，缺点是不容易明确“类似”的界限。

Boehm 认为，没有一种方法能够在各个方面都优于其他的方法。就自顶向下与自底而上的估算方法而言，它们的优、缺点正好相反。所以，Boehm 主张同时使用几种方法，然后将所得的结果进行对照比较，在多数的情况下，这种估计和比较要反复多次，才能取得合理的结果。

4. 用 Delphi 技术求估算值

另外，由于单独一位专家的估计可能会有种种偏见，譬如有乐观的、悲观的、要求在竞争中取胜的、让大家都高兴的种种愿望及政治因素等。因此，最好由多位专家进行估算，取得多个估算值。Rand 公司提出 Deiphi 技术，作为统一专家意见的方法。用 Deiphi 技术可得到极为准确的估算值。

Deiphi 技术的步骤如下。

(1) 组织者发给每位专家一份软件系统的规格说明书（略去名称和单位）和一张记录估算值的表格，请他们进行估算。

(2) 专家详细研究软件规格说明书的内容，对该软件提出如下 3 个规模的估算值：

a_i—该软件可能的最小规模（最少源代码行数）；

m_i—该软件最可能的规模（最可能的源代码行数）；

b_i—该软件可能的最大规模（最多源代码行数）。

无记名填写表格，并说明做此估算的理由。在填表的过程中，专家不相互讨论但可以向组织者提问。

(3)组织者对专家填在表格中的答复进行整理，需做以下工作。

①计算各位专家估算期的望值 E_i（序号为 $i(i=1,2,\cdots,n)$，共有 n 位专家），并综合各位专家估算值的期望，求出平均值 $\bar{E}$：

$$E_i=\frac{a_i+4m_i+b_i}{6},\quad \bar{E}=\frac{1}{n}\sum_{i=1}^{n}E_i$$

② 对专家的估算结果进行分类摘要。

(4) 在综合专家估算结果的基础上，组织专家再次无记名填写表格，然后比较两次估算的结果，若差异很大，则要通过查询找出差异的原因。

(5) 上述过程可重复多次，最终可获得一个得到多数专家共识的软件规模（源代码行数）。在此过程中不得进行小组讨论。

最后，通过与历史资料进行类比，根据过去完成软件项目的规模和成本等信息，推算出该软件每行源代码所需的成本，然后再乘以该软件源代码行数的估算值，就可得到该软件的成本估算值。

此方法的缺点是人们无法利用其他参加者的估算值来调整自己的估算值。宽带 Deiphi 技术克服了这个缺点。在专家正式将估算值填入表格之前，由组织者召集小组会议，专家与组织者一起对估算问题进行讨论，然后专家再无记名填表。组织者对各位专家在表中填写的估算值进行综合和分类后，再召集会议，请专家对其估算值有很大变动之处进行讨论，请专家重新无记名填表。这样适当重复几次，可以得到比较准确的估计值。由于增加了协商的机会，集思广益，所以估算值更趋于合理。

8.2.3　进度安排

制订开发进度计划是项目管理的一个重要内容，进度安排的准确程度比成本估算的准确程度更显重要。软件产品可以通过重新定价或大量的销售来弥补成本的增加，但是一旦进度安排落空，会导致市场机会的丧失，使用户不满意，而且也会导致成本的增加。

软件生存周期的每一阶段工作量所占的百分比可以根据经验数据来确定，R. S. Pressman 提出一种简单的被称为 40-20-40 的工作量分配规则，即前期工作（计划、需求分析、概要设计和详细设计阶段）和后期工作（测试阶段）各占 40%，编码工作占 20%。

1. 软件开发小组人数与软件生产率

对于一个小型软件开发项目，一个人就可以完成需求分析、设计、编码和测试工作。随着软件开发项目规模的增大，就需要更多的人共同参与同一软件项目的工作，因此要求由多人组成软件开发小组。但是，软件产品是逻辑产品而不是物理产品，当几个人共同承担软件开发项目中的某一任务时，人与人之间必须通过交流来解决各自承担任务之间的接口问题，即所谓通信问题。通信需要花费时间和代价，会引起软件错误增加，降低软件生产率。

若两个人之间需要通信，则在这两人之间存在一条通信路径。如果一个软件开发小组有 n 个人，每两人之间都需要通信，则总的通信路径有 $\frac{n(n-1)}{2}$ 条。假设一个人单独开发软件，生产率是 5000 行/(人-年)。若 4 个人组成一个小组共同开发这个软件，则需要 6 条通信路径。若在每条通信路径上耗费的工作量是 250 行/(人-年)，则组中每人的生产率降低为

$$(5000-6\times250/4)\text{行/(人-年)} = (5000-375)\text{行/(人-年)} = 4625\ \text{行/(人-年)}$$

从上述简单分析可知，一个软件任务由一个人单独开发，生产率最高；而对于一个稍大型的软件项目，一个人单独开发，时间太长，因此组织软件开发小组是必要的。有人提出，软件开发小组的规模不能太大，人数不能太多，一般在 2～8 人为宜。

2. 任务的并行性

当参加同一软件工程项目的人数不止一人时，开发工作就会出现并行的情形。在软件开发过程的各种活动中，第一项任务是进行项目的需求分析和评审，此项工作为以后的并行工作打下了基础。一旦软件的需求得到确认，并且通过了评审，概要设计（系统结构设计和数据设计）工作和测试计划制订工作就可以并行进行了。如果已经建立系统模块结构，那么对各个模块的详细设计、编码、单元测试等工作又可以并行进行。

软件工程项目的并行性提出了一系列的进度要求。因为并行任务是同时发生的，所以进度计划必须决定任务之间的从属关系，确定各个任务的先后次序和衔接，确定各个任务完成的持续时间。此外，应注意构成关键路径的任务，即若要保证整个项目能按进度要求完成，就必须保证各个任务要按进度要求完成，这样就可以确定在进度安排中应保证的重点。

3. 制订开发进度计划

制订开发进度计划的第一步是对各阶段工作量进行一个合理的分配。R. S. Pressman 提出的 40-20-40 规则只用来作为一个指南。实际的工作量分配比例必须按照每个项目的

特点来决定。一般在计划阶段的工作量很少超过总工作量的2%～3%,除非是具有高风险的巨额投资的项目。需求分析可能占总工作量的10%～25%。花费在分析或原型化上面的工作量应当随项目规模和复杂性成比例地增加。通常用于软件设计的工作量为20%～25%,而用于设计评审与反复修改的时间也必须考虑在内。比较精确的进度安排可利用中间COCOMO模型或详细COCOMO模型。

在确定各阶段工作量后,可以对进度计划和工作的实际进展情况采用图示的方法具体描述,这特别有利于表现各项任务之间进度的相互依赖关系。下面介绍几种有效的图示方法。在这几种图示方法中,有几个信息必须明确标明:

(1)各个任务的计划开始时间、完成时间;

(2)各个任务完成的标志(用○表示文档编写,用△表示评审);

(3)各个任务与参与工作的人数,各个任务与工作量之间的衔接情况;

(4)完成各个任务所需的物理资源和数据资源。

1)Gantt图

Gantt图用水平线段表示任务的工作阶段;线段的起点和终点分别对应任务的开工时间和完成时间;线段的长度表示完成任务所需的时间。图8-2给出了一个具有5个任务的Gantt图。如果这5条线段分别代表完成任务的计划时间,则在横坐标方向附加一条可向右移动的纵线。它可随着项目的进展,指明已完成的任务(纵线扫过的)和有待完成的任务(纵线尚未扫过的)。我们从Gantt图上可以很清楚地看出各子任务在时间上的对比关系。

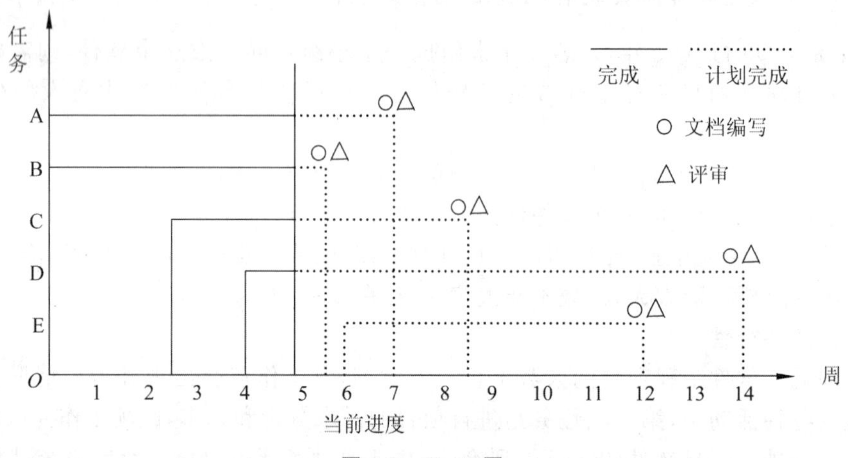

图8-2 Gantt图

在Gantt图中,每一任务完成的标准不是以能否继续下一阶段任务为标准,而是以交付应该交付的文档与通过评审为标准。因此在Gantt图中,文档编写与评审是软件开发进度的里程碑。Gantt图的优点是简单、易用、易修改,可以直接了解各项活动的时间点;缺点是难以反映多个任务之间存在的依赖关系。一般来说,对简单的软件宜使用,但对内部任务的依赖关系复杂的项目,应采用下面介绍的PERT图及关键路径来安排进度。当然,如果这两种工具同时使用,便可以相互取长补短,更好地安排进度。

2)PERT图和CPM方法

PERT技术称为计划评审技术,是制订软件开发计划最常用的方法,它采用网络图来描述一个项目的任务网络，PERT 图中每一个圆代表一项开发活动，圆中数字表示完成这一活动所需的时间，圆间的箭头代表活动发生的先后顺序。例如，在图 8-3 中，完成分析需要 3 个月，完成设计需要 4 个月，设计发生在分析之后，即只有在分析结束后才能开始设计等。

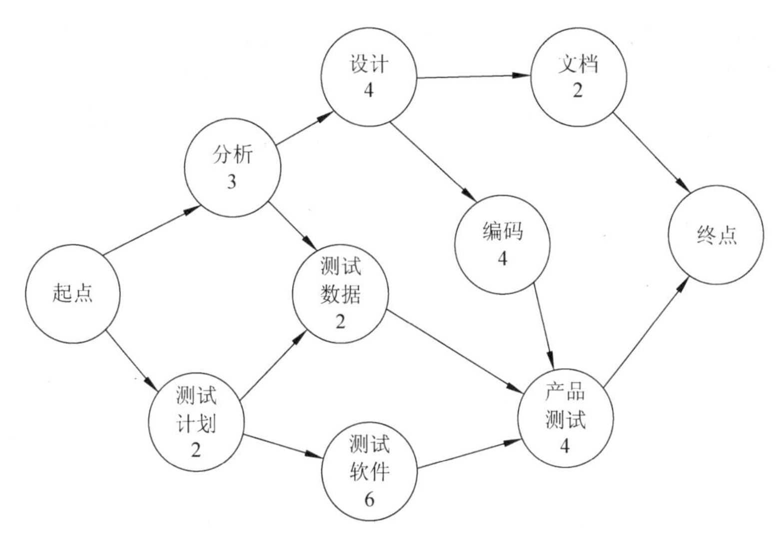

图 8-3　一个简单软件开发项目的 PERT 图

经验表明，采取从后向前建立 PETR 图的方法往往比较容易。也就是说先画出终点，然后逐步前推画出每个活动，直至项目起点。

CPM 方法称为关键路径法。从起点到终点可能有多条路径，其中耗时最长的路径就是关键路径，因为它决定了完成整个工程所需的时间。与 PETR 图不同，每个活动的上方标出该项活动的起止时间，并且用粗黑箭头标出路径需时最长的关键路径。如图 8-4 所示，分析活动(0,3)表示始于“0”，终于“3”，历时 3 个月，关键路径共需时 15 个月。

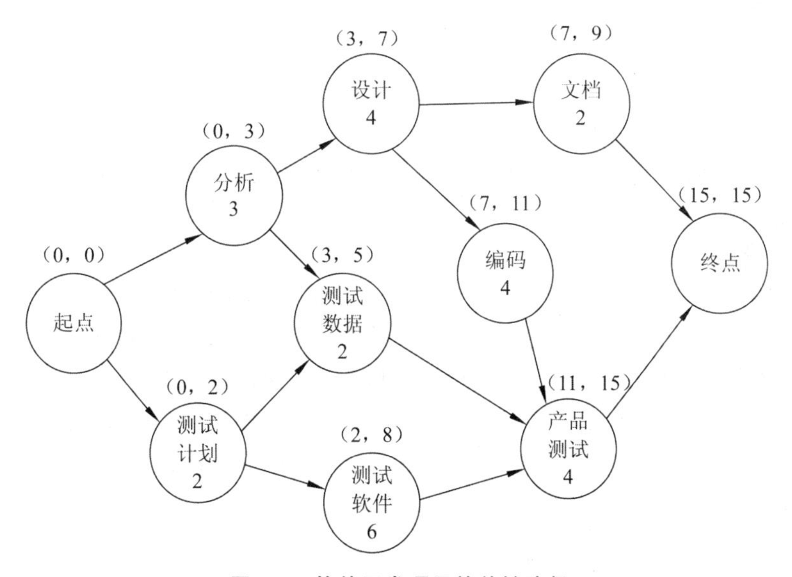

图 8-4　软件开发项目的关键路径

利用PERT图和CPM方法为项目计划人员提供了一些定量的工具。

(1)确定关键路径各项活动按时完成,因为关键路径上的任何活动如有延期,整个项目将随之延期。

(2)通过缩短关键路径上某活动的时间,可以达到提高缩短项目开发周期的目的,对不处于关键路径上的活动,可以根据需要调整其起止时间,或者延缓活动的进度。

(3)计算活动的边界时间,以便为具体的任务定义时间窗口。边界时间的计算对于软件项目的计划调度是非常有用的。

8.3 软件项目组织

8.3.1 组织原则

在建立项目组织时应注意到以下原则。

(1)尽早落实责任。软件项目要尽早指定专人负责,使其有权有责。

(2)减少接口。一个组织的生产率是与完成任务中存在的通信路径数目成反比的。因此,要有合理的人员分工、好的组织结构、有效的通信,减少不必要的生产率的损失。

(3)责权均衡。软件经理人员所担负的责任不应比委任给他的权力还大。

8.3.2 组织结构模式

通常有三种组织结构的模式可供选择。

1. 按课题划分的模式

把软件人员按课题组分组,小组成员自始至终参加所承担课题的各项任务,负责完成软件产品的定义、设计、实现、测试、复查、文档编写,甚至包括维护在内的全过程。

2. 按职能划分的模式

把参加开发项目的软件人员按任务的工作阶段划分成若干专业小组。待开发的软件产品在每个专业小组完成阶段加工(工序)以后,沿工序流水线向下传递。例如,分别建立计划组、需求分析组、设计组、实现组、系统测试组、质量保证组、维护组等,各种文档按工序在各组之间传递。这种模式在小组之间的联系形成的接口较多,但便于软件人员熟悉小组的工作,进而变成这方面的专家。

3. 矩阵型模式

这种模式实际上是以上两种模式的复合。一方面,按工作性质成立一些专门组,如开发组、业务组、测试组等;另一方面,每一个项目又有它的经理人员负责管理。每个软件人员属于某一个专门组,又参加某一项目的工作,其矩阵型模式如图8-5所示。

矩阵型结构的组织具有一些优点:参加专门组的成员可在组内交流他们在各项目中取得的经验,这更有利于发挥专业人员的作用;另一方面,各个项目有专人负责,有利于软件项目的完成。显然,矩阵型结构是一种比较好的形式。

8.3.3 程序设计小组的组织形式

通常认为程序设计工作是按独立方式进行的,程序人员独立地完成任务,但这并不意味

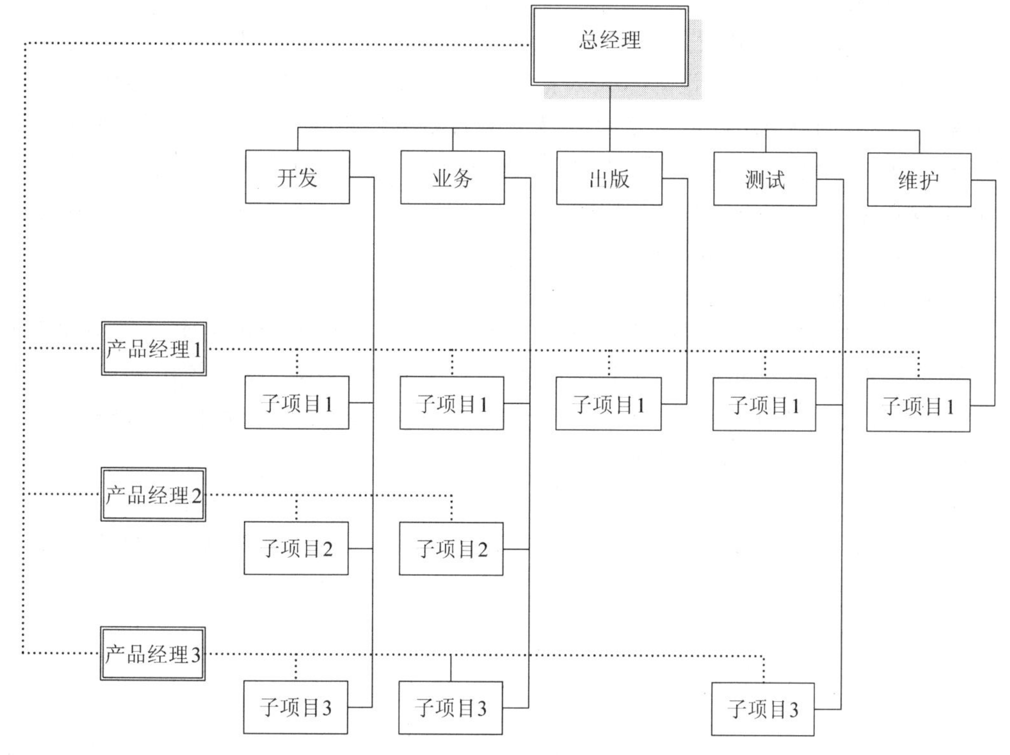

图 8-5　软件开发组织的矩阵型模式

着程序员之间没有联系。程序员之间联系的多少和联系的方式与生产率直接相关。程序设计小组内人数越少(如 2～3 人),则人员之间的联系就越简单;但在增加人员数目时,相互之间的联系复杂起来,并且复杂度不是按线性关系增加的。并且,正在进行的软件项目在任务紧张、延误了进度的情况下,不鼓励增加新成员给予协助。除非分配给新成员的工作是比较独立的任务,并不需要对原任务有更细致的了解,也没有技术细节的牵连。

小组内部人员的组织形式对生产率也有影响。现有的组织形式有如下三种。

1. 主程序员制小组

主程序员制小组是由 Mills 和 Baker 等人提出的一种方式。它的特点是强调"一元化"领导,小组的核心由 1 名主程序员、2～6 名技术员、1 名后援工程师组成。主程序员负责小组全部技术活动的计划、协调与审查工作,还负责设计和实现项目中的关键部分。技术员负责项目的具体分析与开发,以及文档资料的编写工作。后援工程师支持主程序员的工作,为主程序员提供咨询,也做部分分析、设计和实现的工作,并在必要时能代替主程序员工作。主程序员制小组还可以由一些专家、辅助人员、软件资料员协助工作。

主程序员制小组突出了主程序员的领导,见图 8-6(a),省略了组员间的通信,提高了效率。但是这种集中领导的组织形式能否取得好的效果,很大程度上取决于主程序员的技术水平和管理才能。当开发小组内只有一个是高级程序员,其余均为初、中级程序员时,可采用这种方式。

2. 民主制小组

Weinberg 认为，软件开发是一种合作的事业，最理想的形式是组成"无我小组"。这种民主制小组中提倡"无我程序设计"，人人把小组开发的程序看成是"我们的程序"，而不是"我的程序"，遇到问题时组内成员之间可以平等地交换意见，见图 8-6(b)。这种组织形式强调发挥小组每个成员的积极性，要求每个成员充分发挥主动精神和协作精神。但小组的组长由上级指定，当组内发生意见分歧时，由组长作最后决定。有人认为这种组织形式适合于研制时间长、开发难度大的项目。民主制小组的人数通常为 5～7 人。

3. 层次式小组

在层次式小组中，组内人员分为：组长（项目负责人）一人负责全组工作，包括任务分配、技术评审和走查、掌握工作量和参加技术活动，直接领导 2～3 名高级程序员，每位高级程序员通过基层小组管理若干位程序员。这种组织结构只允许必要的人际通信，比较适用于项目本身就是层次结构的课题，见图 8-6(c)。

可以把项目按功能划分成若干子项目，把子项目分配给基层小组，由基层小组完成。基层小组的领导与项目负责人直接联系。这种组织方式比较适合于大型软件项目的开发。

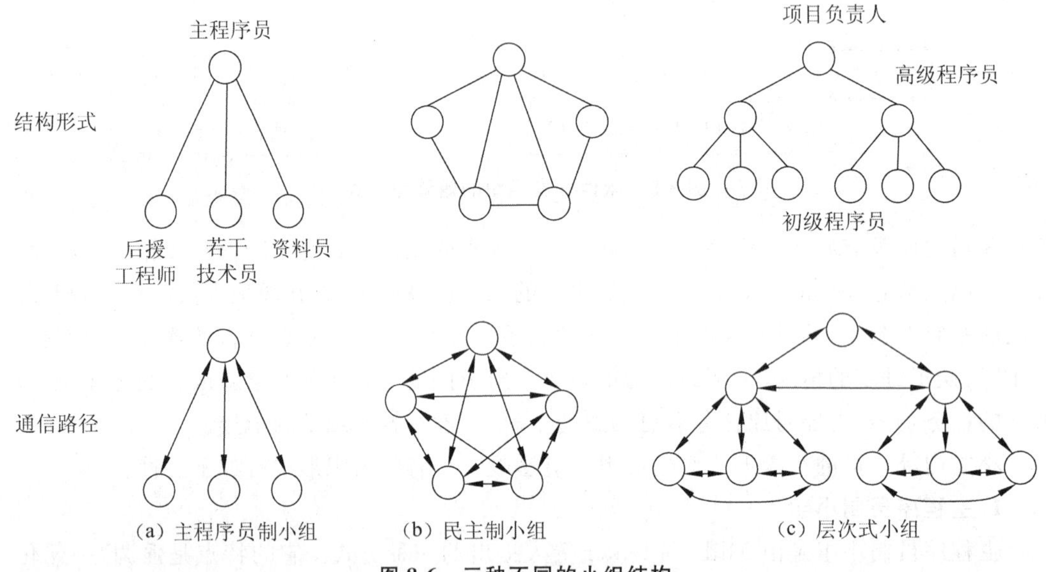

图 8-6　三种不同的小组结构

以上三种组织形式可以根据实际情况组合起来灵活运用。总之，软件开发小组的主要目的是发挥集体的力量进行软件研制。

8.3.4　人员配备

如何合理地配备人员，也是成功地完成软件项目的切实保证。所谓合理地配备人员应包括：按不同阶段适时任用人员，恰当掌握用人标准。在实际工作中，各个开发阶段需要的人力并不相同，一般来说，计划与分析阶段只需很少的人数，概要设计阶段参与的人数略多一些，详细设计阶段的人数又多一点，到了编码和测试阶段参加的人数达到最高峰，运行初期所需的维护人员较多，正常运行一段时间后只需保留很少的维护人员就可以满足需要了。

1. 项目开发各阶段所需人员

一个软件项目完成的快慢，取决于参与开发的人员的多少。在开发的整个过程中，多数软件项目是以恒定人力配备的，如图 8-7 所示。

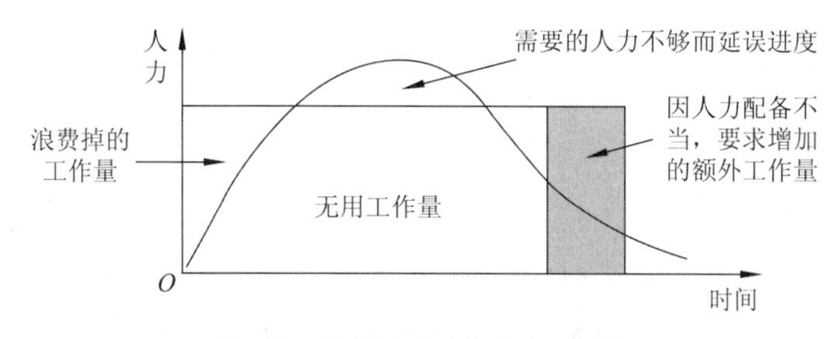

图 8-7　软件项目的恒定人力配备

按图 8-7 中所示的曲线，需要的人力随开发的进展逐渐增加，在编码与单元测试阶段达到高峰，以后又逐渐减少。如果恒定地配备人力，在开发的初期将会有部分人力资源用不上而浪费掉。在开发的中期(编码与单元测试)，需要的人力又不够，会造成进度的延误。这样在开发的后期就需要增加人力来赶进度。因此，恒定地配备人力，对人力资源是比较大的浪费。

2. 配备人员的原则

配备软件人员时，应注意以下三个主要原则。

(1) 重质量。软件项目是技术性很强的工作，任用少量有实践经验、有能力的人员去完成关键性的任务，常常要比使用大量经验不足的人员更有效。

(2)重培训。花费力气培养所需的技术人员和管理人员是有效解决人员问题的好方法。

(3) 双阶梯提升。人员的提升应分别按技术职务和管理职务进行，不能混在一起。

3. 对项目经理人员的要求

软件项目经理人员是工作的组织者，其管理能力的强弱是项目成败的关键。除了一般的管理要求外，其应具有以下能力。

(1)把用户提出的非技术性的要求加以整理提炼，以技术说明书的形式转告给分析员和测试员。

(2)能说服用户放弃一些不切实际的要求，以便保证合理的要求得到满足。

(3)能够把表面上似乎无关的要求集中在一起，归结为“需要什么”，“要解决什么问题”。这是一种综合问题的能力。

(4)要懂得心理学，能说服上级领导和用户，让他们理解什么是不合理的要求，但又要使他们毫不勉强，乐于接受，并受到启发。

4. 评价人员的条件

软件项目中人的因素越来越受到重视。在评价和任用软件人员时，必须掌握一定的标准。人员素质的优劣常常影响到项目的成败。能否达到要求，以下这些条件是不应忽视的。

(1)牢固掌握计算机软件的基本知识和技能。

(2)善于分析和综合问题，具有严密的逻辑思维能力。

(3) 工作踏实、细致，遵循标准和规范，具有严格的科学作风。

(4)工作中表现出有耐心、有毅力、有责任心。

(5)善于听取别人的意见,善于与周围人员团结协作,建立良好的人际关系。

(6)具有良好的书面和口头表达能力。

8.4 软件项目控制

8.4.1 风险管理

软件开发存在着风险。软件风险具有不确定性,可能发生也可能不发生,但一旦风险变为现实,就会造成损失或产生恶性后果。不同的软件,风险也不相同,项目的规模越大、结构化程度越低、资源和成本等因素的不确定因素越大,承担这样的项目所冒的风险也就越大。风险管理是指识别风险、评价风险、估计风险并制定回避风险的方法。它不仅是项目计划中的一个对象,还要求在开发过程中对它进行跟踪、报告及更新。

1. 风险识别

风险识别就是要系统地确定对项目计划(估算、进度、资源分配)的威胁,通过识别已知的或可预测的风险,就可能设法避开风险或驾驭风险。

1)风险类型

从宏观上来看,可将风险分为项目风险、技术风险和商业风险。项目风险是指在预算、进度、人力、资源、用户及需求等方面潜在的问题,它们可能造成软件项目成本提高、时间延长等损失。技术风险是指潜在的设计、实现、接口、检验和维护方面的问题,威胁到待开发软件的质量和预定的交付时间。如果技术风险成为现实,开发工作可能会变得很困难或根本不可能。商业风险包括市场、商业策略、推销策略等方面的风险,这些风险威胁到待开发软件的生存能力。有以下5种主要的商业风险。

(1)开发的软件虽然很优秀但不是市场真正所需要的。

(2)开发的软件不再符合公司的整个软件产品战略。

(3)销售部门不知道如何推销的软件。

(4)由于重点转移或人员变动而失去上级管理部门的支持。

(5)没有得到预算或人员的保证。

特别要注意,有时对某些风险不能简单地归类,而且某些风险事先是无法预测的。

2)风险项目检查表

识别风险的一种最好的方法就是利用一组提问来帮助项目计划人员了解在项目和技术方面有哪些风险。因此,Boehm建议使用一个“风险项目检查表”,列出所有可能的与每一个风险因素有关的提问。从如下几个方面识别已知的或可预测的风险。

(1) 产品规模:与待开发或要修改的软件的产品规模(估算偏差、产品用户、需求变更、复用软件、数据库)相关的风险。

(2)商业影响:与管理和市场所加的约束(公司收益、上级重视、符合需求、用户水平、产品文档、政府约束、成本损耗、交付期限)有关的风险。

(3)用户特性:与用户的素质(技术素养、合作态度、需求理解)及开发人员与用户定期通信(技术评审、通信渠道)能力有关的风险。

(4)过程定义:与软件过程定义、组织程度及开发组织遵循的程度相关的风险。

(5)开发环境:与用于建造产品的工具(项目管理、过程管理、分析与设计、编译器及代码生成器、测试与调试、配置管理、工具集成、工具培训、联机帮助与文档)的可用性和质量相关的风险。

(6)建造技术:与待开发软件的复杂性及系统所包含技术的"新颖性"相关的风险。

(7)人员数量及经验:与参与工作的软件技术人员的总体技术水平(优秀程度、专业配套、数量足够、时间窗口)及项目经验(业务培训、工作基础)相关的风险。

2. 风险估计

风险估计一般包括两方面的内容:估计一个风险发生的可能性;在与风险相关的问题出现后估计将会产生的结果。通常,项目计划人员与管理人员、技术人员一起,进行两种风险估计活动:建立风险发生的可能性尺度,估计风险对项目和产品的影响。

1)建立风险可能性尺度

风险可能性尺度可以用定性或定量的方式来定义,但一般不能用"是"或"否"来表示,较多的是使用概率来表示,即使是定性分析也采用极罕见、罕见、普通、可能、极可能等描述。风险表是一种常用的风险可能性尺度的表示方式。如表8-6所示,第1列列出风险,在第2列对风险加以分类(如PS代表产品规模风险,BU代表商业风险,CU代表与用户相关的风险,TE代表技术风险,DE代表开发环境风险,ST代表人员风险),在第3列给出风险发生的概率,第4列是对风险产生影响的评价。这要求对4种风险构成(性能、支持、成本、进度)的影响类别求平均值,得到一个整体的影响值。

表8-6　风险表

风　险	类　别	概　率	评　价
规模估算可能非常低	PS	60%	2
用户数量大大超过计划	PS	30%	3
复用程度低于计划	PS	70%	2
最终用户抵制该系统	BU	40%	3
交付期限将被紧缩	BU	50%	2
资金将会流失	CU	40%	1
用户将改变需求	PS	80%	2
技术达不到预期的效果	TE	30%	1
缺少对工具的培训	DE	80%	3
参与人员缺乏经验	ST	30%	2
参与人员流动比较频繁	ST	60%	2
⋮	⋮	⋮	⋮

风险发生的概率可以使用从过去项目、直觉或其他信息收集来的度量数据进行统计分

析估算出来。例如，由 45 个项目中收集的度量表明，有 37 个项目遇到的用户要求变更次数达到 2 次。作为预测，新项目将遇到的极端的要求变更次数的概率是 37/45＝0.82，因而这是一个极可能的风险。

2)估计风险对项目和产品的影响

如果风险真的发生了，对产品和项目所产生的影响一般与 3 个因素有关，即风险的性质、范围及时间。风险的性质是指风险产生时可能产生的问题。风险的范围是包括风险的严重性和分布情况。风险的时间是指风险的影响何时开始，会持续多长的时间。

对项目风险进行管理时，应综合考虑风险出现的概率和一旦发生风险可能产生的影响。对一个高影响但发生概率极低的风险不应当占用很多有效管理时间。然而，对低影响但发生概率高的风险及高影响并且发生概率为中或高的风险，就必须优先进行风险的管理，如图 8-8 所示。

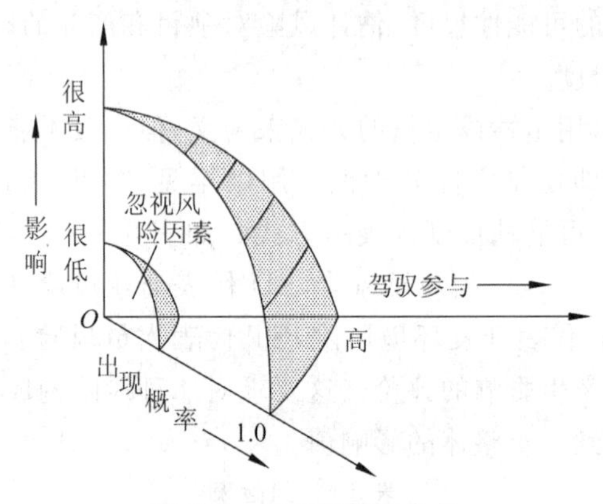

图 8-8　风险与管理参与

Robert Charette 提出一种主要依据风险描述、风险概率及风险影响等 3 个因素对风险进行估计的方法，称为风险评价。对于大多数软件项目来说，性能、支持、成本、进度就是典型的风险参照水准。或者说，对于成本超支、进度延期、性能降低、支持困难，或它们的某种组合，都有一个参考值或崩溃点。在这个点上，要公平地给出可接受的判断，看是继续执行项目工作，还是终止它们(超出它就会导致项目被迫终止)。因此，可以建立风险与参考值的对应关系来对风险进行评价，其具体步骤如下：

(1)使用三元组$[r_i, l_i, x_i]$对风险进行描述，其中，r_i是风险，l_i是风险出现的概率，x_i是风险产生的影响；

(2)定义项目的各种风险参考值；

(3)找出在各三元组$[r_i, l_i, x_i]$和各参照水准之间的关系；

(4)预测一组参考值点以定义一个项目的终止区域，用一条曲线或一些不确定性区来界定；

(5)预测各种复合的风险组合将如何影响参考值。

如果风险的某种组合所产生的问题超出一个或多个这样的参照水准，工作就要中止。图 8-9 显示了由成本超支和进度延期所构成的“项目终止”曲线。曲线上的各点为临界点，超过了临界点的区域右上方灰色区域可以表示为项目终止区。

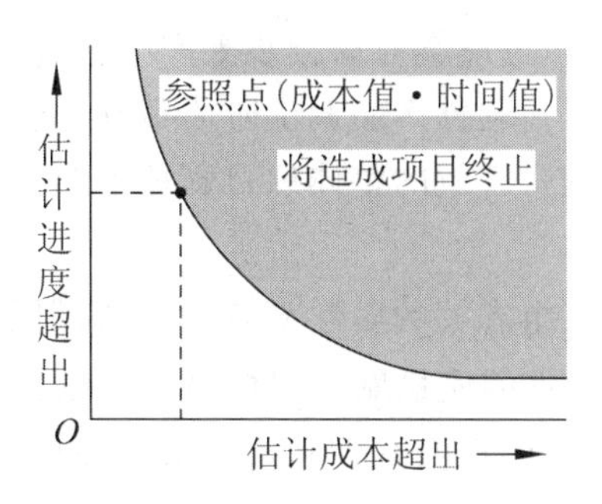

图 8-9　风险参照水准曲线

3. 风险驾驭和监控

风险的驾驭和监控主要靠管理者的经验来实施。例如,若某开发人员在开发期间中途离职的概率是0.7,且离职后对项目有影响,可采取的风险驾驭与监控步骤如下:

(1)与现有人员一起探讨人员流动的原因(如工作条件差、收入低、人才市场竞争等);

(2)在项目开始前,把缓解这些原因的工作列入管理计划中;

(3)当项目启动时,做好出现人员流动时的准备,采取一些方法以确保一旦人员离开后项目仍能继续;

(4)建立良好的项目组织和通信渠道,以使大家了解每一个有关开发活动的信息;

(5)制定文档标准并建立相应机制,以保证能够及时建立文档;

(6)对所有工作组织细致的评审,使大多数人能够按计划完成自己的工作;

(7)对每一个关键性的技术人员,要培养后备人员。

风险驾驭与监控首先应该建立风险缓解、监控和管理计划(Risk Mitigation Monitoring and Management Plan,RMMMP)。RMMMP叙述了风险分析的全部工作,并且作为整个项目计划的一部分为项目管理人员所使用。

这些风险驾驭步骤带来了额外的项目成本,称为风险成本。例如,培养关键技术人员的后备需要花费金钱和时间。因此,当通过某个风险驾驭步骤而得到的收益被实现它们的成本超出时,要对风险驾驭部分进行评价,进行传统的成本-效益分析。

8.4.2　质量管理

概括地说,软件质量就是"软件与明确地和隐含地定义的需求相一致的程度"。更具体地说,软件质量是软件符合明确叙述的功能和性能需求、文档中明确描述的开发标准,以及所有专业开发的软件都应具有的隐含特征的程度。

1. 软件质量的重要性

由于软件的不定性和复杂性等特点,对软件产品的质量会产生特殊的需求,它主要体现在以下几个方面。

(1)随着用户越来越依赖他们的计算机系统,以及软件越来越多地应用于安全性要求很高的领域,如飞行器控制,对软件产品质量的要求更加苛刻。

(2)软件的不定性使得人们无法判断项目中某一特定任务是否圆满完成,软件质量的保证具有很大的难度。

(3)软件开发期积累的错误,可能会对后续步骤产生影响。总的来说,错误发现的越晚,需要修改的费用就越高。因此,在软件产品调试阶段很难对前期的错误有效地控制。

正因为上述原因,质量管理是有效的整体项目管理中的一个重要部分。

2. 软件的质量属性

软件的质量标准,可以用一组有关的属性来表示。我国国家标准《软件工程产品质量》(GB/T 16260—2006)把有关软件的质量属性归纳为正确性、健壮性、效率、完整性、可用性、风险、可理解性、可维护性、灵活性、可测试性和可移植性等。表 8-7 列举了软件开发过程中常用的软件质量评价属性。

表 8-7　软件质量评价属性

质量因素	定　义
正确性	系统满足规格说明和用户目标的程度,即在预定环境下能正确地完成预期功能的程度
健壮性	在硬件发生故障、输入的数据无效或操作错误等意外环境下,系统能做出适当响应的程度
效率	为了完成预定的功能,系统需要的计算机资源为多少
完整性(安全性)	对未经授权的人使用软件或数据的企图,系统能够控制(禁止)的程度
可用性	系统在完成预定应该完成的功能时令人满意的程度
风险	按预定的成本和进度把系统开发出来,并且为用户所满意的概率
可理解性	理解和使用该系统的容易程度
可维修性	诊断和改正在运行现场发现的错误所需工作量的多少
灵活性(适应性)	修改或改进正在运行的系统需要的工作量的多少
可测试性	软件容易测试程度
可移植性	把程序从一种硬件配置和(或)软件系统环境转移到另一种硬件配置和(或)软件系统环境时,需要的工作量的多少。有一种定量度量的方法是:用原来程序设计和调试的成本除移植时需用的费用
可再用性	在其他应用中该程序可以被再次使用的程度(或范围)
互运行性	把该系统和另一个系统结合起来需要的工作量的多少

3. 软件的质量计划

制订质量计划是软件质量管理的关键活动。质量计划是整个软件质量管理的行动纲领,通常由项目经理和质量人员共同协商来制订。如果机构有独立的质量人员,那么由质量人员起草《质量保证计划》,递交给项目经理和质量经理审批并由质量保证小组监督实施。如果机构没有独立的质量人员,那么可以由项目经理兼任质量人员和质量经理的角色。表 8-8 为质量保证计划的参考格式。

表 8-8 质量保证计划

×××软件质量保证计划

1. 质量要素和质量目标

提示：从商业利益和技术角度判断哪些质量属性是本软件的质量要素，说明为什么，这样相关人员可以把精力集中在改善质量要素上。给出各个质量要素的恰当目标，既要使用户感到满意，又要使开发方承受得起。

质量要素	优先级	目标、解释

2. 技术评审计划

待评审的工作成果	评审时间	负责人

3. 软件测试计划

测试活动名称	时间	负责人
详见《测试计划》		

4. 质量保证计划

过程域	主要检查项	时间或频度	负责人

5. 缺陷(问题)跟踪工具

提示：说明本项目采用何种缺陷(问题)跟踪工具，以及简要的使用约定。

6. 审批意见

提示：项目经理和质量经理审批计划。

4. 技术评审

技术评审的目的是通过同行专家对工作成果的评审进行讨论，尽早地发现工作成果中的缺陷，并帮助开发人员及时消除缺陷，从而有效地提高产品的质量。理论上讲，为了确保产品的质量，产品的所有工作成果都应当接受技术评审。现实中，为了节约时间，允许人们有选择地对工作成果进行技术评审。在制订质量计划的时候，应该确定技术评审计划。

技术评审是团体活动，一般地，机构没有专职的技术评审人员，当需要技术评审时，临时组织人员就可以了。质量人员应当参与重要的技术评审会议，这样既监督了技术评审，又加深对工作成果的了解。表 8-9 为技术评审报告的参考格式。

表 8-9　技术评审报告

×××技术评审报告

1. 基本信息

成果介绍	名称、版本、作者、时间等
评审时间	
评审地点	
评审人员名单	角色、职务
人员 A	评审主持人
⋮	

2. 问答记录

提示:由评审主持人或记录员填写,主要记录评审过程中的疑问、答复、争论、处理意见。

记录 A	
⋮	

3. 评审结论与意见

提示:由评审主持人填写。

评审结论	[　]工作成果合格,“无须修改”或“需要轻微修改但不必再审核” [　]工作成果基本合格,需要做少量的修改,之后通过审核即可 [　]工作成果不合格,需要做比较大的修改,之后必须重新对其评审
意见建议	
签字	主持人签字

4. 缺陷跟踪

提示:如果使用了缺陷跟踪软件,那么无须手工填写此表。

缺陷描述	缺陷解决方案、结果

5. 缺陷跟踪

在执行技术评审、软件测试、质量保证工作时,会发现不少软件缺陷(或其他质量问题)。缺陷跟踪的工作主要包括:根据缺陷类型、状态、优先级、报告者、报告日期等条件查询每个缺陷的当前状态,修改、添加、删除缺陷,绘制缺陷的趋势图,以及缺陷信息发生变动时发送变更消息等工作。其中,缺陷可以根据表 8-10 所列属性来描述。

表 8-10　缺陷属性

缺　陷　属　性	对缺陷简单描述
缺陷编号	为每个缺陷分配唯一的 ID
缺陷类型	为缺陷分类,便于统计
所属模块	说明该缺陷所属的模块
缺陷状态	常用缺陷状态有新缺陷、缺陷再现、解决待关闭、关闭等
缺陷描述	用一段文字描述缺陷
附　　件	本缺陷的相关附件
严重性	划分缺陷的严重性:严重、中等、轻微
优先级	划分处理缺陷的优先级:高、中、低
报告者	报告缺陷的人
报告日期	给出本缺陷的报告日期
接收者	处理缺陷的人
解决方案	描述该缺陷的解决方案
更新日期	缺陷信息的更新日期

6. 质量保证

质量保证的实质:检查项目的"工作过程和工作成果"是否符合既定的规范。要点是找出明显不符合规范的工作过程和工作成果,及时指导开发人员纠正问题。当制订质量计划时,质量人员确定主要检查项和检查时间(或频度)。当执行质量保证工作时,如果发现质量问题,应该立即将其记录下来并进行缺陷跟踪工作。

质量人员首先设法在项目内部解决已经发现的质量问题,与项目成员协商,给出解决措施。在项目内难以解决的质量问题,由上级领导给出解决措施。同时,需要定期撰写质量保证报告(格式见表 8-11),向项目成员和上级领导汇报现阶段的质量状况。

表 8-11　质量保证报告

项目名称		报告日期	
质量保证员		报告批次	
过程质量检查			
受检查的过程域		检查结果	
产品质量检查			

续表

受检查的工作成果		检查结果	
问题与对策，经验总结：从问题跟踪工具中提取问题的信息。			

8.4.3 配置管理

软件配置管理，又称为软件形态管理或软件建构管理，简称软件形管(SCM)。界定软件的组成项目，对每个项目的变更进行管控(版本控制)，并维护不同项目之间的版本关联，以使软件在开发过程中任一时间的内容都可以被追溯。软件配置管理，贯穿于整个软件生存周期，它为软件研发提供了一套管理办法和活动原则。软件配置管理无论是对软件企业管理人员还是研发人员，都具有重要的意义。

1. 识别配置项

软件配置管理首先需要识别软件配置项(Software Configuration Item，SCI)，Pressman对SCI给出了一个比较简单的定义："软件过程的输出信息可以分为3个主要类别：计算机程序(源代码和可执行程序)、描述计算机程序的文档(针对技术开发人员和用户)，以及数据(包含在程序内部或外部)。这些项包含了所有在软件过程中产生的信息，总称为软件配置项。"由此可见，软件配置项的识别是配置管理活动的基础，也是制订配置管理计划的重要内容。一般来说，软件配置项的范围包括以下4项。

(1)技术文档：《项目开发计划》、《需求分析报告》、《软件设计书》、《质量保证计划》、《概要设计书》、《详细设计书》、《测试用例》、《测试报告》、《总结报告》等。

(2)程序：阶段产品、源程序、释放产品等。

(3)工具：自动设计工具、维护工具等。

(4)交互文档：与用户或项目组内交互产生文档《用户需求说明书》。

软件配置管理过程中，对每个软件配置项的主要属性(如名称、标识符、文件状态、版本、作者、日期等)进行标识，并且所有配置项都被保存在配置库中，确保不会混淆、丢失。软件配置项及其历史记录反映了软件的演化过程。

整个配置库可视为一个统一的工作空间，并且可以根据不同权限的要求继续划分为个人(私有)、团队(集成)和全组(公共)这三类子空间，从而更好地支持将来可能出现的并行开发的需求。

2. 版本控制

版本控制是全面实行软件配置管理的基础，可以保证软件技术状态的一致性，版本标志的目的是便于对版本加以区分、检索和跟踪，以表明各个版本之间的关系。一个版本是软件系统的一个实例，在功能和性能上与其他版本有所不同，或是修正、补充了前一版本的某些不足。实际上，对版本的控制就是对版本的各种操作控制，包括检入检出控制、版本的分支和合并、版本的历史记录和版本的发行。

版本控制的软件配置项状态有三种:“草稿”、“正式发布”和“正在修改”,使用户能够通过对适当版本的选择,组装成各种各样、不同功能模块的模型,同时,在开发过程、不同阶段要建立各种状态报告,记录所有软件配置项及变更请求的状态。

3. 变更控制

在软件开发过程中,进行变更控制是很有可能发生的。然而,要实行有效的变更控制是比较困难的。对代码的一点小小的修改都有可能导致一个巨大的错误,当然也有可能是修补一个巨大的漏洞或增加一些很有用的功能。变更控制的实现应该由配置库管理人员负责,在对变更要求审核批准后,提取配置库中需要修改的 SCI,经过复审后,提交修改后的 SCI 并重建软件版本。

习 题 8

1. 软件过程是软件(　　)中的一系列相关软件工程(　　)的集合。每一个软件过程又是由一组(　　)、项目(　　)、软件工程产品和交付物及质量保证(SQA)点等组成。一个软件过程可以表示为:首先建立一个(　　)过程框架,其中定义了少量可适用于所有软件项目的框架(　　),再给出各个框架(　　)的任务集合,最后是保护伞活动,如软件质量保证、软件配置管理及测量等。软件过程模型的选择基于项目和应用的特点、采用的(　　)和工具、要求的控制和需交付的产品。

   A. 工程　　B. 公共　　C. 活动　　D. 生存期
   E. 方法　　F. 工作任务　　G. 功能　　H. 里程碑

2. 软件的度量包括(　　)和(　　)。软件产品的(　　)包括产生的代码行数、执行速度等。软件产品的(　　)则包括若干质量特性。我们还可进一步将软件度量如图 8-10 所示那样分类。软件(　　)度量主要关注软件工程过程的结果;(　　)度量则指明了软件适应明确和不明确的用户要求到什么程度;(　　)度量主要关注软件的一些特性而不是软件开发的全过程。还有另一种分类方法:面向(　　)的度量用于收集与直接度量有关软件工程输出的信息和质量信息。面向(　　)的度量提供直接度量的尺度。面向(　　)的度量则收集有关人们开发软件所用方式的信息和人们理解有关工具和方法的效率的信息。

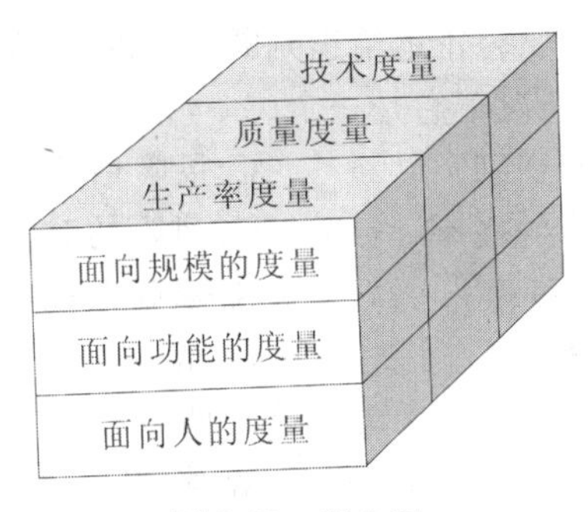

图 8-10　题 2 图

   A. 直接度量　　B. 尺度度量　　C. 二元度量　　D. 间接度量
   E. 质量　　F. 技术　　G. 成本　　H. 生产率

I. 过程　　J. 对象　　K. 人　　L. 存取

M. 规模　　N. 进程　　O. 功能　　P. 数据

3. 估算资源、成本和进度时需要经验、有用的历史信息、足够的定量数据和作定量度量的勇气。通常估算本身带有(　　)。项目的复杂性越高，规模越大，开发工作量(　　)，估算的(　　)就(　　)。项目的结构化程度提高，进行精确估算的能力就能(　　)，而风险将(　　)。有用的历史信息(　　)，总的风险越低。

A. 风范(范型)　　B. 风格　　C. 风险　　D. 度量

E. 增加　　F. 越多　　G. 降低　　H. 不变

I. 越少　　J. 越高　　K. 越大

4. 在考虑各种软件开发资源时，(　　)是最重要的资源。如果把软件开发所需的资源画成一个金字塔形：在塔的上层是最基本的资源(　　)，在底部为(　　)。(　　)包括硬件资源和软件资源。(　　)、(　　)和其他硬件设备属于硬件资源。IPSE 工具属于软件资源中的(　　)。为了提高软件的生产率和软件产品的质量，可建立(　　)。

A. 方法　　B. 人力　　C. 工具　　D. 上下文环境

E. 虚拟机　　F. 目标机　　G. 自动机　　H. 宿主机

I. 维护工具　　J. 分析设计工具　　K. 支持工具　　L. 编程工具

M. 可复用构件库　　N. 框架工具　　O. 原型化模拟工具

5. 任何软件项目都必须做好项目管理工作，最常使用的进度管理工具是(　　)，当某一开发项目的进度有可能拖延时，应该(　　)。对于一个典型的软件开发项目，各开发阶段需投入的工作量的百分比大致是(　　)。各阶段所需不同层次的技术人员大致是(　　)，而管理人员在各阶段所需数量也不同，相对而言大致是(　　)。

A. 数据流图　　B. 程序结构图　　C. 因果图　　D. PERT 图

E. 增加新的开发人员　　F. 分析拖期原因加以补救

G. 从别的小组抽调人员临时帮忙　　H. 推迟预定完成时间

6. 风险分析实际上是 4 个不同的活动，按顺序依次为(　　)、(　　)、风险评价和(　　)。在风险评价时，应当建立一个三元组：$[r_i, l_i, x_i]$，r_i是风险描述，l_i是(　　)，而 x_i是风险的影响。一个对风险评价很有用的技术是定义(　　)。(　　)、(　　)、(　　)是三种典型的(　　)。在做风险分析的上下文环境中一个(　　)就存在一个单独的点，称为参照点或(　　)。在这个点上要公正地给出判断。实际上，参照点能在图上表示成一条平滑的曲线的情况很少，多数情况下它是一个(　　)。

A. 风险驾驭和监控　　B. 风险识别　　C. 风险估计　　D. 风险消除

E. 风险的大小　　F. 风险的概率　　G. 风险的时间　　H. 风险的范围

I. 风险参照水准　　J. 风险度量　　K. 风险监控　　L. 风险工具

M. 生产率　　N. 功能　　O. 成本　　P. 进度

Q. 范围　　R. 性能　　S. 凹点　　T. 崩溃点

U. 终点　　V. 区域　　W. 拐点　　X. 原点

7. 对于一个小型的软件开发项目，一个人就可以完成需求分析、设计、编码和测试工作。但随着软件项目规模的增大，需要有多人共同参与同一软件项目的工作。当多人共同承担软件开发项目中的某一任务时，人与人之间必须通过交流来解决各自承担任务之间的

(　　)问题,即通信问题。通信需花费时间和代价,会引起软件错误(　　),(　　)软件生产率。如果一个软件开发小组有 n 个人,每两人之间都需要通信,则共有(　　)条通信路径。假设一个人单独开发软件,生产率是 5000 行/(人-年),且在每条通信路径上耗费的工作量是 250 行/(人-年)。若 4 个人组成一个小组共同开发这个软件,则小组中每个人的软件生产率为(　　)。若小组有 6 名成员,则小组中每个成员的软件生产率为(　　)行/(人·年)。因此,有人提出,软件开发小组的规模不能太大,人数不能太多,一般在(　　)个人为宜。

A. 分配　　B. 管理　　C. 接口　　D. 协作
E. 降低　　F. 增加　　G. 不变
H. $n(n+1)/2$　　I. $n(n-1)/2$　　J. $n(n-1)(n-2)/6$　　K. $n^2/2$
L. 4875　　M. 4375　　N. 4625　　O. 5735
P. 8～15　　Q. 1～2　　R. 2～5　　S. 2～8

8. 软件项目的进度管理有许多方法,但(　　)不是常用的进度控制图示方法。在几种进度控制图示方法中,(　　)难以表达多个子任务之间的逻辑关系,使用(　　)不仅能表达子任务之间的逻辑关系,而且可以找出关键子任务。在(　　)中,用带箭头的边表示(　　),用圆圈节点表示(　　),它标明(　　)的(　　)。

A. Gantt 图　　B. IPO　　C. PERT　　D. 时标网状图
E. 数据流　　F. 控制流　　G. 事件　　H. 处理
I. 起点或终点　　J. 任务

9. 软件项目组织的原则是(　　)、(　　)和(　　)。一般有(　　)、(　　)、(　　)三种组织结构的模式。(　　)实际上是(　　)和(　　)两种模式的复合。(　　)在小组之间的联系形成的接口较多,但便于软件人员熟悉小组的工作,进而成为这方面的专家。

A. 推迟责任的落实　　B. 尽早落实责任　　C. 减少接口　　D. 增加联系
E. 责权分离　　F. 责权均衡　　G. 矩阵形模式　　H. 主程序员小组模式
I. 按课题划分的模式　　J. 按职能划分的模式　　K. 民主制小组模式

10. 软件开发小组的目的是发挥集体的力量进行软件研制。因此,小组从培养(　　)的观点出发进行程序设计消除软件的(　　)性质。通常,程序设计小组的组织形式有 3 种,如图 8-11(a)所示的属于(　　),图 8-11(b)属于(　　),图 8-11(c)属于(　　)。

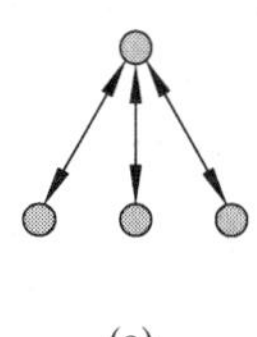
(a)
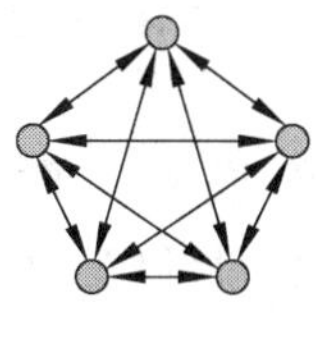
(b)
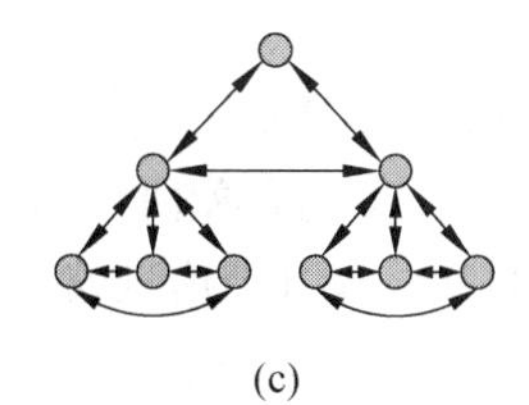
(c)

图 8-11　题 10 图

A. "局部"　　B. "全局"　　C. "集体"　　D. "个人"
E. 层次式小组　　F. 民主制小组　　G. 主程序员制小组

第9章　软件工程标准化和新趋势

9.1　软件工程标准化

9.1.1　软件工程标准化的意义

标准是一种书面(共同认识和理解)的约定,可以是技术说明书或其他精确的指标,把标准一致的作为规则、指南或特性定义,可以保证材料、产品、过程和服务符合其目的。在经济全球化进程中,国际标准使各国间的合作更简单、有效和可靠。

软件工程的标准化,提高了软件的可靠性、可维护性和可移植性,这表明软件工程标准化可提高软件产品的质量;其次,提高了软件的生产率和软件人员的技术水平,以及软件人员之间的通信效率,减少了差错和误解;再者,软件工程标准化有利于软件管理,有利于降低软件产品的成本和运行维护成本,有利于缩短软件开发周期。

9.1.2　软件工程标准分类

软件工程标准的类型是多方面的,它可能包括过程标准(如方法、技术、度量等)、产品标准(如需求、设计、部件、描述、计划、报告等)、专业标准(如职别、道德准则、认证、特许、课程等)和记法标准(如术语、表示法、语言等)。

根据软件工程标准制定机构和标准适用范围的不同,将软件工程标准分为五个级别,即国际标准、国家标准、行业标准、企业(机构)规范及项目(课题)规范。下面对这五级标准的标识符及标准制定(或批准)的机构作一简要说明。

1. 国际标准

由国际联合机构制定和公布,提供各国参考的标准。最有影响的是国际标准化组织(International Standards Organization,ISO)和国际电工委员会(International Electrotechnical Commission,IEC)。

20世纪90年代初,这两个组织合作成立了联合技术委员会(Joint Technical Committee1,JTC1),致力于信息技术标准化。ISO标准被广泛认同,它制定的所有标准需5年审查一次,决定是否需要肯定、修订、废弃。

2. 国家标准

由政府或国家级的机构制定或批准,适用于全国范围的标准。例如,中华人民共和国国家技术监督局,是我国的最高标准化机构,它所公布实施的标准简称为国标GB,现已批准了若干个软件工程标准。美国国家标准协会(American National Standards Institute,ANSI),是美国政府认可的国家标准化团体,具有一定权威性。美国联邦信息处理标准(Federal Information Processing Standards,FIPS),所公布的标准均冠有FIPS字样。还有英国国家标准(British Standards,BS)、日本工业标准(Japanese Industrial Standards,JIS)等标准。

3. 行业标准

由行业机构、学术团体或国防机构制定,并适用于某个业务领域的标准,如美国电气和电子工程师学会(Institute of Electrical and Electronics Engineers,IEEE)。近年该学会专门成立了软件标准分技术委员会(SESS),积极开展了软件标准化活动,取得了显著成果,受到了软件界的关注。IEEE计算机协会的软件工程标准委员会一直从事着软件工程标准的制定,发布了大量软件工程标准,对各国的软件工程标准有重大影响。IEEE通过的标准常常要报请ANSI审批,使其具有国家标准的性质。因此,IEEE公布的标准常冠有ANSI字头。例如,《ANSI/IEEE Str 828—1983软件配置管理计划标准》。

4. 企业规范

一些大型企业或公司,由于软件工程的需要,制定适用于本部门的规范。例如,美国IBM公司通用产品部(General Products Division)1984年制定的《程序设计开发指南》仅供该公司内部使用。

5. 行业规范

由某科研生产项目组织制定,且为该项项目专用的软件工作规范。例如,计算机集成制造系统(CIMS)的软件工程规范。

9.1.3　软件工程标准的制定与推行

软件工程标准的制定与推行通常要经历一个环状的生存周期,如图9-1所示。最初,制定一项标准仅仅是初步设想,经发起后沿着环状生存周期,顺时针进行,经历建议(拟订初步的建议方案)、开发(制定标准的具体内容)、咨询(征求并吸收有关人员意见)、审批(由管理部门决定能否推出)、公布(公开发布,使标准生效)、培训(为推行标准准备人员条件)、实施(投入使用,需经历一定期限)、审核(检验实施效果,决定是修订还是撤销)、修订(修改其中不适当的部分,形成标准的新版本,进入新的周期)、撤销等步骤。

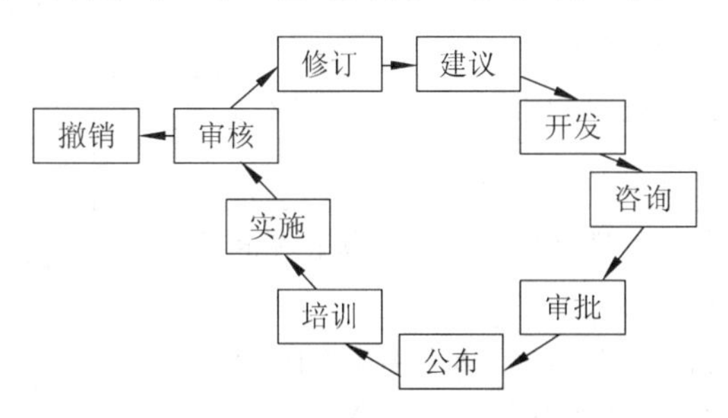

图9-1　软件工程的制定与推行的环状生存周期

9.1.4　我国的软件工程标准化工作

1983年5月,我国原国家标准总局和原电子工业部主持成立了全国计算机与信息处理标准化技术委员会,下设13个分技术委员会。与软件相关的是程序设计语言技术委员会和软件工程技术委员会。我国制定和推行标准化工作的总原则是向国际标准靠拢,对能够在我国适用的标准一律按等同采用的方法,以促进国际交流。

现已得到国家标准化管理委员会批准的软件工程国家标准、行业标准如表 9-1 所示。

表 9-1　软件工程国家标准、行业标准

标　准	说　明	实　施	备　注
DZ/T 0169－1997	物探化探计算机软件开发规范	1997 年 11 月 1 日	现行
GA 560－2005	互联网上网服务营业场所信息安全管理系统营业场所端与营业场所经营管理系统接口技术要求	2006 年 1 月 1 日	现行
GA 662－2006	互联网公共上网服务场所信息安全管理系统上网服务场所端接口技术要求	2007 年 1 月 1 日	现行
GA 663－2006	互联网公共上网服务场所信息安全管理系统远程通讯端接口技术要求	2007 年 1 月 1 日	现行
GB/T 11457－1995	软件工程术语	1995 年 1 月 2 日	作废
GB/T 11457－2006	信息技术软件工程术语	2006 年 7 月 1 日	现行
GB/T 12504－1990	计算机软件质量保证计划规范	1991 年 7 月 1 日	作废
GB/T 12505－1990	计算机软件配置管理计划规范	1991 年 7 月 1 日	作废
GB/T 13400.1－1992	网络计划技术常用术语	1992 年 1 月 2 日	现行
GB/T 13400.2－1992	网络计划技术网络图画法的一般规定	1992 年 1 月 2 日	作废
GB/T 13400.2－2009	网络计划技术 第 2 部分:网络图画法的一般规定	2009 年 11 月 1 日	现行
GB/T 13400.3－1992	网络计划技术 在项目计划管理中应用的一般程序	1992 年 1 月 2 日	作废
GB/T 13400.3－2009	网络计划技术 第 3 部分:在项目管理中应用的一般程序	2009 年 11 月 1 日	现行
GB/T 13502－1992	信息处理 程序构造及其表示的约定	1993 年 5 月 1 日	现行
GB/T 14079－1993	软件维护指南	1993 年 8 月 1 日	作废
GB/T 14085－1993	信息处理系统计算机系统配置图符号及约定	1993 年 8 月 1 日	现行
GB/T 14246.1－1993	信息技术 可移植操作系统界面 第 1 部分:系统应用程序界面(POSIX.1)	1993 年 12 月 1 日	现行
GB/T 14394－1993	计算机软件可靠性和可维护性	1994 年 1 月 1 日	作废
GB/T 14394－2008	计算机软件可靠性和可维护性管理	2008 年 12 月 1 日	现行
GB/T 15532－1995	计算机软件单元测试	1995 年 1 月 2 日	作废
GB/T 15532－2008	计算机软件测试规范	2008 年 9 月 1 日	现行

续表

标　准	说　明	实　施	备　注
GB/T 15534—1995	信息处理系统 数据库语言 NDL	1995年12月1日	作废
GB/T 15538—1995	软件工程标准分类法	1995年1月2日	作废
GB/T 15853—1995	软件支持环境	1996年8月1日	作废
GB/T 15936.4—1996	信息处理 文本与办公系统 办公文件体系结构(ODA)和交换格式 第4部分:文件轮廓	1996年10月1日	现行
GB/T 16260 —1996	信息技术 软件产品评价 质量特性及其使用指南	1996年10月1日	作废
GB/T 16260.1—2006	软件工程 产品质量 第1部分:质量模型	2006年7月1日	现行
GB/T 16260.2—2006	软件工程 产品质量 第2部分:外部度量	2006年7月1日	现行
GB/T 16260.3—2006	软件工程 产品质量 第3部分:内部度量	2006年7月1日	现行
GB/T 16260.4—2006	软件工程 产品质量 第4部分:使用质量的度量	2006年7月1日	现行
GB/T 16647—1996	信息技术 信息资源词典系统(IRDS)框架	1997年7月1日	现行
GB/T 16680—1996	软件文档管理指南	1997年7月1日	现行
GB/T 16682.1—1996	信息技术 国际标准化轮廓的框架和分类方法 第1部分:框架	1997年7月1日	现行
GB/T 16682.2—1996	信息技术 国际标准化轮廓的框架和分类方法 第2部分:OSI轮廓用的原则和分类方法	1997年7月1日	现行
GB/T 16684—1996	信息技术 信息交换用数据描述文卷规范	1997年7月1日	现行
GB/T 17544—1998	信息技术 软件包 质量要求和测试	1999年6月1日	现行
GB/T 17917—1999	商场管理信息系统基本功能要求	2000年4月1日	作废
GB/T 17917—2008	零售企业管理信息系统基本功能要求	2009年6月1日	现行
GB/T 18234—2000	信息技术 CASE工具的评价与选择指南	2001年8月1日	现行
GB/T 18491.1—2001	信息技术 软件测量 功能规模测量 第1部分:概念定义	2002年6月1日	现行
GB/T 18492—2001	信息技术 系统及软件完整性级别	2002年6月1日	现行
GB/T 18714.1—2002	信息技术 开放分布式处理 参考模型 第1部分:概述	2002年10月1日	现行
GB/T 18714.2—2002	信息技术 开放分布式处理 参考模型 第2部分:基本概念	2002年10月1日	现行
GB/T 18714.3—2003	信息技术 开放分布式处理 参考模型 第3部分:体系结构	2004年8月1日	现行
GB/T 18905.1—2002	软件工程 产品评价 第1部分: 概述	2003年5月1日	现行

续表

标准	说明	实施	备注
GB/T 18905.2－2002	软件工程 产品评价 第2部分：策划和管理	2003年5月1日	现行
GB/T 18905.3－2002	软件工程 产品评价 第3部分：开发者用的过程	2003年5月1日	现行
GB/T 18905.4－2002	软件工程 产品评价 第4部分：需方用的过程	2003年5月1日	现行
GB/T 18905.5－2002	软件工程 产品评价 第5部分：评价者用的过程	2003年5月1日	现行
GB/T 18905.6－2002	软件工程 产品评价 第6部分：评价模块的文档编制	2003年5月1日	现行
GB/T 20157－2006	信息技术 软件维护	2006年7月1日	现行
GB/T 20158－2006	信息技术 软件生存周期过程 配置管理	2006年7月1日	现行
GB/T 20917－2007	软件工程 软件测量过程	2007年7月1日	现行
GB/T 20918－2007	信息技术 软件生存周期过程 风险管理	2007年7月1日	现行
GB/T 8566－1988	计算机软件开发规范	1988年12月1日	作废
GB/T 8566－1995	信息技术软件生存周期过程	1995年12月1日	作废
GB/T 8566－2001	信息技术 软件生存周期过程	2002年6月1日	作废
GB/T 8566－2007	信息技术 软件生存周期过程	2007年7月1日	现行
GB/T 8567－1988	计算机软件产品开发文件编制指南	1988年7月1日	作废
GB/T 8567－2006	计算机软件文档编制规范	2006年7月1日	现行
GB/T 9385－1988	计算机软件需求说明编制指南	1988年1月2日	作废
GB/T 9385－2008	计算机软件需求规格说明规范	2008年9月1日	现行
GB/T 9386－1988	计算机软件测试文件编制规范	1988年12月1日	作废
GB/T 9386－2008	计算机软件测试文件编制规范	2008年9月1日	现行
GB/Z 18493－2001	信息技术 软件生存周期过程指南	2002年6月1日	现行
GB/Z 18914－2002	信息技术 软件工程 CASE 工具的采用指南	2003年5月1日	现行
GB/Z 20156－2006	软件工程 软件生存周期过程 用于项目管理的指南	2006年7月1日	现行
GJB 437－1988	军用软件开发规范	1988年6月1日	现行
GJB438A－1997	武器系统软件开发文档	1998年5月1日	现行
GJB 1419－1992	军用计算机软件摘要	1993年3月1日	现行
HB 6464－1990	软件开发规范	1991年2月1日	作废

续表

标　准	说　明	实　施	备　注
HB 6465－1990	软件文档编制规范	1991年2月1日	作废
HB 6466－1990	软件质量保证计划编制规定	1991年2月1日	作废
HB 6467－1990	软件配置管理计划编制规定	1991年2月1日	作废
HB 6468－1990	软件需求分析阶段基本要求	1991年2月1日	作废
HB 6469－1990	软件需求规格说明编制规定	1991年2月1日	现行
HB/Z 177－1990	软件项目管理基本要求	1991年2月1日	现行
HB/Z 178－1990	软件验收基本要求	1991年2月1日	现行
HB/Z 179－1990	软件维护基本要求	1991年2月1日	现行
HB/Z 180－1990	软件质量特性与评价方法	1991年2月1日	现行
HB/Z 182－1990	状态机软件开发方法	1991年2月1日	现行
MH/T 0019－1999	中国民用航空总局管理信息系统基础信息规范	2000年3月1日	现行
SB/T 10264－1996	餐饮业计算机管理软件开发设计基本规范	1996年10月1日	现行
SB/T 10265－1996	饭店业计算机管理软件开发设计基本规范	1996年10月1日	现行
SJ 20681－1998	地空导弹指挥自动化系统软件模块通用规范	1998年5月1日	现行
SJ 20822－2002	信息技术 软件维护	2003年3月1日	现行
SJ 20823－2002	信息技术 软件生存周期过程 配置管理	2003年3月1日	现行
SJ/T 11234－2001	软件过程能力评估模型	2001年5月1日	现行
SJ/T 11235－2001	软件能力成熟度模型	2001年5月1日	现行
SJ/T 11290－2003	面向对象的软件系统建模规范 第1部分：概念与表示法	2003年10月1日	现行
SJ/T 11291－2003	面向对象的软件系统建模规范 第3部分：文档编制	2003年10月1日	现行
SJ/Z 11289－2003	面向对象领域工程指南	2003年10月1日	现行
YDN 138－2006	基于PC终端的互联网内容过滤软件技术要求	2006年8月16日	现行
YDN 139－2006	基于PC终端的互联网内容过滤软件测试方法	2006年8月16日	现行

9.2 软件国际标准

9.2.1 ISO 9000 标准

ISO 9000 标准用一种能够适于任何行业(不论其提供何种产品或服务)的通用术语描述质量管理体系的要素,这些要素包括实现质量计划、质量控制、质量保证和质量改进所需的组织结构、规程、方法和资源。但 ISO 9000 标准并不是描述一个组织应该怎样实现这些质量管理体系要素。因此,对于一个组织来说,真正的挑战在于如何设计和实现一个能够符合标准并适于本公司产品、服务和文化的质量管理体系。

ISO 9000 标准是一族标准,它主要是为促进国际贸易而发布的,是供需双方对质量的一种共识,是在贸易活动中建立相互信任关系的基础。许多国家为了保护自己的消费市场,鼓励消费者优先选购通过了 ISO 9000 认证的企业的产品。因此,ISO 9000 标准认证已经成为企业证明其产品质量和工作质量的标志。

ISO 9000 标准中与质量管理有关的标准有 ISO 9001 标准、ISO 9002 标准和 ISO 9003 标准。

1. 基本思想

ISO 9000 标准的基本思想主要体现在以下几方面。

(1)强调质量并不是在产品检验中得到的,而是在生产的全过程中形成的。ISO 9000-3 标准阐述了供应方和需求方应该怎样进行有组织的质量管理活动,才能得到较为满意的软件产品;规定了从双方签订开发合同到设计、实现和维护的整个软件生存周期中应该实施的质量管理活动。但是,并没有规定具体的质量管理和质量检验的方法和步骤。

(2)为确保产品质量,ISO 9000 标准要求“在生产的全过程中,影响产品质量的所有因素都要始终处于受控状态”。为使软件产品达到质量要求,ISO 9000-3 标准要求软件开发机构建立质量管理体系。首先要求明确供需双方的职责,针对所有可能影响软件质量的因素,都要做出如何加强管理和控制的决定。

(3)可以用 ISO 9000 标准证实“企业具有持续地提供符合要求的产品的能力”。如果产品质量能达到标准提出的要求,则可由不依赖于供需双方的第三方权威机构对生产厂家审查认证后,出具合格证。

(4)可以用 ISO 9000 标准来“持续地改进质量”。实施 ISO 9000 标准是企业加强质量管理、提高产品质量的过程。通常,认证的有效期为半年,取得认证之后每年还需要接受 1～2 次定期检查,以保证该企业的质量管理体系持续地符合 ISO 9000 标准,并促使企业不断地提高质量。

2. ISO 9000-3 标准

ISO 9000 标准原来是为制造硬件产品而制定的标准,不能直接用于软件开发。对于软件企业来说,为了在激烈的国际竞争中生存、发展,同样也需要取得 ISO 9000 标准认证,而且实施 ISO 9000 标准也有助于提高软件产品的质量。国际标准化组织曾经试图改写 ISO 9001 标准,使之适用于软件开发,但效果不佳。于是,以 ISO 9000 标准的追加形式,另行制定了ISO 9000-3标准，成为用于“使ISO 9001标准适用于软件开发、供应和维护的指南”。ISO 9000-3标准的全称是“质量管理和质量保证标准第三部分：在软件开发、供应和维护中的使用指南”。

ISO 9000-3标准是一个与软件生存周期相关的、对开发过程各阶段提供质量保证的质量管理体系，由质量管理体系框架、质量管理体系的生存周期活动、质量管理体系的支持活动等部分组成。标准中规定的各项质量活动都要求以文档作为各阶段活动的结果，文档在标准中占有十分重要的地位，可以说ISO 9000-3标准是由文档驱动的。

9.2.2　ISO/IEC 12207软件生存周期过程标准

国际标准化组织（ISO）和国际电工委员会（IEC）共同制定了一项国际标准“ISO/IEC 12207信息技术——软件生存周期过程”于1995年8月1日发布。此标准为全球软件产业界商讨、洽谈计算机软件产品研制和管理事项提供了一个基本框架，并与ISO 9000标准在软件方面的应用协调一致，因而得到各国软件产业界的高度重视。了解该标准的制定的目的和适用范围、基本内容及特点是非常必要的。

1. 标准制定的目的和适用范围

该标准为软件产业确定了一个软件生存周期过程的通用框架，说明需求方在获得一个软件的系统、一个单独的软件和一项软件服务时，以及供应方在供给、开发、操作和维护软件产品时，所涉及的各种必要的过程、各过程包含的活动和各活动包含的任务。同时，该标准还为软件组织规定了一个用于定义、控制和改进其软件生存周期过程的标准过程。

除了购买已有的软件产品以外，其他软件产品或软件服务，都适用于该标准。在供需双方约定的情况下，供应方和需求方可以运用此标准；在一个组织内部，自己下达任务、自己开发的情况也可以运用此标准。需求方招标采购软件产品或获得服务，用户使用软件产品，供应方投标、开发软件产品，操作、维护软件方面，均适用于该标准。

2. 标准的基本内容

标准的基本内容包括了软件生存周期的过程、各过程的活动和任务，以及其他的一些重要内容，如剪裁过程和剪裁指南、标准的结构说明，以及标准的特点等。

1）软件生存周期的过程

ISO/IEC12207软件过程结构提出三类过程，分别为基本过程、支持过程和组织过程，这三类过程又包含了17个具体的过程。其中，基本过程中的开发过程是活动最密集的过程，企业的主要的人力、资金和时间的相当部分都投入这一过程，因为它是直接生产软件产品的过程，产品的质量和效率与该过程的活动密切相关，当然，其他过程也是与开发过程相协调，以形成一个完整的软件过程结构。

2）各过程的活动和任务

该标准不仅定义了软件生存周期的3大类共17个过程，而且详细规定了各过程的具体活动及每项活动的具体任务。

（1）基本过程：对软件产品的生产、使用和维护至关重要的活动被归入基本过程的类别。基本过程主要关心一个独立的软件系统或产品的生存周期中技术和合同方面的内容，如软件开发过程、获取过程。

(2)支持过程:基本过程使用支持生存周期过程来帮助执行基础的软件生存周期活动,如质量保证过程。另外,一个特定的支持过程可能使用其他支持过程来执行其活动,例如,质量保证过程使用验证、确认、联合评审、审核和问题解决等过程。

(3)组织过程:组织过程由组织使用,提供成功执行软件生存周期过程,如开发、运行、维护和文档等过程所需要的底层结果,如培训过程、基础设施过程。

3)剪裁过程和剪裁指南

该标准的一项重要内容就是给出了剪裁过程,包括有4项活动:标识项目环境;征求输入,考虑受剪裁决策影响的各组织的意见;选择过程、活动和任务;将剪裁决策及其原则写成文档。此外,作为参考,该标准提供了一个简要的剪裁指南,指出在两个层次上应用此剪裁指南的不同考虑:第一层考虑不同业务领域的不同要求,第二层考虑具体项目或合同的要求。

4)标准的结构说明

一是软件生存周期过程的组织结构。如前文所述,该标准将软件生存周期分为3大类共17个过程,基本的生存周期过程和支持性的生存周期过程都是以组织的生存周期过程为基础的,要改进前两类过程必须首先要加强和改进基础过程。对于一个项目或一项合同,主要考虑基本过程和支持过程。

二是软件生存周期过程之间的关系。作为参考资料,该标准说明了不同的组织或部门从5种不同观点来考虑或使用该标准时各过程之间的关系。需求方和供应方按照合同,分别采用获取过程和供应过程,双方协商建立合同关系;管理者按照管理观点,对各有关过程使用管理过程,并从各有关使用中吸取经验教训;操作者和用户按操作观点,采用操作过程。操作者向用户提供服务;开发人员和维护人员按工程观点,分别采用开发过程和维护过程来生产和修改软件产品;而支持过程的有关部门(如配置管理、质量保证等部门)则按支持观点,采用支持过程,向各有关过程提供支持服务;一个组织从全组织考虑,采用组织过程,为建立、不断改进上述各过程打下基础。上述各过程之间也有相互使用或支持的关系。

3. 标准的特点

(1)只规定做什么,不规定如何做。正如该标准在正文中所述,它只描述软件生存周期过程的体系结构,而不规定如何实施过程中的活动和任务。例如,它规定一个项目应选定软件开发方法,确定具体的软件生存周期模型,但选用什么方法、确定采用哪种生存周期模型及如何选用等都由本标准的使用者决定。

(2)与ISO 9000标准协调一致。该标准在软件质量管理方面明确规定,质量保证体系活动按照合同中规定ISO 9001标准的条款执行。同时,如果将该标准的条款与ISO 9000-3标准的规定做一比较,那么就可看出前者与后者非常协调,而且对软件生存周期过程阐述得更系统、详细。

(3)明确规定了组织的软件生存周期过程。在该标准的第三大类过程(组织的软件生存周期过程)中明确规定,一个组织应从各软件项目中总结经验,建立组织的软件生存周期过程,作为该组织承担具体软件项目时,建立具体软件生存周期过程的一个基础,并不断加以改进和提高,这一点比ISO 9000标准的规定更明确。同时也表明该标准吸取了软件工程学最新发展的成果,即一个软件组织不断改进其软件生存周期过程,它是提高其软件工程过程能力的系统方法。因此，贯彻该标准可使企业在软件产业市场上的竞争力得到不断提高。

9.2.3　ISO/IEC TR15504 软件过程评估标准

前面介绍的 ISO/IEC 12207 是从过程实施的角度对软件生存周期过程进行规范的标准，而下面介绍的 ISO/IEC TR15504 则是从过程评估的角度对软件生存周期过程进行规范的标准。

1. ISO/IEC TR15504 标准的部分组成

(1)TR15504-1，软件过程评估第 1 部分(概念和介绍指南)；

(2)TR15504-2，软件过程评估第 2 部分(过程和过程能力的参考模型)；

(3)TR15504-3，软件过程评估第 3 部分(执行评估)；

(4)TR15504-4，软件过程评估第 4 部分(执行评估指南)；

(5)TR15504-5，软件过程评估第 5 部分(评估模型和指标指南)；

(6)TR15504-6，软件过程评估第 6 部分(评估员资格指南)；

(7)TR15504-7，软件过程评估第 7 部分(用于过程评估的指南)；

(8)TR15504-8，软件过程评估第 8 部分(用于确定供方能力的指南)；

(9)TR15504-9，软件过程评估第 9 部分(词汇)。

ISO/IEC TR15504 过程评估标准，鼓励软件组织使用一致、可靠、可证明的方法评估其过程状态，并用评估结果来持续地改进软件过程，以提高产品质量。

ISO/IEC TR15504 为软件过程评估提供了一个框架，并为实施评估以确保各种级别的一致性和可重复性提出了一个最小需求。该需求有助于保持评估结果前后一致，并提供证据证明其级别、验证与需求相符。

2. 过程评估适用的场合

(1)基于组织的利益，用于了解自身过程的状况，以改进自身过程；

(2)基于组织的利益，用于确定合适的自身过程，以满足某一个或某一类需求；

(3)基于组织的利益，为其他组织确定适当的过程，以满足某一类合同。

过程评估活动可以在过程改进活动中执行，也可以作为能力确定过程的一部分执行。评估过程首先用一个与 ISO/IEC TR15504-2 中描述的参考模型相容的模型，定义该组织的软件过程评估规则。使用该规则对过程进行评估，其目的是标识出过程的优点和缺点，分析与过程相关的风险。评估的结果是一组描述，而不仅仅是通过与否的简单结论，评估结果可用于不同的过程改进。

评估的实施依赖一个范围定义，该定义应使用与在 ISO/IEC TR15504-2 中定义的参考模型相容的模型。ISO/IEC TR15504-5 中包含了一个相容模型的样本。ISO/IEC TR15504-2 参考模型中定义了一个过程集，该过程集由过程目的和过程属性组成。过程目的描述其特征，过程属性为 6 个过程能力水平。评估的输出由对每个过程进行评估的过程属性等级组成，还可以包括相应过程所取得的能力等级。评估应由一个具备必要能力的评估员进行监督，ISO/IEC TR15504-6 指出了评估员应该具有的资格。ISO/IEC TR15504-4 为实施一个评估的最小需求提供了指南。

ISO/IEC TR15504 标准具有两维结构：一是过程维，二是能力维。过程维是评估的基础，它的定义融合了一些 ISO/IEC 12207 软件生存周期过程的定义。

3. 在 ISO/IEC TR15504-2 中描述的各个软件过程

(1)用户-供应方(Customer-Supplier)过程，包括获取、供应、需求导出和操作等 4 个过程；

(2)工程(Engineering)过程，包括系统开发与软件维护等两个过程；

(3)支持(Support)过程，包括文档、配置管理、质量保证、验证、确认、联合复审、审计和问题解决等 8 个过程；

(4)管理(Management)过程，包括管理、项目管理、质量管理和风险管理等 4 个过程；

(5)组织(Organization)过程，包括组织调整、改进、人力资源管理、基础设施、测量和重用等 6 个过程。

4. ISO/IEC TR15504-2 的能力等级

在 ISO/IEC TR15504-2 中所定义的能力等级，是一组过程和管理的属性，它们作为一个整体为软件供应方提供了改进过程实施能力的建议。在参考模型中定义了 6 个能力级别，其特点如下。

(1)第 0 级——不完全级：过程不完整，而且一片混乱。

(2)第 1 级——可实施级：过程是依据直觉来实施的，有一定的工作产品。

(3)第 2 级——有管理级：责任明确，过程和过程的中间产品可管理。

(4)第 3 级——可创建级：可以为不同目的定制预定义的过程，过程资源可管理。

(5)第 4 级——可预测级：各种度量使得过程的实施及实施结果可控制。

(6)第 5 级——优化级：用于过程改进的定量度量。

本标准中融进了与下面介绍的能力成熟度模型(CMM)类似的能力等级。用户可以通过不断提高能力等级的方法，来提高自己的软件过程能力。

9.2.4 IEEE 1058.1 软件项目管理计划标准

在 IEEE 1058.1 中给出了软件项目管理计划的框架。按照 IEEE 标准制订软件项目管理计划，有以下几个优点。

(1)这是由许多主要的软件开发组织的代表共同拟定的一个标准，是对他们丰富的实践经验的总结。

(2)IEEE 软件项目管理计划实质上是一个结构，适用于各种类型的软件产品。

(3)所有软件人员都将逐渐熟悉 IEEE 软件项目管理计划的格式，采用此格式能使企业节省新雇员的培训费用。

1. 软件项目管理计划的组成

一个软件项目管理计划主要由 3 部分组成：要做的工作，要用的资源，要花的经费。软件开发需要各种资源，主要资源有开发软件的人员、运行软件所需要的硬件和支持软件。

管理工作分成两类：一类工作贯穿于项目全过程，不与软件开发的特定阶段相关联，这类工作称为项目职责，如项目管理和质量控制；另一类工作与产品开发的特定阶段相联系，这类工作称为活动或任务。一个活动是一个大的工作单元，有其开始时间和结束时间；它消耗资源，如消耗计算机时间和人力；它产生工作产品，如预算、进度表、设计文档、源代码或用户手册。一项活动又包含一系列任务，一个任务是应该管理的最小工单元。因此，在项目管理中有三种工作，分别是项目职责、活动（大工作单元）和任务（小工作单元）。项目管理将贯穿于整个项目开发的始终。

计划中的关键内容涉及工作产品的完成情况。工作产品预定完成的日期称为“里程碑”。为了确定一件工作产品是否真正到达了一个“里程碑”，必须通过了一系列由开发成员、管理部门和用户代表进行的审查。一个典型的“里程碑”是完成概要设计并且通过了审查的日期。一旦一个工作产品经过审查并被一致通过，它就成为一个基线。

事实上，工作产品中包含的内容远远超过了产品本身。一个工作包（Work Package）不仅定义了工作产品，而且定义了人员需求、开发期限、资源、负责人姓名和验收该工作产品的标准。

资金当然是软件项目计划的一个关键组成部分，必须拟定出详细的资金预算和资金分配方案。资金分配应该针对每个项目职责和活动，它是时间的函数。

2. IEEE 软件项目管理计划

1）引言

引言由 5 个小部分组成，它描述了要开发的项目和产品的概况。

（1）项目概览。

简要地描述项目目标、要交付的产品、有关活动及其工作产品。此外，还要列出里程碑、所需的资源、主要的进度及主要预算。

（2）项目交付。

列出所有要交付给用户的软件配置项和交付的日期。

（3）软件项目管理计划的演变。

没有什么计划能一成不变地执行。软件项目管理计划与其他计划一样，必须随着经验的积累及用户与开发方的变化而变化。在这部分描述改变计划的正式规程和机制。

（4）参考资料。

列出软件项目管理计划引用的所有参考文档。

（5）术语定义和缩写词。

这些信息确保每个人都能以同样方式理解软件项目管理计划。

2）项目组织

这部分中的 4 个小部分从软件过程的角度和开发人员的组织结构的角度，说明了产品是怎样开发的。

（1）过程模型。

根据活动（如产品设计或产品测试）和项目职责（如项目管理或配置管理）来确定过程模型。过程模型的关键内容有里程碑、基线、评审、工作产品及可交付性。

（2）组织结构。

描述开发组织的管理结构。在组织中划定权限和明确责任是很重要的。

（3）组织的边界和界面。

没有一个项目是在真空中完成的，项目组成员必须与用户和本组织内的其他成员打交道。此外，在大型项目中还可能牵涉到转包商。必须制订出项目本身与其他实体之间在行政上和管理上的界线。许多软件组织内部包含两种类型的组织:完成特定开发项目的开发组和起支持作用的支持组(如配置管理组和SQA组)。如果本项目有支持组介入,则必须清楚地定义项目组和支持组之间的行政、管理界线。

(4)项目责任。

针对每个项目职责(如SQA)和每项活动(如产品测试),必须明确地指定个人的责任。

3)管理过程

这部分的5个小部分描述了怎样对软件项目进行管理。

(1)管理的目标和优先级。

描述管理的原理、目标和优先级。本部分的内容可能包括提交报告的频率和机制、不同需求的相对优先级关系、项目的进度和资金预算,以及风险管理过程。

(2)假设、依赖性和约束。

列出在规格说明文档及其他文档中包含的所有假设、依赖性和约束。

(3)风险管理。

在本小节中列出项目中存在的多种风险因素和跟踪风险的机制。

(4)监督和控制机制。

详细地描述项目报告机制,包括复查和审计机制。

(5)人员计划。

项目中的有关人员是重要的资源。在本小节中列出所需人员的类型和数量,并且指明需要他们参与工作的时间。

4)技术过程

本部分包括3个部分,指明该项目的技术方面。

(1)方法、工具和技术。

详细地描述有关软件和硬件的技术方面应该覆盖的内容,包括开发产品所用的计算机系统(硬件、操作系统和软件)和产品运行的目标系统。其他需要描述的内容有所用的开发技术、测试技术、开发小组的结构、编程语言和CASE工具。此外,也应包括技术标准,如文档标准和编码标准,以及可能参考的其他文档,还有开发和修改工作产品的过程。

(2)软件文档。

描述文档需求,即文档编写标准、里程碑、基线和对软件文档的复查。

(3)项目支持功能。

给出关于支持功能(如配置管理和质量保证)的详细计划,包括测试计划。

5)工作包、进度和预算

(1)工作包。

详细说明工作包,并把与之相关的工作产品分解为活动和任务。

(2)依赖性。

模块编码是在设计之后集成测试之前进行的。一般来说,工作包之间有相互依赖性,并且依赖于外部事件。本小节着重说明依赖关系。

(3)资源需求。

完成项目需要各种各样的资源，一般来说，应该把资源需求表示为时间的函数。

(4)预算和资源分配。

描述分配给各个项目职责、活动和任务的资源和预算。

(5)进度表。

对项目的各个部分制订一个详细的进度表，然后确定主计划，以便按时完成项目。

6)附加部分

对于特定的项目，可能需要在项目计划中再增加一些内容。根据IEEE结构框架，把这些附加的内容列在一个计划的最后。附加的部分可能包括转包商管理计划、安全计划、测试计划、培训计划、硬件采购计划、安装计划和产品维护计划等。

9.2.5 能力成熟度模型

能力成熟度模型(Capability Maturity Model，CMM)并不是一个软件生存周期模型，而是改进软件过程的一种策略，它与实际使用的过程模型无关。1986年，美国卡内基梅隆大学软件工程研究所首次提出了能力成熟度模型，不过在当时它被称为过程成熟度模型。多年来，软件开发项目不能按期完成，软件产品的质量不能令用户满意，再加上软件开发成本超出预算，这些是许多软件开发组织都遇到过的难题。近20年中，不少人试图通过采用新的软件开发技术来解决在软件生产率和软件质量等方面存在的问题，但效果并不令人十分满意。上述事实促使人们进一步考察软件过程，从而发现关键问题在于对软件过程的管理不尽如人意。事实表明，在无规则和混乱的管理之下，先进的技术和工具并不能发挥应有的作用。人们认识到，改进对软件过程的管理是解决上述难题的突破口，再也不能忽视软件过程中管理的关键作用了。

能力成熟度模型的基本思想是，因为问题是由管理软件过程的方法不当而引起的，所以新软件技术的运用并不会自动提高生产率和软件质量。能力成熟度模型有助于软件开发组织建立一个有规律的、成熟的软件过程。改进后的过程将开发出质量更好的软件，使更多的软件项目免受时间和费用超支之苦。

软件过程包括各种活动、技术和工具，因此，它实际上既包括了软件生产的技术方面，又包括了管理方面。CMM策略力图改进软件过程的管理，而在技术方面的改进是其必然的结果。

必须记住，对软件过程的改进不可能在一夜之间完成，CMM是以增量方式逐步引入变化的。CMM明确地定义了5个不同的成熟度等级，一个软件开发组织可用一系列小的改良性步骤向更高的成熟度等级迈进。

1.能力成熟度模型的结构

能力成熟度模型包括以下组成成分。

1)成熟度等级

一个成熟度等级(Maturity Levels)是在朝着实现成熟软件过程进化途中的一个妥善定义的平台，5个成熟度等级构成了CMM的顶层结构。

2)过程能力

软件过程能力(Process Capability),描述通过遵循软件过程能实现预期结果的程度。一个组织的软件过程能力提供一种“预测该组织承担下一个软件项目时,预期最可能得到的结果”的方法。

3)关键过程域

每个成熟度等级由若干关键过程域(Key Process Areas,KPA)组成。每个关键过程域都标识出一串相关的活动,当完成这些活动时,所达到的一组目标对建立该过程成熟度等级是至关重要的。关键过程域分别定义在各个成熟度等级之中,并与之关联在一起,例如,等级2的一个关键过程域是软件项目计划。

4)目标

目标(Goals)概括了关键过程域中的关键实践,并可用于确定一个组织或项目是否已有效地实施了该关键过程域。目标表示每个关键过程域的范围、边界和意图,例如,关键过程域“软件项目计划”的一个目标是“软件估算已经文档化,供计划和跟踪软件项目使用”。

5)公共特性

CMM把关键实践分别归入下列五个公共特性(Common Features)之中,即执行约定、执行能力、实施活动、度量和验证。公共特性是一种属性,它能指示一个关键过程域的实施和规范化是否是有效的、可重复的和持久的。

6)关键实践

每个关键过程域都用若干关键实践(Key Practices)来描述,实施关键实践有助于实现相应的关键过程域的目标。关键实践描述是对关键过程域的有效实施和规范化贡献最大的基础设施和活动的描述。例如,在关键过程域“软件项目计划”,一个关键实践是“按照已文档化的规程制订项目的软件开发计划”。

图9-2描绘了CMM的结构。

2. 能力成熟度等级

对软件过程的改进是在完成一个一个小的改进步骤的基础之上不断进行的渐进过程,而不是一蹴而就的彻底革命。在CMM中把软件过程从无序到有序的进化过程分成5个阶段,并把这些阶段排序形成5个逐层提高的等级。这5个成熟度等级定义了一个有序的尺度,用于测量软件组织的软件过程成熟度和评价其软件过程能力,这些等级还帮助软件组织把应做的改进工作排出优先次序。成熟度等级是妥善定义的向成熟软件组织前进途中的平台,每一个成熟度等级都为过程的继续改进提供一个台阶。CMM通过定义能力成熟度的5个等级,引导软件开发组织不断识别出其软件过程的缺陷,并指出应该做哪些改进,但是它并不提供做这些改进的具体措施。

能力成熟度的5个等级从低到高依次是:初始级、可重复级、已定义级、已管理级和优化级。下面介绍能力成熟度的这5个等级。

1)初始级

在这一级,软件过程的特征是无序的,有时甚至是混乱的。几乎没有什么过程是经过定义的,项目能否成功完全取决于个人能力。

处于这个最低成熟度等级的组织,基本上没有健全的软件工程管理制度。每件事情都

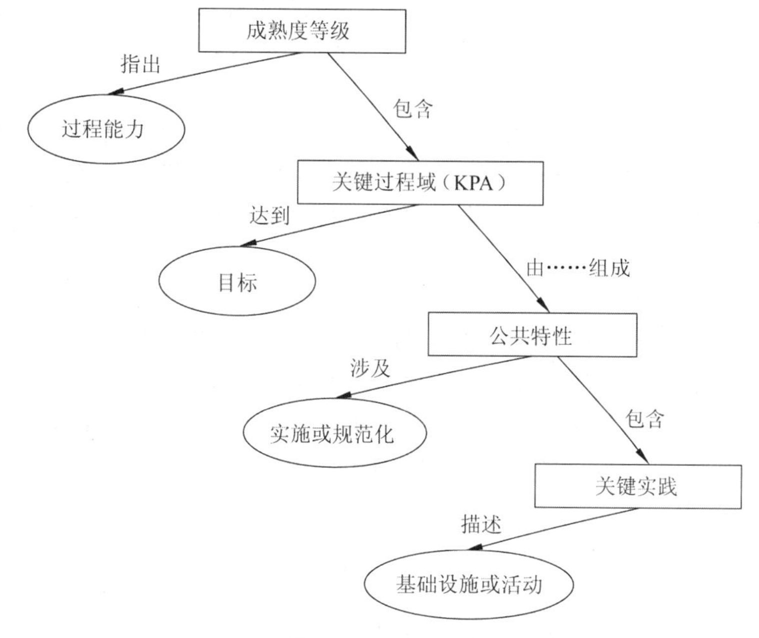

图 9-2　CMM 结构

以特殊的方法来做。如果一个项目碰巧由一个有能力的管理员和一个优秀的软件开发组承担，则这个项目可能是成功的。但是，通常的情况是，由于缺乏健全的总体管理和详细计划，延期交付和费用超支的情况经常发生。结果，大多数行动只是应付危机，而不是执行事先计划好的任务。处于初始级的组织，由于软件过程完全取决于当前的人员配备，所以具有不可预测性，人员变了，过程也随之改变。因此，不可能准确地预测产品的开发时间和成本。目前，世界上大多数软件开发公司都处于初始级。

2)可重复级

在这一级，建立了基本的项目管理过程，以追踪成本、进度和功能性。已经建立起来了必要的过程规范，使得可以重复以前类似项目所取得的成功。

在这一级，有些基本的软件项目管理行为、设计和管理技术是基于相似产品开发的经验确定的，因此称为可重复级。在这一级采取了一些措施，以实现一个完备过程必不可少的第一步。典型的措施包括仔细地跟踪费用和进度。不像初始级那样处于危机状态才采取行动，管理人员在问题出现时可及时发现并立即采取补救行动，以防止问题变成危机。关键是如果没有采取这些措施，要在问题变得无法收拾前发现它们是不可能的。在一个项目中采取的措施，也可用于为未来的项目制订实现期限和费用的计划。

3)已定义级

在这一级，用于管理和工程活动的软件过程已经文档化和标准化，并且已经集成到整个组织的软件过程中。所有项目都使用文档化的、组织批准的过程来开发和维护软件。这一级包含了可重复级的所有特征。

在这一级中，已经有了为软件过程编写完整的文档，对软件过程的管理方面和技术方面都做了明确定义，并按需要不断地改进软件过程，已经采用评审的办法来保证软件的质量。

在这一级，可采用诸如 CASE 环境之类的软件工具或开发环境来进一步提高软件质量和生产率。而在初始级中，采用“高技术”只会使这一危机驱动的软件过程更加混乱。

4)已管理级

在这一级，已收集了软件过程和产品质量的详细度量数据，使用这些详细的度量数据，能够定量地理解和控制软件过程和产品。这一级包含了已定义级的所有特征。

处于已管理级的公司为每个项目设定并不断地测量质量和生产目标，当偏离目标太多时，就应采取行动来修正。

5)优化级

在这一级，通过定量的反馈能够实现持续的过程改进，这些反馈是从过程及对新想法和技术的测试中获得的。这一级包含了已管理级的所有特征。

处于优化级的组织的目标是持续地改进软件过程。这样的组织使用统计质量和过程控制技术，从各个方面获得的知识将运用在未来的项目中，从而使软件过程进入良性循环，使生产率和质量稳步提高。

经验表明，提高一个完整的成熟度等级通常需要花费 18 个月到 3 年的时间，但是从初始级上升到可重复级有时要花费 3 年甚至 5 年的时间。这表明要向一个迄今仍处于特殊的和被动的行动方式的企业灌输系统的方式将多么困难。

尽管有些组织已经达到了可重复级和已定义级成熟度，但是，迄今为止还没有一个组织达到已管理级和优化级(个别项目或小组达到了这两级)。因此，这两个最高级还是未来的目标。

3. 关键过程域

能力成熟度模型并不详细描述所有与软件开发和维护有关的过程，但是，有一些过程是决定过程能力的关键因素，这就是 CMM 所指的关键过程域。关键过程域是达到一个成熟度等级的必要条件。

除初始级之外，每个成熟度等级都包含几个关键过程域，指明了为改进其软件过程，软件开发组织应该重视的区域，同时也指明了为达到某个成熟度等级所必须解决的问题。

下面给出在每个成熟度等级应该实现的关键过程域。注意，下面列出的关键过程域是累加的，例如，已定义级中包含了可重复级的所有关键过程域再加上已定义级特有的关键过程域。

可重复级包含了软件配置管理、软件质量保证、软件子合同管理、软件项目跟踪和监督、软件项目计划及需求管理；已定义级包含了同事复审、组间协作、软件产品工程、集成的软件管理、培训计划、组织过程定义及组织过程焦点；已管理级包含了软件质量管理及定量的过程管理；优化级包含了过程变化管理、技术变化管理及错误预防。

4. 应用 CMM

美国国防部(DoD)投资研究 CMM 的最初目标之一是评价投标为 DoD 生产软件的承包商的软件过程，将合同给那些过程较成熟的承包商，以此来提高国防软件的质量。现在，CMM 的应用已经远远超出了改进 DoD 软件过程这个目标，正在被众多希望提高软件质量和生产率的软件开发组织所应用。

CMM 的用途主要有两个：软件开发组织用它来改进开发和维护软件的过程；政府或商

业企业用它来评价与一个特定的软件公司签订软件项目合同的风险。

为了帮助各个软件组织达到更高成熟度等级，美国卡内基梅隆大学软件工程研究所已经设计了一系列成熟度提问单，作为成熟度等级评估的基础。评估的目标是，明确一个组织当前使用的软件过程的缺点，并指出该组织改进其软件过程的方法。

9.3　软件文档

9.3.1　软件文档的作用与分类

1. 文档的定义

文档(Document)是指某种数据载体和其中所记录的数据。它具有永久性，并可以由人或计算机阅读，通常仅用于描述人工可读的内容。在软件工程中，文档常常用于表示对活动、需求、过程或结果进行描述、定义、规定、报告或认证的任何书面或图示的信息。它们描述和规定了软件设计和实现的细节，说明使用软件的操作命令。文档也是软件产品的一部分，没有文档的软件就不成其为软件。软件文档的编写在软件开发工作中占有突出的地位和相当大的工作量。高质量、高效率地开发、分发、管理和维护文档对转让、变更、修正、扩充和使用文档，对充分发挥软件产品的效益有着重要的意义。

然而在实际工作中，文档在编写和使用中存在着许多问题有待解决。软件开发人员中较普遍地存在着对编写文档不感兴趣的现象。从用户方面来看，他们又常常抱怨：文档售价太高，文档不够完整，文档编写得不好，文档已经陈旧或是文档太多，难以使用等。究竟应当怎样要求它，编写文档应当写哪些内容，说明什么，起什么作用？这里将给予简要的介绍。

2. 软件文档的作用

在软件的生产过程中，总是伴随着大量的信息要记录和使用。因此，软件文档在产品的开发生产过程中起着重要的作用。

(1)提高软件开发过程的能见度。把开发过程中发生的事件以某种可阅读的形式记录在文档中，管理人员可把这些文档作为检查软件开发进度和开发质量的依据，实现对软件开发的工程管理。

(2)提高开发效率。软件文档的编写，使得开发人员对各个阶段的工作都进行周密思考、全盘权衡，从而减少返工，并且可在开发早期发现错误和不一致性，便于及时加以纠正。

(3)作为开发人员在一定阶段的工作成果和结束标志。

(4)记录开发过程中的有关信息，便于协调以后的软件开发、使用和维护。

(5)提供对软件的运行、维护和对软件人员进行培训的有关信息，便于管理人员、开发人员、操作人员、用户之间的协作、交流和了解，使软件开发活动更科学、更有成效。

(6)便于潜在用户了解软件的功能、性能等各项指标，为他们选购符合自己需要的软件提供依据。

由文档在各类人员、计算机之间的多种桥梁作用中看出，既然软件已经从手工艺的开发方式发展到工业化的生产方式，文档在开发过程中就起到关键作用。从某种意义上来说，文档是软件开发规范的体现和指南。按规范要求生成一整套文档的过程，就是按照软件开发规范完成一个软件开发的过程。所以,在使用工程化的原理和方法来指导软件的开发和维护时,应当充分注意软件文档的编写和管理。

3. 文档的分类

从形式上来看,软件文档大致可分为两类:一类是开发过程中填写的各种图表,可称为工作表格;另一类是应编写的技术资料或技术管理资料,可称为文档或文件。软件文档的编写,可以用自然语言、特别设计的形式语言、介于两者之间的半形式语言(结构化语言)、各类图形、表格。文档可以书写,也可以在计算机支持系统中产生,但它必须是可阅读的。

按照文档产生和使用的范围,软件文档大致可分为 3 类。

(1)开发文档。它是在软件开发过程中,作为软件开发人员前一阶段工作成果的体现和后一阶段工作依据的文档,包括软件需求说明书、数据要求说明书、概要设计说明书、详细设计说明书、可行性研究报告、项目开发计划。

(2)管理文档。它是在软件开发过程中,由软件开发人员制定并提交的一些工作计划或工作报告,管理人员能够通过这些文档了解软件开发项目安排、进度、资源使用和成果等,包括项目开发计划、测试计划、测试报告、开发进度月报及项目开发总结。

(3)用户文档。它是软件开发人员为用户准备的有关该软件使用、操作、维护的资料,包括用户手册、操作手册、维护修改建议、软件需求说明书。

4. 软件文档的工作

基于软件生存周期方法,把软件产品从形成概念开始,经过开发、使用和不断增补修订,直到最后被淘汰的整个过程应提交的文档归于以下 13 种。

(1)可行性研究报告。说明该软件项目的实现在技术上、经济上和社会因素上的可行性,评述为合理地达到开发目标可供选择的各种可能的实现方案,说明并论证所选定实施方案的理由。

(2)项目开发计划。它是为软件项目实施方案制订出的具体计划,应包括各部分工作的负责人员、开发的进度、开发经费的概算、所需的硬件和软件资源等。项目开发计划应提供给管理部门,并作为开发阶段评审的基础。

(3)软件需求说明书,也称软件规格说明书。其中对所开发软件的功能、性能、用户界面和运行环境等作出详细的说明。它是用户与开发人员双方对软件需求取得共同理解基础上达成的协议,也是实施开发工作的基础。

(4)数据要求说明书。该说明书应当给出数据逻辑描述和数据采集的各项要求,为生成和维护系统的数据文件做好准备。

(5)概要设计说明书。该说明书是概要设计工作阶段的成果。它应当说明系统的功能分配、模块划分、程序的总体结构、输入输出及接口设计、运行设计、数据结构设计和出错处理设计等,为详细设计奠定基础。

(6)详细设计说明书。着重描述每一个模块是如何实现的,包括实现算法、逻辑流程等。

(7)用户手册。详细描述软件的功能、性能和用户界面,使用户了解如何使用该软件。

(8)操作手册。为操作人员提供该软件各种运行情况的有关知识,特别是操作方法细节。

(9)测试计划。针对组装测试和确认测试,需要为组织测试制订计划。计划应包括测试的内容、进度、条件、人员、测试用例的选取原则、测试结果允许的偏差范围等。

(10)测试分析报告。测试工作完成以后，应当提交测试计划执行情况的说明。对测试结果加以分析，并提出测试的结论性意见。

(11)开发进度月报。该月报是软件人员按月向管理部门提交的项目进展情况的报告。报告应包括进度计划与实际执行情况的比较、阶段成果、遇到的问题和解决的办法以及下个月的打算等。

(12)项目开发总结报告。软件项目开发完成之后，应当与项目实施计划对照，总结实际执行的情况，如进度、成果、资源利用、成本和投入的人力。此外，还需对开发工作作出评价，总结经验和教训。

(13)维护修改建议。软件产品投入运行之后，可能有修正、更改等问题，应当对存在的问题、修改的考虑以及修改的影响估计等做详细的描述，写成维护修改建议，提交审批。

上述所有13个文档，最终要向软件管理部门，或向用户回答下列问题：要满足哪些需求，即回答“做什么(What)?”；所开发的软件在什么环境中实现，所需信息从哪里来，即回答“从何处(Where)?”；开发工作的时间如何安排，即回答“何时做(When)?”；开发(或维护)工作打算“由谁来做(Who)?”；需求应如何实现，即回答“怎样干(How)?”；为什么要进行这些软件开发或维护修改工作(Why)。具体在哪个文档要回答哪些问题，以及哪些人与哪些文档的编制有关。

9.3.2 文档的管理与维护

在整个软件生存周期中，各种文档作为半成品或是最终成品，会不断地生成、修改或补充。为了最终得到高质量的产品，达到提出质量的要求，必须加强对文档的管理。以下几个方面是应注意做到的。

(1)软件开发小组应设一位文档保管人员，负责集中保管本项目已有文档的两套主文本。两套主文本内容完全一致，其中的一套可按一定手续办理借阅。

(2)软件开发小组的成员可根据工作需要在自己手中保存一些个人文档。这些一般都应是主文本的复印件，并注意和主文本保持一致，在做必要的修改时，也应先修改主文本。

(3)开发人员个人只保存主文本中与其工作相关的部分文档。

(4)在新文档取代了旧文档时，管理人员应及时注销旧文档。在文档内容有变动时，管理人员应随时修订主文本，使其及时反映更新了的内容。

(5)项目开发结束时，文档管理人员应收回开发人员的个人文档。发现个人文档与主文本有差别时，应立即着手解决，这常常是由于未及时修订主文本造成的。

(6)在软件开发过程中，可能发现需要修改已完成的文档，特别是规模较大的项目，主文本的修改必须特别谨慎。修改以前要充分估计修改可能带来的影响，并且要按照提议、评议、审核、批准和实施等步骤加以严格的控制。

9.4 软件工程新趋势

Internet无疑是20世纪末伟大的技术进展之一，为我们提供了一种全球范围的信息基础设施。这个不断延伸的网络基础设施，形成了一个资源丰富的计算平台，构成了人类社会的信息化、数字化基础，成为我们学习、生活和工作的必备环境。如何在未来 Internet 平台上进一步进行资源整合，形成巨型、高效、可信和统一的虚拟环境，使所有资源能够高效、可信地为所有用户服务，成为软件技术的研究热点。

9.4.1 软件构件

从当前世界软件发展来看，提高软件生产率的手段主要有 3 个：程序自动化生成、CASE 工具环境和软件复用。经过几十年的发展来看，软件复用已经被证明是解决软件危机、提高软件生产率和软件质量与规范、推进软件工程化开发和工业化生产的最为现实可行的途径。

软件复用一直是软件工程研究和实践的重要方向之一。由于软件具有知识密集、生产特殊等性质，工业化生产较困难。20 世纪 90 年代以来，随着面向对象方法的普及及软件体系结构、领域工程等研究的深入，构件-构架开发方法已成为新一代软件开发方法的前沿发展方向，并正在走向成熟。基于构件-构架技术，可以在更高抽象层次上实现大粒度的软件复用，奠定了现实可行的软件工业化生产技术基础。由此可见，基于构件-构架复用的软件开发技术是实现软件产业工业化生产的核心技术，也是形成软件产业规模化生产的技术基础。

另一方面，随着网络规模、技术与应用的快速发展，软件技术与系统也日益体现出网络化、分布性等特性，如图 9-3 所示。在各类分布对象技术（如 CORBA、EJB、COM＋等）的发展基础上和在高速网络环境下，应用服务技术为新一代的软件系统发展奠定了基础，通过直接提供应用服务，使得软件产品供应商能够适应人们对技术服务的需求，这些服务构件在有效管理、广泛复用的基础上，可以产生更好的效能。

软件复用是软件产业工业化生产的基础，软件构件作为软件系统中的可复用、有机构成成分，已成为软件产业的核心资源，也是信息产业的关键资产。有效管理、应用相关构件、形成大规模的复用，将会提升软件产业的整体实力。构件库系统作为软件复用的基础设施，提供软件资源管理、应用和共享的机制。

20 世纪 90 年代以来，构件化开发成为软件工程中的重要开发方法，其主要研究与应用现状如下。

(1)在领域工程方面，代表性的方法有卡内基梅隆大学软件工程研究所提出的 FODA 方法、Will Tracz 提出的 DSSA 方法、贝尔实验室提出的 FAST 方法、Mark Simos 提出的 ODM 方法。但目前没有广泛适用的领域建模标准与相关工具支持。

(2)在软件体系结构方面，Kruchten 提出的“4＋1”模型是软件体系结构描述的一个经典范例。Booch 则从 UML 角度给出了一种由设计视图、过程视图、实现视图和部署视图，再加上一个用例视图构成的体系结构描述模型。2007 年通过的国际标准 ISO/IEC 42010 综合了体系结构描述研究成果，并参考业界的体系结构描述的实践，规定了软件架构的描述方法与模型。

(3)在建模技术方面，由 OMG 负责组织修订和发行的 UML 是在多种面向对象建模方法的基础上发展起来的建模语言，已成为实际上的建模语言技术工业标准，可以描述现今软

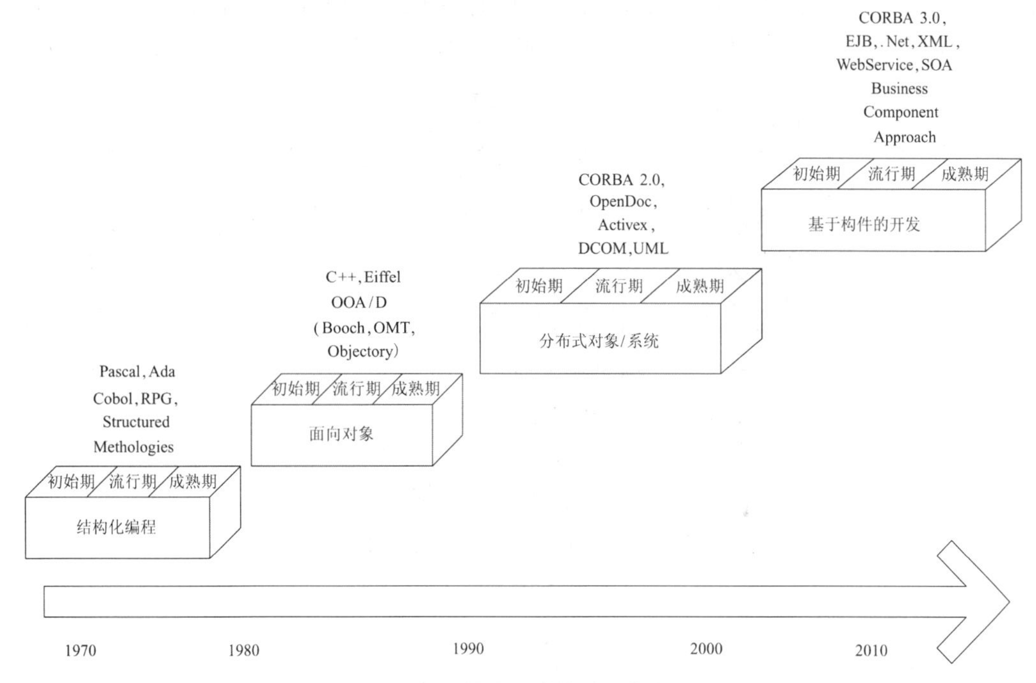

图 9-3　软件开发模式的转变

件系统中存在的许多技术，如模型驱动架构（MDA）和面向服务的架构（SOA）。目前已有众多的 UML 建模支持工具。

（4）在构件组装技术方面，有基于架构的构件组装方法，以北京大学梅宏提出 ABC 组装为代表，并已有了相应的支持工具；有基于框架的构件组装和基于工作流的组装。构件的组装方式目前主要有对象连接式、接口连接式、插头插座式及面向连接基于消息的方式。

近年来，在国家科技攻关计划、863 计划等的支持下，我国在软件构件化开发方面取得了一批重要成果，形成了若干个关键技术产品，并进行了示范推广，具体如下。

国家科技攻关计划支持的青鸟工程研制，完成了基于构件-构架的应用系统集成组装环境（青鸟软件生产线系统），由系列化标准规范和工具组成，对基于构件的软件开发方法进行了较全面的研究和支持，其中有面向企业和行业的构件库管理系统 JBCLMS、面向对象开发工具集 JBOO、基于构件的配置管理系统 JBCM、变化管理系统 JBCCM、过程管理系统 JBPM 和软件度量工具、面向对象逆向工具、构件制作与组装工具等。上述系统已在西安飞机研究所、上海证券交易所、海军大连研究所等单位得到应用。

基于复用的软件开发已成为国际软件开发技术的发展潮流。随着软件复用技术的成熟和推广，公共软件资源库逐渐受到政府、公共事业组织的重视，国际上出现了许多公共软件资源库系统，如 OnePlus、PALAda、REBOOT、AIRS、Universal、SALMS、LID 等。对于公共软件资源库的产业整体基础设施地位，美国政府也有明确的定位，在 1999 年 2 月美国总统信息顾问委员会的报告中，明确提出了研究和建立国家级软件资源库的任务。随着网络技术的不断发展，出现了许多基于 Internet 环境的资源库系统，如 ComponentSource、Download. com、Active-X. com、Netlib，以及国内由 863 计划支持并发展的中关村软件园构件库和上海软件构件库等。由国家863计划和上海市攻关计划支持的上海构件库(见图9-4)对构件库、构件化开发方法、构件库运行服务、构件组装技术等进行了研究与实践。

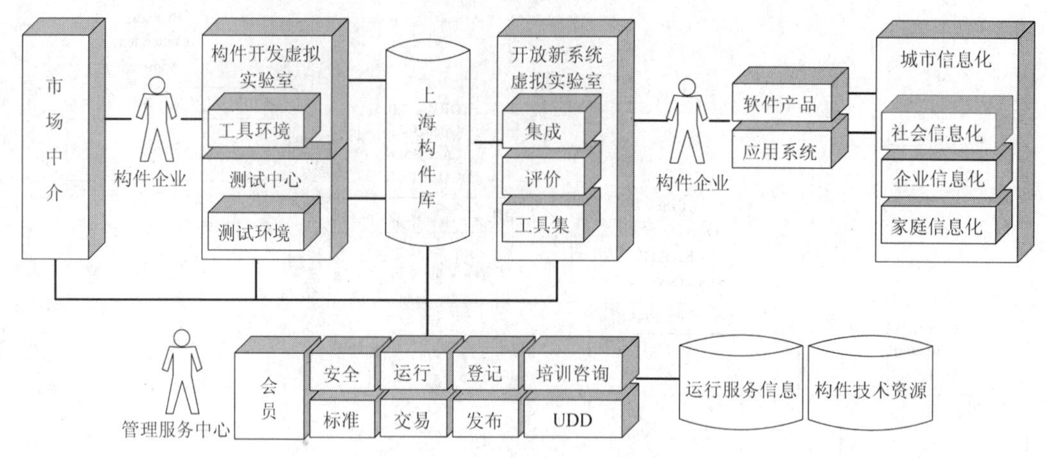

图9-4 上海构件库平台服务框架

9.4.2 可信软件

随着互联网技术的发展、硬件计算能力的不断提升、用户对软件的需求日益提升,软件系统变得日趋庞大和难以驾驭,难以避免缺陷和漏洞,系统越来越脆弱,如何定义软件系统的可信性,如何提升软件系统的可信程度变成了一个非常重要的问题。

软件的可信性研究是软件研发的新亮点。在可信软件的生产技术的研发方面,由于学术界将可信性总结为安全性、可用性、可靠性、实时性、可维护性及可生存性六个方面,因此,可信软件的生产技术必须在传统生产技术的基础上,在提高系统的可靠性方面寻求突破。随着用户对软件保密性能的深切关注,诸多国家都将研发可靠性软件作为国家软件发展战略并予以重视,投入大量经费和技术力量支持可信软件的研究,提高软件生产效率和使用效果。开发可信软件也是我国软件产业界努力的方向之一。我国将开发可信软件系统列为国家中长期科技发展规划的主要内容,并鼓励科研部门集中资源对可信软件的开发建模和质量验证等展开研究。在多方努力之下,我国目前已在软件工具、开发规范、产品线等领域取得了一系列显著的研究成果。

可以把"软件可信性"定义为软件的行为和结果符合用户预期的程度,具体可信性根据主流学术的总结主要体现在可用性、可靠性、安全性、实时性、可维护性和可生存性等6个方面,如图9-5所示;而可信软件生产技术则是以提高软件可信性为主要目的的软件生产技术;可信软件生产技术是在传统开发技术基础上的发展,传统开发技术主要解决系统功能获取、实现、验证、测试和确认,而可信技术则进一步提高软件开发和软件产品的质量。

目前,与可信相关的研究正在全世界蓬勃发展。美国国家软件发展战略(2006—2015)将开发高可信软件放在首位,并提出了下一代软件工程的构想。发达国家的政府组织、跨国公司、大型科研机构等已逐步认识到可信软件的巨大价值和前景,纷纷有针对性地提出了相关研究计划。例如,美国政府的"网络与信息技术研究发展计划"中,列出了8个重点领域,其中有4个与"可信软件"密切相关。美国NSF(National Science Foundation)投入大量

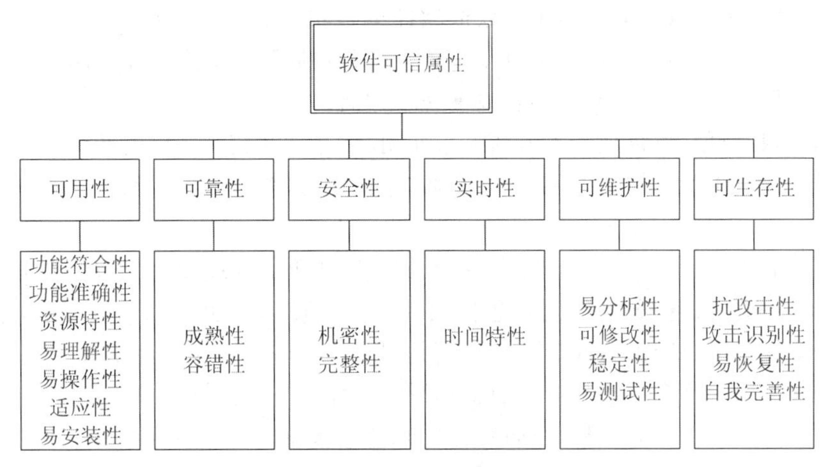

图 9-5　软件可信属性的定义

资金支持可信软件研究的同时，还在加州大学伯克利分校建立了科学与技术研究中心(TRUST)，其目标是为设计、构建和运行可信信息系统建立新的科学与技术基础，该中心由 8 所大学参与，并与 IBM、Intel、HP、Microsoft、SUN 等 15 个跨国公司开展工业界合作。此外，国际上著名的研究项目，还有美国 NSF 新近启动的 Science of Design 计划、NASA (National Aeronautics and Space Administration)在卡内基梅隆大学支持的 HDCC 项目、DARPA(Defense Advanced Research Projects Agency)资助的 OASIS、德国教育研究部资助的 Verisoft 和 DFG 资助的 AVACS 项目、英国的 INDEED 和 DIRC 研究项目。

9.4.3　群体软件工程

进入 21 世纪以来，以互联网和移动通信为必要生活条件的人数已达到数十亿。以超大规模、高质量流媒体、实时交互与协同为特征的超量协同环境，如高清晰视频会议、沉浸式科研协同环境及无线移动流媒体系统等，已经成为目前网民不可或缺的协同基础设施，其应用领域已包括科研协作、远程医疗、远程教育、电子政务及软件工程等方面。如何实现先进网络环境中的超大规模协同，协调海量用户的计算行为，实现不同地域、不同性质、不同模式的资源及时共享和过程优化，合作完成共同任务，已经成为协同领域的重大研究课题。

在网络的协同式开发方面，国内有学者提出了“群体软件工程”的概念：云计算和物联网的发展衍生了超量的信息系统。云计算是一种基于互联网的大众参与的计算模式，它的计算资源包括计算能力、存储能力、交互能力等，是动态、可伸缩、被虚拟化的，而且以服务的方式提供。云计算的实质是对用户屏蔽有关计算、存储、通信和控制的底层操作细节，其目的是为用户提供简单易用、安全可靠、需用即得的服务。云计算提出了一个以服务为纲的体系结构。第一个是软件即服务，终端用户无须关心使用了哪些特定应用软件和资源，直接得到所需的服务。第二个是平台即服务，下一层的应用软件无须关心操作系统及中间件的底层模块的具体操作和运行，直接获得所需的功能。所以云计算为物联网的实现，特别是软件系统的实现提供了解决方案。

自从云计算出现后，大量的软件将运行在集中的服务器上，这样就给软件工程带来了新的发展机遇。在云计算的模式下，可以获取软件运行状况的信息、用户的行为、开发人员的行为。但是，要获取到整个过程是十分复杂的。各种物联网和面向行业的超量信息，与我们过去所做的软件有些不同，主要体现在以下3个方面。

(1)所有的物联网，可供成千上万的人来使用，都是一些超大规模的系统。

(2)这些系统，不论是智能电网、智能交通，还是军事信息栅格等，都在不间断、持续演化和部署。

(3)任何物联网都涉及多部门、多领域、多产业、多地域。例如，美国的Cyber Infrastructure系统，是覆盖全美范围，包括很多学科领域，涉及几十所高校和研究院。

以上3个特点可以归纳为超、变、散。过去要做一个软件，必须经历预先规划需求、开发、测试这三个过程，整个活动是自闭的、不对外开放的。有时增加一些测试，但总体是不开放的。这是传统软件工程的流程，在面对超量的信息系统时就遇到了麻烦。既然物联网和在云计算的思想指导下实现的软件系统是超量的信息系统，我们就能够借鉴其思想，开发过程从封闭走向开放，开发人员从精英走向大众，从工厂走向社区，从机械工程走到社会工程。将社会工程更多的思想渗入到超量信息的研究，特别是在"云"时代构造的超量信息系统。群体性和大众化解决软件超量开发的问题，群体性竞争机制对软件资源的形成、组合、测试、维护和服务的生产具有基础性的作用。而计划性和精英化的整体规划和管理，精英化的管理机制对软件的构架、组织的法则、社会规范的形成具有宏观的决策作用。这就是开发体系的群体性和精英性。

群体软件工程的开发原则应该是：用户即设计者，用户即开发者，用户即维护者。因为要群体参加，又要保证安全，所以整个体系结构必须是多层的体系结构。

传统的软件系统(如Windows)实际上就是操作系统本身和用户两层，这两层之间是不开放的，因此用户是无法进到里面修改某部分。而Android和APP Store从软件结构看，它变成三层，最下面一层是操作系统，第二层是一个开发环境，第三层是用户。在应用程序方面把整个群体的积极性给调动了起来。用户在操作系统中间又增加了一层，整个开发环境对用户都是开放的，所以用户是一个设计者。从理论上说，这三层实际上是临层开放、隔层屏蔽的，操作系统不是对每个人都可以开放的。

图9-6描述了软件工程的发展历程，分为后工业社会、前信息社会和现代信息社会三个阶段，群体软件工程是现代信息社会的一个典型特征。

再进一步，如果想把群体软件、群体的开发深入到整个云计算的开发中去，那么就应该把整个超量信息的云计算的系统分成很多个层次，使得每一个层次都遵从临层开放、隔层封闭，这样安全性问题就解决了。云计算系统的每一层有三样东西：一是群件库、函数库、供上层应用；二是开发环境；三是数据库。每一层都有基本群件和组合群件，组合群件为了云计算里的组合服务，组合服务其实就是一个基本的程序。如何来组合这个层次里的服务呢？首先它的基本服务是由下一层提供的，如函数库。基本的组合是通过顺序语句组合，通过发收并存语句组合，如Android领域用的Java，但是这是真正的核心。每一个层次都是这样，只是不同的层次中的基本群体软件是由下一层提供的。

总之，物联网是为工业信息化和国防信息化服务的基础设施，云计算是实现物联网的一种软件解决方案，而群体软件工程是实现云计算服务的有效开发方法。

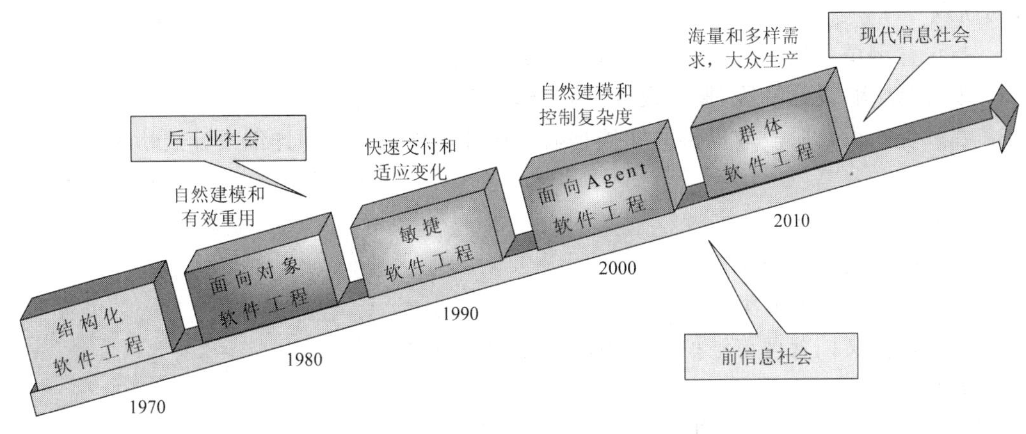

图 9-6　软件工程发展历程

习　题　9

一、选择题

1. 在软件开发过程中，作为软件开发人员前一阶段工作成果的体现和后一阶段工作依据的文档是(　　)。

   A. 开发文档　　B. 管理文档　　C. 用户文档　　D. 软件文档

2. 属于维护阶段的文档是(　　)。

   A. 软件规格说明　　B. 拥护操作手册

   C. 软件问题报告　　D. 软件测试分析报告

3. 与维护人员有关的下列文档有(　　)。

   A. 软件需求说明书　　B. 项目开发计划

   C. 概要设计说明书　　D. 操作手册

4. 下列说法错误的是(　　)。

   A. 文档仅仅描述和规定了软件的使用范围及相关的操作命令

   B. 文档也是软件产品的一部分，没有文档的软件其就不成软件

   C. 软件文档的编写在软件开发工作中占有突出的地位和相当大的工作量

   D. 高质量的文档对发挥软件产品的效益有着重要的意义

二、填空题

1. 软件工程标准化的优点是________、________、________、________、________。

2. 根据软件工程标准制定的机构和标准适用的范围，可分为的 5 个级别，分别是________、________、________、________和________。

3. 按照文档产生和使用的范围，软件文档大致可分为________、________和________。

三、判断题

1. 与设计测试数据无关的文档是软件开发计划。 ( )
2. 软件(结构)设计阶段(概要设计)的文档是系统模型说明书。 ( )
3. 在软件的设计阶段应提供的文档是概要设计规格说明书和详细设计规格说明书。 ( )

四、简答题

1. 简述软件文档的作用。
2. 简述软件文档的分类。
3. 简述软件文档管理与维护过程中应该注意的问题。

五、综合题

参照 ISO 9000-3 标准,为图书馆管理系统的开发制订一个质量计划。

附录　部分习题参考答案

第 1 章

一、选择题

1. C　2. C

第 2 章

一、选择题

1. A　2. B

二、填空题

1. 主要生存周期过程;支持生存周期过程;组织的生存周期过程
2. 需求分析;软件设计;软件测试
3. 软件过程改进

三、判断题

1. √　2. ×

第 3 章

一、选择题

1. D　2. C　3. A　4. A　5. B　6. A　7. D

二、填空题

1. 数据流图;数据字典　　2. 数据流　　3. 判定树　　4. 数据的流向

三、简答题

1. 需求分析主要有两个任务:第一是通过对问题及其环境的理解、分析和综合建立分析模型;第二是在完全弄清用户对软件系统的确切要求的基础上,用“软件需求规格说明书”把用户的需求表达出来。需求分析的任务就是为了明确要开发的是一个什么样的系统,而不是怎么去实现这个系统。
2. 需求分析步骤有需求获取、需求提炼、需求描述、需求验证。

四、综合题

判定表结果如下。

项　　目	1	2	3	4	5	6	7	8	9	10	11	12
住房面积	L	L	B	B	L	L	B	B	L	L	B	B
职务	P	P	P	P	F	F	F	F	J	J	J	J
超标与否	C	W	C	W	C	W	C	W	C	W	W	C
费用＝1000×S		√								√		
费用＝1000×50＋(S－50)×1500				√				√				
费用＝1000×50＋(104－50)×1500 ＋(S－105)×4000			√									
费用＝1000×50＋(90－50)×1500 ＋(S－90)×4000							√					
费用＝1000×50＋(74－50)×1500 ＋(S－75)×4000												√

第4章

一、选择题

1.C　2.D　3.A　4.A　5.B　6.A　7.C　8.B　9.C　10.D　11.C　12.C　13.D　14.B　15.B

二、填空题

1.低耦合;高内聚　2.概要设计;详细设计　3.算法　4.模块

5.系统结构设计;数据设计　6.调用　7.变换分析设计;事务分析设计

8.通信内聚　9.公共耦合　10.数据耦合

三、名词解释

模块化指解决一个复杂问题时自顶向下逐层把软件系统划分成若干模块的过程。每个模块完成一个特定的子功能,所有模块按某种方法组装起来成为一个整体,完成整个系统所要求的功能。

模块独立性指每个模块只完成系统要求的独立的子功能,并且与其他模块的联系最少且接口简单。

抽象是认识复杂现象过程中使用的思维工具,即抽出事物本质的共同特性而暂不考虑它的细节,不考虑其他因素。

四、简答题

1. 模块的独立性是指软件系统中每个模块只涉及软件要求的具体的子功能,而和软件系统中其他的模块的接口是简单的。
2. 详细设计的基本任务包括:

①为每个模块进行详细的算法设计；

②为模块内的数据结构进行设计；

③对数据库进行物理设计；

④其他设计；

⑤编写详细设计说明书；

⑥评审。

3. 详细设计的描述方法有图形、表格和语言，其中图形常用结构化程序流程图、盒图和PAD(问题分析图)作为描述工具，语言则常用过程设计语言(PDL)作为工具。

4.

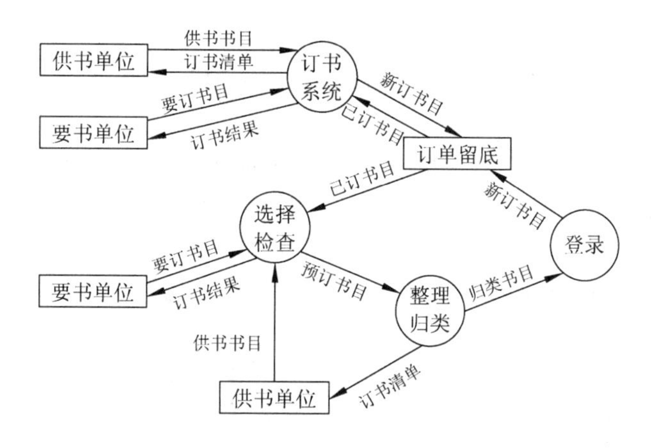

第5章

一、选择题

1. A　2. D　3. A　4. D

二、填空题

1. 软件调试　　2. 源程序文档化；数据说明；语句结构

三、判断题

1. √　2. ×　3. √

第6章

一、选择题

1. D　2. AB　3. D　4. A　5. AEB　6. BD　7. AH　8. D

二、综合题

(1) A对应的类Artist，B对应的类Song，C对应的类Band，D对应的类Musician，E对应的类Track，F对应的类Album。

(2) ①处的多重度为0..*；②处的多重度为2..*；③处的多重度为0..1；

④处的多重度为1..*;⑤处的多重度为1..*;⑥处的多重度为1。

(3)

类	多重度
(1) Track或E	(2) 0..1
(3) Track或E	(4) 0..1

第7章

一、选择题

1.C 2.C 3.D 4.C 5.BG 6.A 7.D 8.A 9.B 10.B

二、简答题

1. 首先要舍弃与系统责任无关的事物,保留与系统责任有关的事物。其次,舍弃与系统责任有关的事物中与系统责任无关的特征。判断事物及其特征是否与系统责任相关的准则是:该事物是否向系统提供了一些服务或需要系统描述它的某些行为,同时还要考虑将问题域中的事物映射到什么对象及如何对对象进行分类。

2. (1)发现需求中的动词。

   系统分析员在系统需求中分检出相应的名词作为候选的类对象。可以使用类似的方法,在系统需求中分检出相应的动词,作为类中可能使用的服务,通过这种方法能够发现类对象的一些服务。

   (2)访问对象属性操作。

   在对象模型中,对类中定义的每个属性都是可以访问的,应该提供访问这些属性的服务。因此,需要定义访问这些属性的读/写操作。这些操作在对象模型中没有显式地表示出来,而是隐含在属性内。

   (3)来自事件驱动的操作。

   发往对象的事件驱动修改对象状态(属性值),对象被驱动后的行为可定义为一个操作,并通过执行该操作提供相应的服务。也就是说,当对象接收到事件时,在事件驱动下完成相应的服务。

3. 动态模型描述对象和关系的状态、状态转换的触发事件,以及对象的服务(行为)。要建立动态模型首先要编写脚本,从脚本中提取事件,画出UML图的顺序图(也称为事件跟踪图),再画出对象的状态转换图。

4. 功能模型描述了系统内的“功能”性质,说明系统发生了什么,直接地反映了用户对目标系统的需求,表示系统内的计算过程中如何根据输入值推导出输出值,无须考虑其计算值的次序。数据流图可以清楚地说明与状态有关的处理过程。在建立系统对象模型和动态模型的基础上,分析其处理过程,将数据和处理结合在一起而不是分离开来。这就是面向对象分析的独特之处。数据流图的处理对应于状态图中的活动或动作,数据流对应于对象图中的对象或属性。

5. (1)模块化。

面向对象开发方法很自然地支持了把系统分解成模块的设计原则:对象就是模块。它是把数据结构和操作这些数据的方法紧密地结合在一起所构成的模块。

(2)抽象。

面向对象方法不仅支持过程抽象,而且支持数据抽象。

(3)低耦合。

在面向对象的方法中,对象是最基本的模块,因此,耦合度主要指不同对象之间相互关联的紧密程度。低耦合是设计的一个重要标准,因为这有助于使得系统中某一部分的变化对其他部分的影响降到最低程度。交互耦合和继承耦合。

(4)高内聚。

服务内聚、类内聚、一般-特殊内聚。

(5)复用性。

尽量使用已有的类(包括开发环境提供的类库及以往开发类似系统时创建的类),如果确实需要创建新类,则在设计这些新类的协议时,应该考虑将来的可重复使用性。

6. 面向对象设计的主要技术包括子系统划分、问题域子系统设计、人-机界面子系统设计、任务管理子系统设计、数据管理子系统设计和类设计。

7. 面向对象程序设计语言的主要技术特点有多重继承、封装、重用性、类库、强类型和弱类型、内存管理、打包、元数据、可视化开发环境。

8. 在选择面向对象程序设计语言时需要考虑如下因素:程序设计语言的应用领域、算法与计算的复杂性、数据结构的复杂性和效率、未来能否占主导地位、可重用性、类库和开发环境、对用户学习面向对象分析、设计和编码技术所能提供的培训服务;在使用这个面向对象语言期间能提供的技术支持;能提供给开发人员使用的开发工具、开发平台、发行平台;对机器性能和内存的需求;集成已有软件的容易程度等。

9. 面向对象分析的测试和面向对象设计的测试是对分析结果和设计结果进行的测试,主要是针对分析设计产生的文本,是软件开发前期的关键性测试。面向对象编程的测试主要是针对编程风格和程序代码实现进行的测试,其主要的测试内容在面向对象单元测试和面向对象集成测试中体现。面向对象单元测试是对程序内部具体单一的功能模块的测试,是进行面向对象集成测试的基础。面向对象集成测试主要对系统内部的相互关系和服务进行测试,面向对象的集成测试不但要基于面向对象的单元测试,更要参见面向对象设计或面向对象设计测试结果。面向对象系统测试是基于面向对象集成测试的最后阶段的测试,主要以用户需求为测试标准,需要借鉴面向对象分析或面向对象分析测试结果。上述各阶段的测试构成了一个相互作用的整体,但是各个测试的主体、方向和方法各不相同。

面向对象测试的工具有 Logiscope、LoadRunner、WinRunner 等。

第 8 章

1. D;　C;　F;　H;　B;　C;　C;　E

2. A;　D;　A;　D;　H;　E;　F;　M;　O;　K

3. B；F；B；K；E；G；F
4. B；B；C；C；F；H；N；M
5. D；F；G；G；E
6. B；C；A；F；I；O；P；R；I；I；T；V
7. C；F；E；I；N；M；S
8. B；A；C；C；J；G；J；I
9. B；C；F；I；J；G；G；I；G；G
10. B；D；G；F；E

第9章

一、选择题

1. A　2. C　3. C　4. A

二、填空题

1. 提高软件可靠性、可维护性和可移植性；提高软件人员的技术水平；提高软件生产率；降低软件产品的成本和运行维护成本；缩短软件开发周期
2. 国际标准；国家标准；行业标准；企业(机构)标准；项目(课题)标准
3. 开发文档；管理文档；用户文档

三、判断题

1. √　2. ×　3. √

参 考 文 献

[1] Ian Sommerville. 软件工程[M]. 程成，译. 北京：机械工业出版社，2011.

[2] 张海藩，倪宁. 软件工程[M]. 3 版. 北京：人民邮电出版社，2010.

[3] 钱乐秋，赵文耘，牛军钰. 软件工程[M]. 北京：清华大学出版社，2007.

[4] 鄂大伟. 软件工程[M]. 北京：清华大学出版社，2010.

[5] Stephen R. Schach. 软件工程：面向对象和传统的方法(英文版)[M]. 7 版. 北京：机械工业出版社，2007.

[6] 殷锋. 软件工程[M]. 天津：天津科学技术出版社，2010.

[7] 江开耀，张俊兰，李晔. 软件工程[M]. 西安：西安电子科技大学出版社，2004.

[8] 史济民，顾春华，李昌武，等. 软件工程——原理、方法与应用[M]. 北京：高等教育出版社，2002.

[9] 张少仲，李远明. 软件开发管理的实践——超越 CMM5 的企业案例分析[M]. 北京：清华大学出版社，2005.

[10] Bob Hughes，Mike Cotterell. 软件项目管理[M]. 周伯生，廖彬山，任爱华，译. 北京：机械工业出版社，2004.

[11] 李帜，林立新，曹亚波. 软件工程项目管理——功能点分析方法与实践[M]. 北京：清华大学出版社，2005.

[12] Pressman R. S. 软件工程——实践者的研究方法[M]. 郑人杰，马素霞，白晓颖，译. 北京：机械工业出版社，1999.

[13] 何新贵. 软件能力成熟度模型[M]. 北京：清华大学出版社，2001.

[14] 郑人杰. 软件工程(高级)[M]. 北京：清华大学出版社，1999.

[15] 朱三元，钱乐秋，宿为民. 软件工程技术概论[M]. 北京：科学出版社，2002.

[16] 殷人昆，郑人杰，马素霞，等. 实用软件工程[M]. 3 版. 北京：清华大学出版社，2010.

[17] 胡圣明，褚华. 软件设计师教程[M]. 3 版. 北京：清华大学出版社，2009.

[18] 何光明. 软件设计师考试同步辅导(上午科目)[M]. 3 版. 北京：清华大学出版社，2006.

[19] 张宏. 软件设计师考试同步辅导(下午科目)[M]. 3 版. 北京：清华大学出版社，2006.